科技创新与美丽中国：西部生态屏障建设

国家科学思想库
决策咨询系列

科技支撑云贵川渝生态屏障区建设

中国科学院云贵川渝专题研究组

科学出版社
北 京

内 容 简 介

本书系统探讨了云贵川渝生态屏障区的建设与发展，围绕生态环境保护、资源利用、气候变化应对等核心问题，深入研究了区域建设的现状、成效与面临的挑战，提出了科技支撑的战略布局与实施方案。全书共分为九章，涵盖了水资源利用、生物多样性保护、生态系统保护修复、环境污染防治、气候变化应对与石漠化治理、山地灾害风险防控与绿色减灾等多个领域，特别强调了科技在解决这些问题中的关键作用。

本书主要面向从事生态学、环境科学、资源管理、气候变化和可持续发展的科研人员、政策制定者和相关领域的专家学者，同时，本书也适合关注我国生态文明建设的管理者和社会公众。

图书在版编目（CIP）数据

科技支撑云贵川渝生态屏障区建设/中国科学院云贵川渝专题研究组编. —北京：科学出版社，2025.2. —（科技创新与美丽中国：西部生态屏障建设）.
ISBN 978-7-03-080872-1

Ⅰ．X321.27

中国国家版本馆 CIP 数据核字第 20242FQ191 号

丛书策划：侯俊琳　朱萍萍
责任编辑：常春娥　高雅琪 / 责任校对：何艳萍
责任印制：师艳茹 / 封面设计：有道文化
内文设计：北京美光设计制版有限公司

科 学 出 版 社 出版
北京东黄城根北街16号
邮政编码：100717
http://www.sciencep.com

北京中科印刷有限公司印刷
科学出版社发行　各地新华书店经销

*

2025年2月第 一 版　开本：787×1092　1/16
2025年2月第一次印刷　印张：19 1/2
字数：258 000

定价：198.00元
（如有印装质量问题，我社负责调换）

"科技创新与美丽中国：西部生态屏障建设"战略研究团队

总负责

侯建国

战略总体组

常　进　高鸿钧　姚檀栋　潘教峰　王笃金　安芷生
崔　鹏　方精云　于贵瑞　傅伯杰　王会军　魏辅文
江桂斌　夏　军　肖文交

云贵川渝专题研究组

组　长　崔　鹏

成　员（按姓名拼音排序）

白晓永　中国科学院地球化学研究所

陈　槐　中国科学院成都生物研究所

陈华勇　中国科学院、水利部成都山地灾害与环境研究所

崔　鹏	中国科学院、水利部成都山地灾害与环境研究所
邓　伟	四川师范大学
丁　虎	天津大学
段元文	中国科学院昆明植物研究所
范泽鑫	中国科学院西双版纳热带植物园
高永恒	中国科学院成都生物研究所
葛永刚	中国科学院、水利部成都山地灾害与环境研究所
何奕忻	中国科学院成都生物研究所
贺秀斌	中国科学院、水利部成都山地灾害与环境研究所
洪　冰	中国科学院地球化学研究所
黄晓荣	四川大学
姜元俊	中国科学院、水利部成都山地灾害与环境研究所
雷　雨	中国科学院、水利部成都山地灾害与环境研究所
栗　帅	中国科学院、水利部成都山地灾害与环境研究所
刘　琛	中国科学院、水利部成都山地灾害与环境研究所
刘丛强	天津大学
卢　涛	中国科学院成都生物研究所
鲁旭阳	中国科学院、水利部成都山地灾害与环境研究所
宋东日	中国科学院、水利部成都山地灾害与环境研究所
孙　庚	中国科学院成都生物研究所

孙向阳	四川大学
谭运洪	中国科学院西双版纳热带植物园
谭周亮	中国科学院成都生物研究所
汪　涛	中国科学院、水利部成都山地灾害与环境研究所
王　姣	中国科学院、水利部成都山地灾害与环境研究所
王定勇	西南大学
王根绪	四川大学
王广艳	中国科学院昆明植物研究所
王敬富	中国科学院地球化学研究所
王全九	西北农林科技大学
王玉宽	中国科学院、水利部成都山地灾害与环境研究所
吴　宁	中国科学院成都生物研究所
星耀武	中国科学院西双版纳热带植物园
杨　雅	中国科学院昆明植物研究所
杨永平	中国科学院西双版纳热带植物园
尹华军	中国科学院成都生物研究所
曾　璐	中国科学院、水利部成都山地灾害与环境研究所
张　林	中国科学院成都生物研究所
张　炜	中国科学院重庆绿色智能技术研究院
张教林	中国科学院昆明分院

张思蕊　中国科学院地球化学研究所
朱　波　中国科学院、水利部成都山地灾害与环境研究所
朱永彬　中国科学院科技战略咨询研究院
庄　玉　中国科学院西双版纳热带植物园
庄会富　中国科学院昆明植物研究所
邹　强　中国科学院、水利部成都山地灾害与环境研究所

总　序

"生态兴则文明兴，生态衰则文明衰。"党的十八大以来，以习近平同志为核心的党中央把生态文明建设纳入"五位一体"总体布局和"四个全面"战略布局，放在治国理政的重要战略地位。构建生态屏障是推进生态文明建设的重要内容。习近平总书记在全国生态环境保护大会、内蒙古考察、四川考察、新疆考察、青海考察等多个场合，都突出强调生态环境保护的重要性，提出筑牢我国重要生态屏障的指示要求。西部地区生态环境相对脆弱，保护好西部地区生态，建设好西部生态屏障，对于进一步推动西部大开发形成新格局、建设美丽中国及中华民族可持续发展和长治久安具有不可估量的战略意义。科技创新是高质量保护和高质量发展的重要支撑。当前和今后一个时期，提升科技支撑能力、充分发挥科技支撑作用，成为我国生态文明建设和西部生态屏障建设的重中之重。

中国科学院作为中国自然科学最高学术机构、科学技术最高咨询机构、自然科学与高技术综合研究发展中心，服务国家战略需求和经济社会发展，始终围绕现代化建设需要开展科学研究。自建院以来，中国科学院针对我国不同地理单元和突出生态环境问题，在地球与资源生态环境相关科技领域，以及在西部脆弱生态区域，作了前瞻谋划与系统布局，形成了较为完备的学科体系、较为先进的观测平台与网络体系、较为精干的专业人才队伍、较为扎实的研究积累。中国科学院党组深刻认识到，我国西部地区在国家发展全局中具有特殊重要的地位，既是生态屏障，又是战略后方，也是开放前沿。西部生态屏障建设是一项长期性、系统性、战略性的生态工程，涉及生态、环境、科技、经济、社会、安全等多区域、多部门、多维度的复杂而现实的问题，影响广泛而深远，需要把西部地区作为一个整体进行系统研究，从战略和全局上认识其发展演化特点规律，把握其禀赋特征及发展趋势，为贯彻新发展理念、构建新发展格局、推进美丽中国建设提供科学依据。这也是中国科学院对照习近平总书记对中国科学院提出的"四个率先"和"两加快一努力"目标要求，履行国家战略科技力量职责使命，主动作为于 2021 年 6 月开始谋划、9 月正式启动"科技支撑中国西部生态屏障建设战略研究"重大咨询项目的出发点。

重大咨询项目由中国科学院院长侯建国院士总负责，依托中国科学院科技战略咨询研究院（简称战略咨询院）专业化智库研究团队，坚持系统观念，大力推进研究模式和机制创新，集聚了中国科学院院内外 60 余家科研机构、高等院校的近

400位院士专家，有组织开展大规模合力攻关，充分利用西部生态环境领域的长期研究积累，从战略和全局上把握西部生态屏障的内涵特征和整体情况，理清科技需求，凝练科技任务，提出系统解决方案。这是一项大规模、系统性的智库问题研究。研究工作持续了三年，主要经过了谋划启动、组织推进、凝练提升、成果释放四个阶段。

在谋划启动阶段（2021年6~9月），顶层设计制定研究方案，组建研究团队，形成"总体组、综合组、区域专题组、领域专题组"总分结合的研究组织结构。总体组在侯建国院长的带领下，由中国科学院分管院领导、学部工作局领导和综合组组长、各专题组组长共同组成，负责项目研究思路确定和研究成果指导。综合组主要由有关专家、战略咨询院专业团队、各专题组联络员共同组成，负责起草项目研究方案、综合集成研究和整体组织协调。各专题组由院士专家牵头，研究骨干涵盖了相关区域和领域研究中的重要方向。在区域维度，依据我国西部生态屏障地理空间格局及《全国重要生态系统保护和修复重大工程总体规划（2021—2035年）》等，以青藏高原、黄土高原、云贵川渝、蒙古高原、北方防沙治沙带、新疆为六个重点区域专题。在领域维度，立足我国西部生态屏障建设及经济、社会、生态协调发展涉及的主要科技领域，以生态系统保护修复、气候变化应对、生物多样性保护、环境污染防治、水资源利用为五个重点领域专题。2021年9月16日，重大咨询项目启动会召开，来自院内外近60家科研机构和高等院校的

220余名院士专家线上、线下参加了会议。

在组织推进阶段（2021年9月~2022年9月），以总体研究牵引专题研究，专题研究各有侧重、共同支撑总体研究，综合组和专题组形成总体及区域、领域专题研究报告初稿。总体研究报告主要聚焦科技支撑中国西部生态屏障建设的战略形势、战略体系、重大任务和政策保障四个方面，开展综合研究。区域专题研究报告聚焦重点生态屏障区，从本区域的生态环境、地理地貌、经济社会发展等自身特点和变化趋势出发，主要研判科技支撑本区域生态屏障建设的需求与任务，侧重影响分析。领域专题研究报告聚焦西部生态屏障建设的重点科技领域，立足全球科技发展前沿态势，重点围绕"领域—方向—问题"的研究脉络开展科学研判，侧重机理分析。在总体及区域、领域专题研究中，围绕"怎么做"，面向国家战略需求，立足区域特点、科技前沿和现有基础，研判提出科技支撑中国西部生态屏障建设的战略性、关键性、基础性三层次重大任务。其间，重大咨询项目多次组织召开进展交流会，围绕总体及区域、领域专题研究报告，以及需要交叉融合研究的关键方面，开展集中研讨。

在凝练提升阶段（2022年10月~2024年1月），持续完善总体及区域、领域专题研究报告，围绕西部生态屏障的内涵特征、整体情况、科技支撑作用等深入研讨，形成决策咨询总体研究报告精简稿。重大咨询项目形成"1+11+N"的研究成果体系，即坚持系统观念，以学术研究为基础，以决策咨询为目标，形成 1 份总体研究报告；围绕 6 个区域、5 个领域专题研究，形成 11 份专题研究报告，作为总体研究报告的附件，既分别自成体系，又系统支撑总体研究；面向服务决策咨询，形成 N 份专报或政策建议。2023 年 9 月，中国科学院和国务院研究室共同商议后，确定以"科技支撑中国西部生态屏障建设"作为中国科学院与国务院研究室共同举办的第九期"科学家月谈会"主题。之后，综合组多次组织各专题组召开研讨会，重点围绕总体研究报告要点，西部生态屏障的内涵特征和整体情况，战略性、关键性、基础性三层次重大科技任务等深入研讨，为凝练提升总体研究报告和系列专报、筹备召开"科学家月谈会"释放研究成果做准备。

在成果释放阶段（2024 年 2～4 月），筹备组织召开"科学家月谈会"，会前议稿、会上发言、会后汇稿相结合，系统凝练关于科技支撑西部生态屏障建设的重要认识、重要判断和重要建议，形成有价值的决策咨询建议。综合组及各专题组多轮研讨沟通，确定会上系列发言主题和具体内容。2024 年 4 月 8 日，综合组组织召开"科技支撑中国西部生态屏障建设"议稿会，各专题组代表参会，邀请有关政策专家到会指导，共同讨论凝练核心观点和亮点。4 月 16 日上午，第九期"科学家月谈会"召开，侯建国院长和国务院研究室黄守宏主任共同主持，12 位院士专家参加座谈，国务院研究室 15 位同志参会。会议结束后，侯建国院长部署和领导综合组集中研究，系统凝练关于科技支撑西部生态屏障建设的重要认识、

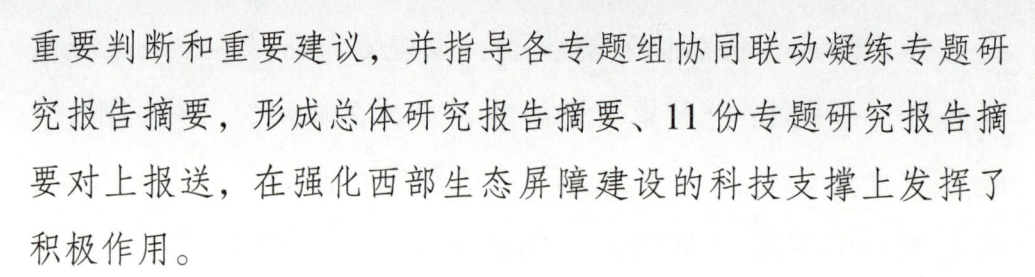

重要判断和重要建议，并指导各专题组协同联动凝练专题研究报告摘要，形成总体研究报告摘要、11份专题研究报告摘要对上报送，在强化西部生态屏障建设的科技支撑上发挥了积极作用。

经过三年的系统性组织和研究，中国科学院重大咨询项目"科技支撑中国西部生态屏障建设战略研究"完成了总体研究和6个重点区域、5个重点领域专题研究，形成了一系列对上报送成果，服务国家宏观决策。时任国务院研究室主任黄守宏表示，"科技支撑中国西部生态屏障建设战略研究"系列成果为国家制定相关政策和发展战略提供了重要依据，并指出这一重大咨询项目研究的组织模式，是新时期按照新型举国体制要求，围绕一个重大问题，科学统筹优势研究力量，组织大兵团作战，集体攻关、合力攻关，是新型举国体制一个重要的也很成功的探索，具有体制模式的创新意义。

在研究实践中，重大咨询项目建立了问题导向、证据导向、科学导向下的"专家＋方法＋平台"综合性智库问题研究模式，充分发挥出中国科学院体系化建制化优势和高水平科技智库作用，有效解决了以往相关研究比较分散、单一和碎片化的局限，以及全局性战略性不足、系统解决方案缺失的问题。一是发挥专业研究作用。战略咨询院研究团队负责形成重大咨询项目研究方案，明确总体研究思路和主要研究内容等。之后，进一步负责形成了总体及区域、领域专题研究报告提纲要点，承担总体研究报告撰写工作。二是发挥综合集成作用。战略咨询院研究团队承担了融合区域问题和领域问题的综合集成深入研究工作,在研究过程中紧扣重要问题的阶段性研究进展,遴选和组织专家开展集中式研讨研判,鼓励思想碰撞和相互启发,通过反复螺旋式推进、循证迭代不断凝聚专家共识,形成重要认识和判断。同时,注重吸收青藏高原综合科学考察、新疆综合科学考察、全国生态系统调查评估、全国矿产资源国情调查等最新成果。三是强化与政策研究和主管部门的对接。依托中国科学院与国务院研究室共同组建的中国创新战略和政策研究中心,与国务院研究室围绕重要问题和关键方面,开展了多次研讨交流和综合研判。重视与国家发展和改革委员会、科技部、自然资源部、生态环境部、水利部等主管部门保持密切沟通,推动有关研究成果有效转化为相关领域政策举措。

"科技支撑中国西部生态屏障建设战略研究"重大咨询项目的高质高效完成,是中国科学院充分发挥建制化优势开展重大智库问题研究的集中体现,是近400位院士专家合力攻关的重要成果。据不完全统计,自2021年6月重大咨询项目开始谋划以来,项目组内部已召开了200余场研讨会。其间,遵循新冠疫情防控要求,很多研讨会都是通过线上或"线上+线下"方式开展的。在此,向参与研究和咨询的所有专家表示衷心的感谢。

重大咨询项目组将基础研究成果,汇聚形成了这套"科技创新与美丽中国:西部生态屏障建设"系列丛书,包括总体研究报告和专题研究报告。总体研究报告是对科技支撑中国西部生态屏障建设的战略思考，包括总论、重点区域、重点领域三个部分。总论部分主要论述西部生态屏障的内涵特征、整体情况，以及科技支撑西部生态屏障建设的战略体系、重大任务和政策保障。重点区域、重点领域部分既支撑总论部分，也与各专题研究报告衔接。专题研究报告分别围绕重点生态屏障区建设、西部地区生态屏障重点领域，论述发挥科技支撑作用的重点方向、重点举措等，将分别陆续出版。具体包括：科技支撑青藏高原生态屏障区建设，科技支撑黄土高原生态屏障区建设，科技支撑云贵川渝生态屏障区建设，科技支撑新疆生态屏障区建设，科技支撑西部生态系统保护修复，科技支撑西部气候变化应对，科技支撑西部生物多样性保护，科技支撑西部环境污染防治，科技支撑西部水资源综合利用。

西部生态屏障建设涉及的大气、水、生态、土地、能源等要素和人类活动都处在持续发展演化之中。这次战略研究涉及区域、领域专题较多，加之认识和判断本身的局限性等，系列报告还存在不足之处，欢迎国内外各方面专家、学者不吝赐教。

科技支撑西部生态屏障建设战略研究、政策研究需要随着形势和环境的变化，需要随着西部生态屏障建设工作的深入开展而持续深入进行，以把握新情况、评估新进展、发现新问题、提出新建议，切实发挥好科技的基础性、支撑性作用，因此，这是一项长期的战略研究任务。系列丛书的出版也是进一步深化战略研究的起点。中国科学院将利用好重大咨询项目研究模式和专业化研究队伍，持续开展有组织的战略研究，并适时发布研究成果，为国家宏观决策提供科学建议，为科技工作者、高校师生、政府部门管理者等提供参考，也使社会和公众更好地了解科技对西部生态屏障建设的重要支撑作用，共同支持西部生态屏障建设，筑牢美丽中国的西部生态屏障。

总报告起草组

2024 年 7 月

前言

云贵川渝生态屏障区位于中国西南地区，包括四川、重庆、贵州和云南四省份的438个县（区、市），总面积约113.9万平方千米，约占全国陆地总面积的11.9%；是我国"两屏三带"生态安全格局的重要组成部分；还是长江、黄河、澜沧江、怒江、珠江等大江大河的主要水源涵养地和重要水量补给地，以及南水北调西线、滇中引水等跨流域调水工程的水源地；亦是世界上生物多样性极为丰富的地区之一，涉及3个全球公认的生物多样性热点地区和9个中国生物多样性保护优先区域。云贵川渝生态屏障区在水源涵养、水土保持、气候调节、生物多样性保护等方面具有极高的生态价值，是庇护长江、黄河和珠江流域的"绿色万里长城"和滋养澜沧江—湄公河、怒江—萨尔温江下游东南亚国家的生态命脉，与周边重要生态功能区共同构建起了西部生态安全战略格局的基石，成为西部生态安全战略格局的保障。

2021年，中国科学院启动了"科技支撑中国西部生态屏障建设战略研究"重大咨询项目。项目遵循"坚持需求导向和问题导向，坚持科学导向和前沿导向，坚持目标导向和政策导向"的基本原则，采用矩阵式研究组织模式，布局生态系统保护修复、气候变化应对、生物多样性保护、环境污染防治、水资源利用5个领域专题与青藏高原、黄土高原、云贵川渝、蒙古高原、北方防沙治沙带、新疆6个区域专题，开展科技战略咨询研究。项目以智库研究双螺旋法设计研究工作方案，采用"收集数据–揭示信息–综合研判–形成方案"（data-information-intelligence-solution，DIIS）过程融合法和"机理分析–影响分析–政策分析–形成方案"（mechanism-impact-policy-solution，MIPS）逻辑层次法，系统开展"科技支撑中国西部生态屏障建设战略研究"，为西部生态文明建设提供科学依据与战略支撑。

云贵川渝生态屏障区专题研究目标为：分析云贵川渝生态屏障区的典型区域特征和生态环境变化趋势，总结科技支撑云贵川渝生态屏障建设取得的成效和存在的问题，提出未来云贵川渝生态屏障区建设重点布局方向，阐明科技基础、科技创新条件和可行性，分类研判其重大科学问题，明确2030年、2035年和2050年阶段目标和重点任务，围绕提升科技创新能力，提出促进领域交叉融合发展、支撑云贵川渝生态屏障区建设的重大举措建议。通过研究确定如下拟解决的关键问题：①科技支撑云贵川渝生态屏障区建设的战略目标、战略原则、战略布局、战略重点；②云贵川渝生态屏障区生态屏障建设重点科技领域的主攻方向、优先主题和重大科学问题；③支撑云贵川渝生态屏障区建设的科技战略保障。为区域生态文明建设提供科学依据，推动生态环境保护能力提升与区域高质量发展，助力国家生态安全战略实施，保障长江、黄河、珠江等及西南诸河上游的生态安全、水安全与民生安全，促进区域社会经济与生态文明建设协调发展。

本书是云贵川渝专题研究组集体研究的工作成果，主要撰写工作安排如下：本书章节布局由崔鹏院士和刘丛强院士统筹，第一章云贵川渝生态屏障区地理、社会经济概况和战略地位由吴宁研究员、鲁旭阳研究员等撰写，第二章云贵川渝生态屏障区建设现状、问题与新要求新挑战由刘丛强院士、杨永平研究员等撰写，第三章云贵川渝生态屏障区水资源利用由王根绪研究员、孙向阳副研究员等撰写，第四章云贵川渝生态屏障区生物多样性保护由杨永平研究员等撰写，第五章云贵川渝生态屏障区生态系统保护修复由吴宁研究员、孙庚研究员等撰写，第六章云贵川渝生态屏障区环境污染防治由朱波研究员、汪涛研究员等撰写，第七章云贵川渝生态屏障区气候变化应对与石漠化治理由白晓永研究员、张思蕊博士生等撰写，第八章云贵川渝生态屏障区山地灾害风险防控与绿色减灾由崔鹏院士、葛永刚研究员等撰写，第九章科技支撑云贵川渝生态屏障区建设的战略保障由崔鹏院士、刘丛强院士等撰写。本书最后由葛永刚研究员、鲁旭阳研究员等进行文字编辑。

本书作为"科技创新与美丽中国：西部生态屏障建设"丛书的一个分册，是云贵川渝区域专题研究主要成果的系统总结。本书共分九章，第一章首先介绍了云贵川渝生态屏障区地

理、社会经济概况和战略地位。第二章对云贵川渝生态屏障区的建设现状、成效、存在问题与挑战等进行了分析，展示了生态建设方面取得的显著成效，指出了面临的科技问题与挑战，进而提出了新时代生态屏障建设的新要求。第三章至第八章分别聚焦水资源利用、生物多样性保护、生态系统保护修复、环境污染防治、气候变化应对与石漠化治理和山地灾害风险防控与绿色减灾等领域，探讨了科技支撑云贵川渝生态屏障区建设的策略和实施路径，每一章都包括科技支撑的总体要求、阶段目标、战略布局体系、战略问题和任务组织实施等内容。第九章为战略保障措施，主要包括体制机制、平台建设、科学数据、人才资源和国际合作等方面的对策建议。

本书旨在为未来高标准、高质量、高水平建设云贵川渝生态屏障区提供科学依据和政策建议，为保障区域发展与生态安全提供战略性科技支撑。希望本书的出版能够促使社会各界更加关注和重视云贵川渝地区生态文明建设，推进更多的生态屏障科技创新和实践探索，为实现美丽中国建设贡献力量。本书作者深知，云贵川渝生态屏障研究涉及多个学科和领域，内容复杂而广泛，尽管编写团队尽力做到全面、准确和深入，但限于时间和作者水平，书中难免存在疏漏和不足之处，衷心期盼各位读者指正。

中国科学院云贵川渝专题研究组

2024 年 12 月

目　录

i	总序
xi	前言

1	**第一章　云贵川渝生态屏障区地理、社会经济概况和战略地位**
2	第一节　云贵川渝生态屏障区地理概况
3	第二节　云贵川渝生态屏障区社会经济概况
4	第三节　云贵川渝生态屏障区战略地位

6	**第二章　云贵川渝生态屏障区建设现状、问题与新要求新挑战**
7	第一节　云贵川渝生态屏障区现状
17	第二节　云贵川渝生态屏障区建设成效
32	第三节　云贵川渝生态屏障区问题与挑战
44	第四节　云贵川渝生态屏障区新时代的要求

54	**第三章　云贵川渝生态屏障区水资源利用**
55	第一节　科技支撑总体要求
64	第二节　科技支撑阶段目标

65	第三节	科技支撑战略布局体系
73	第四节	科技战略问题
92	第五节	科技任务组织实施

98　第四章　云贵川渝生态屏障区生物多样性保护

99	第一节	科技支撑总体要求
100	第二节	科技支撑阶段目标
102	第三节	科技支撑战略布局体系
106	第四节	科技战略问题
118	第五节	科技任务组织实施

126　第五章　云贵川渝生态屏障区生态系统保护修复

127	第一节	科技支撑总体要求
128	第二节	科技支撑阶段目标
129	第三节	科技支撑战略布局体系
139	第四节	科技战略问题
169	第五节	科技任务组织实施

171　第六章　云贵川渝生态屏障区环境污染防治

172	第一节	科技支撑总体要求
174	第二节	科技支撑阶段目标
176	第三节	科技支撑战略布局体系
183	第四节	科技战略问题
194	第五节	科技任务组织实施

198　第七章　云贵川渝生态屏障区气候变化应对与石漠化治理

| 199 | 第一节 | 科技支撑总体要求 |

200	第二节　科技支撑阶段目标
202	第三节　科技支撑战略布局体系
210	第四节　科技战略问题
234	第五节　科技任务组织实施

237　第八章　云贵川渝生态屏障区山地灾害风险防控与绿色减灾

238	第一节　科技支撑总体要求
239	第二节　科技支撑阶段目标
241	第三节　科技支撑领域方向与体系
253	第四节　科技战略问题
272	第五节　科技任务组织实施

276　第九章　科技支撑云贵川渝生态屏障区建设的战略保障

277	第一节　体制机制保障
278	第二节　平台建设保障
279	第三节　科学数据保障
280	第四节　人才资源保障
281	第五节　国际合作保障

283　参考文献

第一章

云贵川渝生态屏障区地理、社会经济概况和战略地位

第一节　云贵川渝生态屏障区地理概况

云贵川渝生态屏障区位于中国西南地区，地处长江、珠江和黄河上游，北部紧靠青海、甘肃、陕西，西与西藏毗邻，南与广西接壤，包括四川、重庆、贵州和云南四省份的438个县（区、市）。地域范围为东经97°10′~110°30′、北纬20°50′~34°05′，总面积约113.9万平方千米，约占全国陆地总面积的11.9%。[①] 云贵川渝生态屏障区位于我国地貌格局两大阶梯过渡带（一级阶梯向二级阶梯和二级阶梯向三级阶梯的过渡地带），地跨青藏高原、云贵高原、横断山脉、四川盆地、川中丘陵、川东山地等地貌单元，地势西高东低，由西北向东南倾斜，四川盆地平均海拔约500米，云南高原和贵州高原的平均海拔分别约2000米和1000米，青藏高原东缘和横断山区海拔基本在3500米以上。云贵川渝生态屏障区内海拔高差大、地形复杂多样、地形急变等造成山地环境脆弱、灾害频发和对气候变化与人类活动敏感等，受地形地貌和地带性气候控制，寒带、温带、亚热带和热带等多种气候类型广泛发育，地带性气候与垂直分异性明显；同时，独特的地质、地貌与气候特征使得区域内生态系统类型多样，自然资源丰富，发育了地球上除海洋和沙漠之外的所有生态系统类型。云贵川渝生态屏障区植被发育的纬向地带性和垂直地带性特征非常明显。植被的纬向地带性主要表现在森林分布由南至北，由多及少，由集聚向散状分布过渡；垂直地带性表现为植被类型随海拔出现明显的垂直带谱。

[①] 云贵川渝生态屏障区、云贵川渝地区均指云贵川渝这一区域。

第二节　云贵川渝生态屏障区社会经济概况

2023 年，云贵川渝生态屏障区耕地面积（即云南、贵州、四川、重庆四省份耕地面积之和）约 1602.2 万公顷，约占长江经济带的 41.8%；区内总人口约 2.01 亿，约占长江经济带的 33.1%；城镇化率约 59.2%，较长江经济带平均水平低约 7 个百分点，地区生产总值 141 213.1 亿元，约占长江经济带的 24.2%，人均 GDP 为约 70 266 元，仅为长江经济带的 73.1%（国家统计局，2024）。总体而言，云贵川渝地区社会经济发展较长江流域中下游地区相对滞后；而成渝地区双城经济圈是我国西部人口最密集、产业基础最雄厚的区域，成渝地区双城经济圈建设将打造全国高质量发展的重要增长极和新的动力源，是新时代的国家战略，对长江经济带的发展和国家高质量发展具有重要意义。

全球喀斯特地貌约占全球陆地总面积的 15%，近 1/5 的世界人口生活在喀斯特地貌区（Ford and Williams，1989；Zeng et al.，2022；白晓永等，2023a；Goldscheider et al.，2020）。全球喀斯特地貌发育面积超 5 万平方千米或占国土总面积 20% 以上的国家有 86 个，大多分布在"一带一路"共建国家（Chen et al.，2017；Goldscheider et al.，2020）。中国是喀斯特地貌面积最大、分布最广的国家，中国喀斯特地貌发育面积约占我国陆地面积的 1/3。其中以贵州为主体的西南喀斯特地区是全球面积最大、最集中连片分布区，是我国重要的地理地貌单元，更是我国四大脆弱生态区之一，生态环境保护与可持续发展是我国兼具科学性和社会性的重大需求。同时西南喀斯特地区对长江经济带和国家高质量发展具有重要意义。近年来，西南喀斯特地区的经济社会发展取得了一定的成效，但仍面临一些挑战，如经济发展水平较低、生态环境脆弱、基础设施建设不足等。总体而言，云贵川渝地区社会经济发展相对滞后。

第三节　云贵川渝生态屏障区战略地位

云贵川渝生态屏障区是长江、黄河、珠江等河流主要的水源涵养地和重要的水源补给地，是我国"两屏三带"生态安全格局的重要组成部分，是青藏高原生态屏障和黄土高原–川滇生态屏障的核心交汇区，也是全国重要生态系统保护和修复重大工程区之一，在筑牢长江、珠江和黄河上游与西部生态屏障建设中具有基础性、关键性和主体性作用。此外，云贵川渝生态屏障区也是我国南水北调西线、滇中引水等跨流域调水工程的水源地，对构建我国稳定的水网格局、保障我国水资源安全起到十分重要的作用。云贵川渝生态屏障区山地众多，自然条件良好，是世界上生物多样性极为丰富的地区之一和重要的模式标本集中产地，它是中国–喜马拉雅植物区系的分布、分化中心，是世界云冷杉等高山植被集聚分布分化的区域，是大熊猫和其他濒危物种的分布区，是独特鱼类和重要经济鱼类种质资源的基因库，涉及3个全球公认的生物多样性热点地区（全境处于区域内的中国西南山地全球生物多样性热点地区，以及部分处于区域内的东喜马拉雅和印缅全球生物多样性热点地区），拥有9个中国生物多样性保护优先区域，拥有多样的山地生态系统类型和丰富的物种多样性，对于维系长江、珠江和黄河上游生态安全，建设美丽中国、实现人与自然和谐发展具有重要的意义。作为生物多样性保护的关键地带，云贵川渝生态屏障区是庇护长江、珠江和黄河流域的"绿色万里长城"，滋养着澜沧江—湄公河、怒江—萨尔温江、元江—红河下游东南亚大地，其在水源涵养、水土保持、调节气候、保护生物多样性等方面具有极高的生态价值，是长江流域和西部生态环境的过滤器、净化器和稳定器，与周边重要生态功能区共同构筑起了西部生态安全屏障。

西南喀斯特地区位于长江和珠江两大水系的上游，其生态建设对中下游地区的生态安全具有决定性影响（罗旭玲等，2021）。喀斯特地区的健康状态直接影响着水资源的质量和数量，对整个流域的生态系统服务功能至关重要。西南喀斯特地区拥有6个国家重点生态功能区、64个国家级自然保护区、127个省级自然保护区、9个世界自然遗产地。西南喀斯特地区是中国乃至全球最大的"岩溶固碳"地区，作为全世界岩溶分布最广、最集中的区域，在岩溶固碳方面作出了巨大的贡献，在对中国"碳中和"目标的实现及全球可持续发展方面发挥着不可估量的作用，通过岩石风化和植被生长过程，对全球碳循环产生影响，尤其在促进"碳中和"目标实现方面具有巨大潜力。西南喀斯特地区是长江流域和珠江流域上游物质输入重要源区，是南水北调与区域水网的水源地，是国家重要水电与风光清洁能源基地和"西电东输"基地，对保障我国能源安全与实现"碳达峰"和"碳中和"发展目标具有重要的支撑作用。

第二章

云贵川渝生态屏障区建设现状、问题与新要求新挑战

第一节　云贵川渝生态屏障区现状

云贵川渝生态屏障区包括云南、四川、贵州和重庆，位于长江、珠江和黄河重点生态区的上游地区，包括川滇森林及生物多样性生态功能区、桂黔滇喀斯特石漠化防治生态功能区、秦巴生物多样性生态功能区、三峡库区水土保持生态功能区、武陵山区生物多样性与水土保持生态功能区、若尔盖湿地生态功能区等国家重点生态功能区，也是我国生物多样性最富集、最集中分布的地区，是国家重要的生态屏障。党的十八大以来，习近平总书记先后考察过云南、四川、贵州和重庆，并围绕生态环境保护等多次发表重要讲话、作出系列重要指示批示。习近平总书记有关云贵川渝地区的系列重要指示批示成为新时代云贵川渝生态屏障区建设的根本遵循和行动指南。

一、生物多样性保护现状

云贵川渝生态屏障区动植物种类丰富，有众多特有物种。根据2024年5月云南省发布的《云南省生物多样性保护战略与行动计划（2024—2030年）》，云南已记录生物物种25 426种，涵盖大型真菌、地衣、苔藓、蕨类、裸子植物、被子植物、鱼类、两栖类、爬行类、鸟类、哺乳类共11个类群，物种数是全国之冠，各大类群物种数均接近或超过全国同类物种数的一半；其中，大型真菌2753种，占全国大型真菌种数的57.4%；地衣1067种，占全国地衣种数的60.4%；高等植物19 333种，占全国高等植物种数的50.1%；脊椎动物2273种，占全国脊椎动物种数的51.4%。2021年，四川省生态环境厅、贵州省生态环境厅和重庆市生态环境厅等分别对外发布了其生物多样性概况。四川省有高等植物1万余种，其中苔藓植物500余种，蕨类植物708种，裸子植物100余种（含变种），被子植物8500余种；有脊椎动物近1300种，其中兽类217种、鸟类625种、爬行类84种、两栖类90种、鱼类230种。贵州省有高等植物10 255种，其中野生分布的高等植物有9654种；有脊椎动物1085种（亚种），其中哺乳类161种，鸟类510种，爬行类105种，两栖类81种，鱼类228种。重庆有野生维管植物近6000种，陆生野生脊椎动物800余种，江河鱼类180余种，其中有长江鲟等长江上游珍稀特有鱼类60余种。

云贵川渝生态屏障区生物多样性的特点主要包括以下几点。

（一）国际重要性

在全球公认的36个生物多样性热点地区中，云贵川渝生态屏障区涉及3个，即中国西南山地全球生物多样性热点地区，拥有我国约50%的鸟类和哺乳动物以及30%以上的高等植物，包括大熊猫、雪豹、棕熊、滇金丝猴、川金丝猴、黔金丝猴、怒江金丝猴、黑颈鹤、藏雪鸡等野生动物；东喜马拉雅（East Himalaya）全球生物多样性热点地区，分布有滇桐、巨柏、长蕊木兰、穗花杉等国家重点保护植物20余种以及不丹羚牛、云豹、金猫、大灵猫、豺、喜马拉雅鬣羚、赤斑羚、棕尾虹雉等野生动物。印缅（Indo-Burma）全球生物多样性热点地区，有苏铁、中华桫椤、叉叶苏铁、格木、狭叶坡垒、崖柏、云南金钱槭、华盖木、望天树等国家重点保护植物，以及云豹、黑颈长尾雉、苏门羚、白头叶猴、红腹锦鸡、大鲵、亚洲象、印度野牛、白颊长臂猿、印支虎等野生动物。全球生物多样性热点地区是全球公认的生物多样性最丰富、最具有保护价值的地区，是区域生物多样性保护的核心区。云贵川渝地区有世界自然遗产地和国际重要湿地，前者包括三江并流、石林、九寨沟、黄龙、大熊猫栖息地、荔波喀斯特、赤水丹霞、施秉喀斯特、梵净山、武隆喀斯特、南川金佛山、巫山五里坡等，后者包括四川长沙贡玛、若尔盖、色达泥拉坝和云南大山包、纳帕海、拉市海、碧塔海、会泽念湖等。

（二）国家代表性

2015年12月，环境保护部发布《中国生物多样性保护优先区域范围》的公告，加强生物多样性保护优先区域的保护与监管，并组织开展了生物多样性保护优先区域边界核定工作，确定了中国生物多样性保护优先区域范围。根据《中国生物多样性保护优先区域范围》，涉及云贵川渝地区的有横断山南段生物多样性保护优先区域、岷山-横断山北段生物多样性保护优先区域、桂西黔南石灰岩生物多样性保护优先区域、武陵山生物多样性保护优先区域、大巴山生物多样性保护优先区域、西双版纳生物多样性保护优先区域和桂西南山地生物多样性保护优先区域、羌塘-三江源生物多样性保护优先区域和南岭生物多样性保护优先区域9个地区。横断山南段生物多样性保护优先区域有14个国家级自然保护区，保护重点为包石栎林、川滇冷杉林、川西云杉林、高山松林等生态系统以及贡山润楠、金铁锁、平当树、大熊猫、滇金丝猴等重要物种及其栖息地。岷山-横断山北段生物多样性保护优先区域有15个国家级自然保护区，保护重点为紫果云杉林、鱼鳞云杉林、云南松林等生态系统以及圆叶玉兰、大熊猫、川金丝猴、野牦牛等重要物种及其栖息地。桂西黔南石灰岩生物多样性保护优先区域有3个国家级自然保护区，保护重点为多脉青冈-水青冈林、高山栲-黄毛青冈林、栓皮栎林生态系统以及苏铁、中华桫椤、云豹、黑颈长尾雉、苏门羚等重要物种及其栖息地。武陵山生物多样性保护优先区域有20个国家级自然保护区，保护重点为多脉青冈-水青冈林、苦槠林和青冈林、水杉林等生态系统以及叉叶苏铁、格木、狭叶坡垒、白头叶猴、黔金丝猴等重要物种及其栖息地。大巴山生物多样性保护优先区域有12个国家级自然保护区，保护重点为巴山松林、包石栎林、多脉青冈－水青冈林等生态系统以及崖柏、川金丝猴、红腹锦鸡、大鲵等重要物种及其栖息地。西双版纳生物多样性保护优先区域有6个国家级自然保护区，保护重点为兰科植物、云南金钱槭、华盖木、印度野牛、白颊长臂猿、印支虎等重要物种及其栖息地等。桂西南山地生物多样性保护优先区域地跨广西和云南，有6个国家级自然保护区，保护重点为叉叶苏铁、格木、广西火桐、白头叶猴、冠斑犀鸟、斑林狸等重要物种及其栖息地等。羌塘－三江源生物多样性保护优先区域包括四川省阿坝州和甘孜州部分地区，拥有9个国家级自然保护区，保护重点为高原高寒草甸、湿地生态系统以及藏野驴、野牦牛、藏羚、藏原羚等重要物种及其栖息地。南岭生物多样性保护优先区域包括贵州省黔东南州和黔南州部分地区，拥有25个国家级自然保护区，保护重点为冷杉林、银杉林、穗花杉林等生态系统以及福建柏、长柄双花木、元宝山冷杉、瑶山鳄蜥等重要物种及其栖息地。

（三）生态脆弱性

云贵川渝地区的生态脆弱区主要包括三大类，干热河谷区、石漠化区和高原湖泊湿地退化区。干热河谷区包括金沙江上中游、元江上游、怒江上中游、澜沧江上中游，以及雅砻江、大渡河、岷江部分河段。这些地区人多地少，山高坡陡，土地垦殖指数高、人为活动频繁；蒸发强度大，严重干旱缺水；原始天然林过度砍伐形成的次生天然林退化严重，林分质量差，森林覆盖率较低，森林保土蓄水能力低，水土流失面积最为严重，生态极其脆弱。石漠化区主要分布于贵州南部、云南东南部和重庆部分地区。这些地区因岩溶环境的脆弱性，叠加人类活动影响，石漠化和水土流失问题突出；岩溶发育、降雨丰沛、地貌起伏等因素致使区内水土流失、石漠化发育的生态脆弱性十分突出，水土流失主要发生在陡坡耕地、荒山荒坡、低覆盖林地等地类和生产建设活动区域。高原湖泊湿地退化区主要为云贵高原地区，其湖泊流域人口负荷大，围湖开发强度大；农业面源污染严重，入湖河流水质差；环湖截污治污不彻底、清污混流现象较为普遍，输入物质在湖泊中积聚，导致污染负荷增加，污染控制难度大，水体富营养化治理难度大，水质不达标；气候变化和人类活动干扰引起湿地局部退化，水源涵养功能降低。

二、脆弱生态环境保护现状

2023年，习近平总书记在全国生态环境保护大会上，全面总结了党的十八大以来我国生态文明建设取得的举世瞩目的巨大成就，精辟概括了需要实现的四个"重大转变"："实现由重点整治到系统治理的重大转变"；"实现由被动应对到主动作为的重大转变"；"实现由全球环境治理参与者到引领者的重大转变"；"实现由实践探索到科学理论指导的重大转变"。1998年长江特大洪灾发生后，国务院实施了长江上游"退耕还林（草）工程""天然林保护"等生态工程，在四川、重庆、云南、贵州开展了大面积退耕还林和天然林保护，森林植被覆盖率显著上升。2018年，国务院会同长江经济带11个省份，部署实施《长江保护修复攻坚战行动计划》，按照"生态优先、统筹兼顾；空间管控、严守红线；突出重点、带动全局；齐抓共管、形成合力"的基本原则，统筹推进各项生态环境保护工作，打好长江保护修复攻坚战，长江上游成为"长江流域生态大保护"的主战场。2020年，国家作出推动成渝地区双城经济圈建设、打造高质量发展重要增长极的重大决策部署。2022年，生态环境部联合国家发展和改革委员会、重庆市人民政府、四川省人民政府发布了《成渝地区双城经济圈生态环境保护规划》，重点推进成渝地区生态文明建设，协同推进减污降碳、促进经济社会发展全面绿色转型、实现生态环境质量改善由量变到质变。

三、喀斯特生态环境保护现状

以云贵川渝生态屏障区为主要部分的西南喀斯特地区是世界上面积最大、最集中连片分布区，位于长江和珠江流域的上游，是国家重要的生态屏障。西南喀斯特地区位于中国西南部，是世界上喀斯特地貌分布最广、类型最齐全的区域之一。该地区覆盖了贵州、广西、云南等地，根据2022年12月国家林业和草原局《中国·岩溶地区石漠化状况公报》，该地区总面积约45.20万平方千米，其中石漠化土地截至2021年底约7.16万平方千米，约占西南喀斯特地区面积的15.84%。这一地区以典型的高原山地构造地形为特征，碳酸盐类岩石分布广泛，形成了独特的地理和生态环境。喀斯特地貌的特殊性在于其地表和地下双层结构，岩溶作用显著，导致水文过程迅速且具有高时空异质性。土壤层薄、岩石裸露率高、成土速率缓慢、水源涵养能力差、生态可恢复性低，这些特点使得西南喀斯特地区的生态环境十分脆弱（白晓永等，2023a，2023b）。同时，该区域也是人地关系矛盾最尖锐、生态环境最脆弱的生态系统，以人类活动为主导因素而引起的石漠化严重制约着该区域的可持续发展。受地上地下二元三维结构的岩溶背景控制，以及水土资源分布不均、水文变化迅速等问题影响，喀斯特区域成土速率缓慢，水源涵养能力差，生态可恢复性低。另外，该区域处于长江和珠江两大水系的上游，其生态建设决定着中下游地区的生态安全。

四、危害严重的自然灾害

云贵川渝生态屏障区地处青藏高原东部横断山区、云贵高原和四川盆地周边山地，受印度板块与欧亚板块强烈碰撞与侧向挤压作用控制，区内特殊的地质构造、地形地貌与气象水文条件孕育了类型多样、活动频繁、危害严重的地震、气象、山地和林火等自然灾害类型及其复合链生灾害。地震灾害在沿南北向发育的活动断裂带广泛活动，尤其"Y"形构造带的岷江、大渡河、安宁河、鲜水河、金沙江下游等流域是强烈地震频发的区域。除内动力驱动的地震灾害外，山地地表水土物质在内外动力作用与驱动下沿地球表面运动，并引发造成财产损失和人员伤亡的崩塌、滑坡、泥石流、山洪、冰崩雪崩、冰湖溃决及其复合型山地灾害链等，是云贵川渝地区面临的重大灾害风险与威胁（崔鹏等，2018）。受构造格局与活动控制，我国大型山脉和构造应力集中带主要分布于中西部地区，地形地貌总体呈西高东低态势，山地灾害发育数量整体上呈现南西—北东递减的态势（Cui and Jia，2015），国家减灾网和全球灾害数据平台数据显示，截至 2021 年底，四川、云南、重庆和贵州山地灾害数量占全国总数的近 25%。云贵川渝地区崩塌广泛发育于四川中东部、重庆、贵州南部；滑坡主要分布于四川中东部、重庆、云南中西部等；泥石流主要集中在四川中西部、云南北部等地；冰川及冰湖主要位于西部高山和极高山区，如四川西部等。此外，受季风气候控制、极端天气作用和人类活动影响，大范围的干旱和时有发生的山地林火也是云贵川渝地区面临的重大威胁，尤其干热河谷区是干旱和林火灾害的主要威胁区。根据中国地貌类型特点和山地灾害风险分区结果，云贵川渝地区山地灾害风险分区如表 2-1 所示。

表 2-1 云贵川渝地区山地灾害风险区划统计表

风险分区	省份	集中地区
较低风险区	四川、贵州	四川盆地
中度风险区	贵州、四川、重庆、云南	成都平原东缘山地
较高风险区	重庆、云南、四川	成都平原东缘山地、云贵高原、横断山区、青藏高原东缘
高度风险区	云南、四川、重庆	东喜马拉雅、云贵高原、横断山区、青藏高原东缘

注：参考中国科学院、水利部成都山地灾害与环境研究所．2024．中国山地研究与山区发展报告．北京：科学出版社．

五、国家科技支撑云贵川渝生态屏障区建设部署

云贵川渝生态屏障区是长江、珠江和黄河中下游等地区的生态屏障，由于自然生态脆弱性和长期不合理开发等人为影响，生态和环境退化问题突出，生态服务功能下降，这已成为制约长江、珠江和黄河上游地区、中下游地区乃至全国社会经济发展的重要因素。自 20 世纪 80 年代以来，为控制长江上游水土流失，保护梯级水利工程的安全运行，国务院决定将长江上游作为全国水土保持重点防治区，相继实施了"长江上游水土保持重点防治工程""水土保持生态修复试点工程"等系列工程。2012 年，党的十八大提出"大力推进生态文明建设"的战略决策，构建了黄土高原–川滇生态屏障带，打响了"碧水、蓝天、净土"三大保卫战。2016 年，习近平总书记在重庆高瞻远瞩地提出了"把修复长江生态环境摆在压倒性位置，共抓大保护，不搞大开发"（新华社，2016a），国务院部署实施《长江保护修复攻坚战行动计划》。2020 年，国家部署了推动成渝地区双城经济圈建设、打造高质量发展重要增长极的重大决策。同年，《全国重要生态系统保护和修复重大工程总体规划（2021—2035 年）》发布，长江重点生态区（含川滇生态屏障）和黄河重点生态区（含黄土高原生态屏障）是规划的重点区和关键区。2021 年，《中共中央 国务院关于完整准确全面贯彻新发展理念做好碳达峰碳中和工作的意见》明确提出"稳定现有森林、草原、湿地、海洋、土壤、冻土、岩溶等固碳作用""积极推动岩溶碳汇开发利用"，为云贵川渝地区生态文明建设、乡村振兴和"双碳"目标实现提供了系统解决方案。

六、中国科学院科技支撑云贵川渝生态屏障区建设部署

（一）野外科学观测研究站为西南山地生态屏障建设提供了重要数据支撑

中国科学院先后在云贵川渝地区的生态环境敏感区建立了森林、草地、农田、湿地等生态系统野外科学观测研究站，还在若尔盖湿地、喀斯特石漠化区、干热河谷区、三峡库区等典型生态脆弱区建立了长期野外科学观测研究站，共建成生态环境要素观测的野外科学观测研究站12个，其中进入国家重点野外科学观测研究站系列的有5个，进入中国生态系统研究网络（Chinese Ecosystem Research Network，CERN）台站的有6个。此外，中国科学院为应对特殊环境变化和突发环境事件还建立了生态环境空天地在线监测平台、信息服务平台和应急管理信息系统，为云贵川渝生态屏障区生态系统生产力变化、水土流失与面源污染、大气环境与水环境变化提供了长期、持续的第一手观测数据，为长江上游水土流失与面源污染防治、云贵川渝生态屏障区生态屏障建设提供了重要数据基础。

（二）科技支撑长江上游水土流失与面源污染治理

在中国科学院的长期支持下，针对长江上游严重的水土流失问题，系统开展了长江上游水土流失与面源污染防治的科学研究，发展了以核素示踪为核心的坡面侵蚀与泥沙输移评价新方法，揭示了坡面水文与侵蚀泥沙产生、输移机理，阐明了金沙江、嘉陵江和三峡库区的侵蚀产沙规律，科学评价了长江上游侵蚀产沙现状并预测未来发展趋势，为长江上游生态屏障建设、三峡等大型水电工程和山区发展等国家宏观决策提供科学依据，为脆弱生态区与受损生态系统的水土保持生态恢复提供了

关键技术与示范模式，为长江上游水土流失得到基本抑制提供了科技支撑，为长江上游水环境安全保障提供了科学依据。

（三）形成生物多样性保护研究主力军，引领生物多样性保护研究

中国科学院是西南山地生物多样性保护研究的主力军。西南地区是中国科学院生物领域院属科研机构较齐全的地区，有成都生物研究所、昆明动物研究所、昆明植物研究所、西双版纳热带植物园，以及地球化学研究所、"中国科学院、水利部成都山地灾害与环境研究所"、重庆绿色智能技术研究院等单位。中国科学院及其院属机构牵头组织了《云南植被》《云南植物志》《四川植物志》等专著的编写，参与了《贵州植物志》的编撰以及各类自然保护区本底调查、生物多样性编目和监测评估等工作。2021年6月，国家林业和草原局与中国科学院共建的国家公园研究院揭牌。国家公园研究院以中国科学院生态环境研究中心为依托单位，由国家林业和草原局国家公园主管部门负责日常业务指导。国家林业和草原局与中国科学院将共同把国家公园研究院建成国内公园领域最具权威性和公信力的研究和决策咨询机构，为国家公园的科学化、精准化、智慧化建设与管理提供科技支撑。国家公园研究院为设立国家公园相关工作提供技术支撑，对国家公园候选区开展设立前期评估，并对相关设立方案进行科学论证；针对国家公园生物多样性保护、自然生态系统修复、珍稀濒危野生动植物种群复壮等开展基础研究；开展国家公园重要生态服务功能及其生态经济价值评估，研究提出生态补偿相关办法，以及国家公园生态产品价值核算办法和生态产品价值实现路径等。

（四）引领国际石漠化环境退化与生态修复的理论与实践

中国是引领世界喀斯特系统科学研究的主要科技力量，对喀斯特动力学、喀斯特生态系统生态学、地质灾害、地下水、喀斯特生态环境过

程和石漠化治理开展了大量的研究工作。中国科学院作为我国石漠化环境过程与生态修复研究的发源地之一，先后研发了石漠化治理系列技术，建立了喀斯特石漠化坡地垂直带谱治理模式及示范基地，创建了不同地貌单元的石漠化治理新范式，其成果在乌蒙山区、武陵山区、滇黔桂石漠化山区等区域得到广泛应用和推广。中国科学院相关单位作为技术支撑牵头单位为国家土壤污染综合防治先行区建设提供了重要科技支撑服务，发挥了土壤污染防治的"排头兵"作用，在生态环境领域具有不可替代性。

第二节　云贵川渝生态屏障区建设成效

中国科学院长期布局西南地区的资源开发与环境保护科技发展，先后建立了资源环境领域的相关研究所，支持了生态环境野外科学观测研究站和数据中心，遴选了多个野外科学观测研究站进入中国生态系统研究网络，长期稳定支持西南喀斯特区生态环境变化的野外观测研究。此外，中国科学院围绕西部生态环境演变过程、影响机制、发展趋势等设立院级重大、重要方向和重要领域前沿等不同层次的科研项目，为国家西部大开发决策提供历史和现实依据。近年来，西南地区在生态建设方面取得了显著成效，为经济社会的可持续发展提供了重要支撑。

一、生态环境质量得到明显改善

通过加强环境保护和治理，西南地区的空气质量、水质等均得到了显著改善。例如，一些城市的空气优良天数增加，主要河流的水质达标率提高。空气质量的改善得益于工业废气治理、机动车尾气排放控制和煤炭消费减量等措施的实施。水质改善则主要归功于污水处理设施的建设和河流生态修复工程的推进。

（1）森林覆盖率增加。大规模的植树造林和森林保护工作使得西南地区的森林覆盖率不断上升。这有助于减少水土流失、涵养水源、调节气候，并提供了重要的生态服务功能。森林覆盖率的增加不仅改善了生态环境，还提供了丰富的木材资源和生态旅游资源，促进了当地经济的发展。

（2）生物多样性得到保护。西南地区是中国生物多样性最为丰富的地区之一，通过建立自然保护区、加强野生动植物保护等措施，许多珍稀物种得到了有效保护，生物多样性得到了较好的维护。例如，大熊猫、金丝猴、朱鹮等珍稀动物的栖息地得到了有效保护，种群数量有所增加。此外，一些地方还开展了生物多样性调查和监测工作，为生物多样性保护提供了科学依据。

二、水土流失面积和强度持续降低

西南地区，尤其是喀斯特地貌区域，面临着严重的石漠化问题。为了应对这一挑战，国家和地方政府实施了一系列生态修复工程，包括天然林保护、退耕还林、石漠化综合治理等。这些措施有效扩大了林草植被的覆盖，减少了水土流失，改善了生态环境，对促进当地生物多样性发展和生态平衡产生了积极影响。国家和地方政府通过一系列有效的水土保持措施，有效治理了水土流失，改善了土地质量，从而防止土地退化，保障农业生产和生态安全。水土保持和土地治理工作的开展，不仅改善了当地的生态环境，还提高了土地的利用效率和农业生产效益。同时，水土保持和土地治理工作也为当地居民提供了就业机会，促进了社会稳定和经济发展。

（1）生态农业得到发展。推广生态农业技术，减少农药、化肥的使用，提高农业资源利用效率，促进了农业的可持续发展。同时，生态农产品的种植和销售也为农民增加了收入。生态农业的发展减少了农业面源污染，提高了农产品的品质和安全性。同时，生态农业也促进了农业产业结构的调整和转型升级，提高了农业的附加值。

（2）生态旅游建设得到发展。利用西南地区独特的自然风光和生态资源，生态旅游得到了快速发展。这不仅为当地带来了经济收入，也提高了人们对生态环境的保护意识。生态旅游的发展促进了当地旅游业的升级换代，提高了旅游业的附加值。同时，生态旅游也为当地居民提供了就业机会，促进了社会稳定和经济发展。

三、生态系统服务能力持续提升

动态监测和科学研究在西南地区的生态建设中发挥了重要作用。西南地区建立生态监测站网，收集和共享信息数据，为生态工程效果评估提供了科学依据。同时，科研机构在喀斯特生态保护与修复基础理论、技术研发、产业示范等方面取得了突出进展，为生态治理提供了科技支撑。西南地区经济发展的需求也在推动着生态建设。为了更好地保护生态环境，国家在西南地区推动了生态补偿机制的建立。提高生态建设和环境保护支出标准及转移支付系数，加大了中央财政对国家重点生态功能区的转移支付力度（白晓永等，2023a，2023b）。此外，西南地区还探索了生态产品标志、水权交易、碳汇交易等市场化生态补偿模式，促进了生态保护与地区发展的协调。主要体现在以下两个方面。①生态补偿机制的建立。为了促进生态保护和经济发展的平衡，一些地区建立了生态补偿机制，通过对生态保护者进行补偿，激励更多人参与到生态建设中。生态补偿机制的建立，不仅促进了生态保护工作的开展，还提高了当地居民的收入水平和生活质量。同时，生态补偿机制也为生态建设提供了重要的资金保障和政策支持。②生态系统服务功能的提升。随着生态建设的推进，西南地区生态系统在提供氧气、调节气候、净化水质、维护生态平衡等方面服务功能的提升，为人们的生活和经济发展提供了更坚实的生态基础。生态系统服务功能的提升，不仅改善了人们的生活环境，还提高了地区的生态品质和竞争力。同时，生态系统服务功能的提升也为生态建设提供了重要的动力和支撑。

四、城市生态建设能力持续增强

云贵川渝地区许多城市开始注重生态规划和建设，以增加城市绿地面积，改善城市生态环境。一些城市还积极推广绿色建筑和低碳出行，提高城市的可持续性。城市生态建设的推进，不仅改善了城市居民的生活环境，还提高了城市的生态品质和竞争力。同时，城市生态建设也为城市的可持续发展提供了重要支撑。①通过宣传教育和公众参与，人们的生态文明意识逐渐增强。越来越多的人开始关注环境问题，积极参与到生态建设和保护中来。生态文明意识的提高，不仅促进了人们环境保护行为的改变，还推动了社会的可持续发展。同时，生态文明意识的提高也为生态建设提供了重要的思想基础和社会支持。②科技创新手段促进生态建设。利用科技创新手段，如遥感技术、大数据分析等，提高生态环境监测和管理的水平，为生态建设提供了有力的技术支持。科技创新的应用，不仅提高了生态建设的效率和质量，还推动了生态建设的智能化和数字化发展。同时，科技创新也为生态建设提供了新的思路和方法，促进了生态建设的创新发展。

五、生物多样性保护取得巨大成绩

云贵川渝是我国生物多样性保护的重点地区。经过多年的不懈努力，生物多样性调查研究和保护成绩斐然，生态版图更大、野生动植物更多、绿色家底更厚、保护举措更实、生态防线更牢、治理格局更新、人与自然的关系更加和谐美好。

（1）自然保护地建设取得重要成绩。为保护好生物多样性，云南、四川、贵州和重庆全力推进自然保护地整合优化。在《生物多样性公约》第十五次缔约方大会期间，云南、四川、贵州、重庆四省份公布的数据如下：云南建成11类362处自然保护区，占云南面积的14.32%。四川建成自然保护区166个，其中国家自然保护区32个，省级自然保护区63个，市县级自然保护区71个，占四川面积的17.1%。围绕武陵山脉、苗岭山脉等生物多样性丰富地区，贵州建有自然保护地318个，占贵州面积的13.01%。重庆建有各类自然保护地218个，其中自然保护区58个，占重庆面积的15.4%。云贵川渝地区90%以上的自然生态系统和85%以上的野生动植物物种得到了有效保护。

（2）濒危物种拯救和保护取得明显实效。云南、贵州、四川、重庆四省份的物种保护工作成绩写入2021年10月发布的《中国的生物多样性保护》白皮书。大熊猫野外种群数量从1981年的1114只增加到2021年的1864只，亚洲象野外种群数量从20世纪80年代的180头增加到2021年的300头左右。2021年备受关注的亚洲象北迁南归，是人与自然和谐共生的生动诠释。除此之外，云南的滇金丝猴和黑颈鹤均增长到3000多只，贵州的黑叶猴、黑颈鹤等珍稀候鸟数量明显提升，贵州赤水桫椤国家级自然保护区的桫椤等的数量和种群结构日趋合理。重庆持续实施黑叶猴、林麝、中华秋沙鸭等重点保护野生动物和崖柏、银杉等极小种群的拯救保护项目。重庆金佛山国家级自然保护区黑叶猴的数量从不足80只逐步恢复到150余只，林麝人工授精、野化训练和放归自然生境恢复等研究多次获得科技奖励。迁地保护方面，实施极小种群拯救保护计划，建立了植物园、动物园、中国西南野生生物种质资源库等迁地保护设施，加强濒危动植物的迁地保护和野外回归保护。

（3）建成大熊猫国家公园并取得重要的进展。2021年，我国正式设立大熊猫国家公园，涉及四川、陕西、甘肃3省，总规划面积2.2万平方千米，其中位于四川省内的园区面积1.93万平方千米，占公园总面积的88%。大熊猫国家公园保护着近72%的野生大熊猫，是野生大熊猫核心分布区，具有极高的生态保护、科学研究、生态体验价值。截至2023年，大熊猫国家公园位于四川省内的园区面积已完成超15万亩[①]的大熊猫栖息地自然修复，以大熊猫作为旗舰物种的"伞护效应"显著，在生态修复、生物多样性保护等方面取得了阶段性成效。在大熊猫国家公园内，大熊猫、金丝猴、雪豹、四川羚牛、红豆杉、珙桐等8000多种伴生珍稀动植物得到良好保护，区域生物多样性得到有效维护。通过巡护、监测、本底调查以及各类珍稀野生动植物专项调查等，大熊猫及同域野生动物野外遇见率及监测率显著上升。

六、云贵川渝地区山地灾害防治成效显著

云贵川渝地区是我国山地灾害活动最为活跃、危害最为严重、造成人员财产损失最重的地区。面向山地灾害防治与风险防控重大需求及挑战，以"中国科学院、水利部成都山地灾害与环境研究所"、成都理工大学等为代表的科研院所、高校优势团队经过数十年努力，在山地灾害孕

---

① 1亩≈666.67平方米。

灾成灾致灾机理、风险评估、预测预报、监测预警、调控治理与应急减灾领域取得系列突破与成果，构建了山区线性工程（铁路、公路、输油输气管道等）、水电工程、山区城镇（含边境口岸）、风景区等山地灾害防治技术体系与模式。尤其是2008年汶川地震以来，以地震次生灾害防治为抓手，在突发性特大规模泥石流、高位崩塌、大规模滑坡和超大堰塞湖等山地灾害形成演化规律与防治技术方面取得重大进展，山地灾害防治技术模式进一步优化。技术成果在川藏铁路、川藏公路、中尼公路、成昆铁路、西气东输等重大交通和能源资源工程，溪洛渡、白鹤滩等大型水电工程的防灾减灾中得到广泛应用（Cui et al.，2022）。

（一）泥石流综合治理的"东川模式"

云南省昆明市东川区为我国著名的古铜都，筑路切坡、开矿弃渣、陡坡垦殖、过度放牧，以及灌溉渠道漏水导致水土流失严重和山坡崩滑，且加剧了泥石流的发展，成为威胁城市安全的最大隐患。东川泥石流的系统防治始于20世纪50年代末，"中国科学院、水利部成都山地灾害与环境研究所"在长期的泥石流科学研究和防治实践工作中，成功总结出了"东川模式"。"东川模式"是生物工程和岩土工程相结合，按照泥石流流域的功能分区分别采用稳固、拦挡和排导工程的综合治理模式。"稳固"即在泥石流的形成区封山育草、植树造林，削弱水动力条件的参与，减少地表径流，防止坡面侵蚀，在支沟中采用谷坊群稳沟，防止沟道下切；对滑坡体采用截流排水，防止坡面侵蚀，从而达到"固土稳坡"的作用；"拦挡"即在泥石流的主沟道中，选择有利地形，构筑拦挡坝，拦蓄泥沙，减缓沟床纵坡，提高沟床的侵蚀基准面，从而实现"削峰平谷、水土分离"的目的；"排导"即在泥石流流通区或堆积区，修建不同结构的排导槽，束流输砂，以达到保护下游城镇和重要生产设施的目的，可充分开发和利用土地。该治理模式中，工程措施与生物措施的有机结合

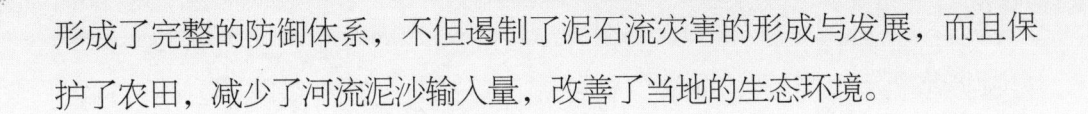

形成了完整的防御体系，不但遏制了泥石流灾害的形成与发展，而且保护了农田，减少了河流泥沙输入量，改善了当地的生态环境。

（二）九寨沟风景区泥石流灾害防治模式

结合九寨沟风景区生态修复和泥石流灾害治理原则，基于泥石流防治技术与景观修复技术，提出了九寨沟风景区泥石流防治模式。

（1）结合风景区泥石流危害特征与生态景观资源的要求，提出了九寨沟风景区泥石流灾害治理原则。九寨沟风景区泥石流的危害对象主要是景观资源和生态环境，风景区往往为旅游区，泥石流对游客、旅游设施和交通安全造成危害。根据泥石流的危害对象，确定了泥石流防治原则：保护景观资源原则、保护生态系统和生态环境原则、灾害治理工程与景观的协调原则、治理工程与生态系统的有机结合原则、保障游客安全原则、保障交通顺畅原则。

（2）基于九寨沟风景区泥石流防治原则和泥石流起动机理的泥石流主动减灾新技术，创立了风景名胜区泥石流防治与技术体系。通过对九寨沟内14条泥石流沟的观测和大量的现场实验与模型实验，系统地研究了泥石流起动机理，提出了准泥石流体的概念，建立了泥石流起动的突变模型，确定了泥石流起动临界条件，在泥石流起动机理研究方面获得了突破性进展，被国内外专家学者评定为"开创了泥石流学科的一个新生长点"。以泥石流起动机理研究成果为基础，研究通过调控准泥石流体起动条件从源头控制泥石流形成的主动减灾新技术，开发和创建了多种满足风景名胜区泥石流防治特殊需求的新型工程结构，如以拦挡漂木为主的缝隙坝和梳齿坝，以泥沙拦淤为主的滤水坝、拦沙坝和谷坊组合工程等，为泥石流减灾提供了新的思路和方法。

（3）分析景区地貌特征和生态环境损毁特征，提出了以治理修复为主、自然修复和保护性修复为辅的风景区泥石流治理模式。

对景区内山地灾害坡度、海拔及水土流失敏感度均相对较低的区域，采用自然修复模式。对老虎嘴危岩崩塌采取保护性修复的相关措施，不仅帮助稳固岩体结构，使表面岩石不容易剥落，而且表面土壤也能随时间逐渐积累，等表面土壤满足植被生长条件时，便会有小型草丛开始生长，逐渐增加植被覆盖度，加强岩体的稳固。泥石流损毁的景观修复需要对不同区域采取不同措施，共同作用，才能起到防治的效果。综合上述风景区泥石流治理原则和相应的技术，形成了不同于城镇、交通、农田等泥石流治理模式的风景区泥石流治理模式（图 2-1）。

风景区泥石流治理模式：

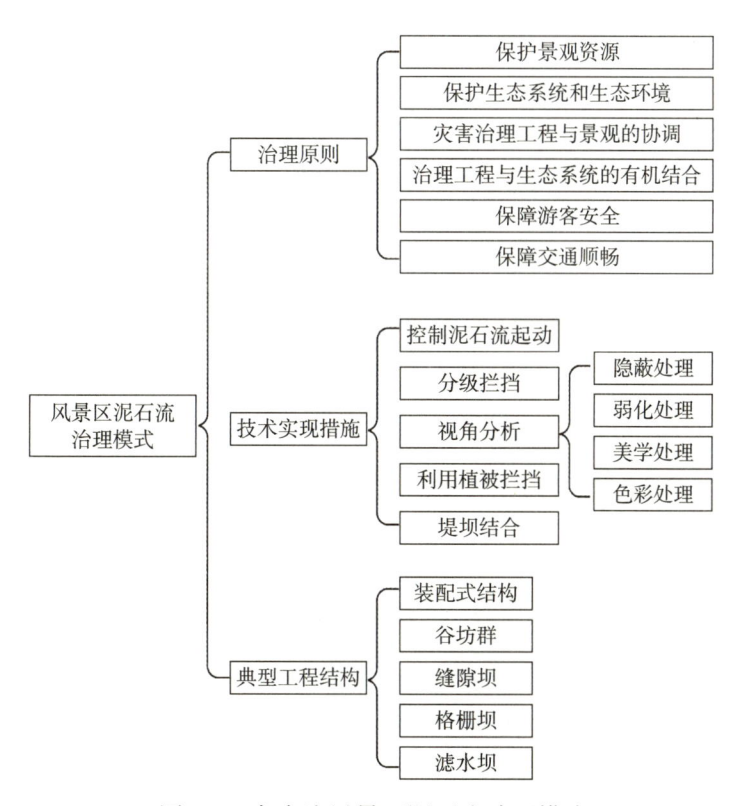

- 治理原则
  - 保护景观资源
  - 保护生态系统和生态环境
  - 灾害治理工程与景观的协调
  - 治理工程与生态系统的有机结合
  - 保障游客安全
  - 保障交通顺畅
- 技术实现措施
  - 控制泥石流起动
  - 分级拦挡
    - 隐蔽处理
    - 弱化处理
  - 视角分析
    - 美学处理
    - 色彩处理
  - 利用植被拦挡
  - 堤坝结合
- 典型工程结构
  - 装配式结构
  - 谷坊群
  - 缝隙坝
  - 格栅坝
  - 滤水坝

图 2-1　九寨沟风景区泥石流治理模式

（三）绿色减灾与特色产业协同的小流域综合治理"凉山模式"

为贯彻落实统筹发展和安全理念，建设更高水平的平安中国，破解我国山区"因灾致贫、因灾返贫"阻碍区域发展的难题，推动灾害风险精准调控，推进绿色减灾与特色产业协同，支撑山区绿色高质量发展，"中国科学院、水利部成都山地灾害与环境研究所"以四川省凉山州喜德县红莫镇热水河流域为示范区，经过不懈努力建设了全国首个综合减灾与特色产业发展协同示范区，打造山区绿色发展"凉山模式"。

（1）基于减灾与发展协同理念提出流域绿色发展规划方法，编制小流域规划方案和建设蓝图。贯彻绿色减灾与特色产业发展协同理念，立足生态措施–工程措施协同绿色减灾工程、特色产业发展和风险综合管理3个方面，结合灾害治理工程、监测预警工程、土地整理工程、绿色产业规划、安全社区建设和体制机制建设等多个方面建立流域与绿色发展相结合的特色产业发展规划。立足热水河流域进行全流域规划（图2-2），编制《喜德县热水河小流域减灾与绿色发展协同示范区建设规划方案》。

（2）研发生态措施–工程措施协同的绿色减灾关键技术，应用于热水河灾害易发支沟，保障流域安全。突破传统减灾工程中以岩土措施为主、生态措施为辅的工程布局，基于热水河流域山洪、泥石流发育活动基本单元（支沟），提出生态措施与工程措施协同的固坡–消能减灾原理，研建"坡面–沟道–流域"多尺度、系统性生态措施与工程措施协同的灾害过程调控技术体系与模式。针对热水河流域灾害易发支沟特点，分别建设"阶梯深潭＋生态护坡＋防护林"和"生物谷坊＋透过型拦挡＋坝肩生态修复＋非对称式排导"的绿色减灾示范基地，保障下游水产养殖示范基地建设和安全社区建设。

（3）研发社区灾害风险管理体制机制、关键技术与模式，显著提升社区风险管理能力。从灾害风险管理体制机制建设、社区组织管理能力建设、居民风险意识能力提升、安全技术保障、基础设施改善和房屋安全设防等方面入手，基于虚拟现实技术开展防灾减灾教育培训和应急演练，构

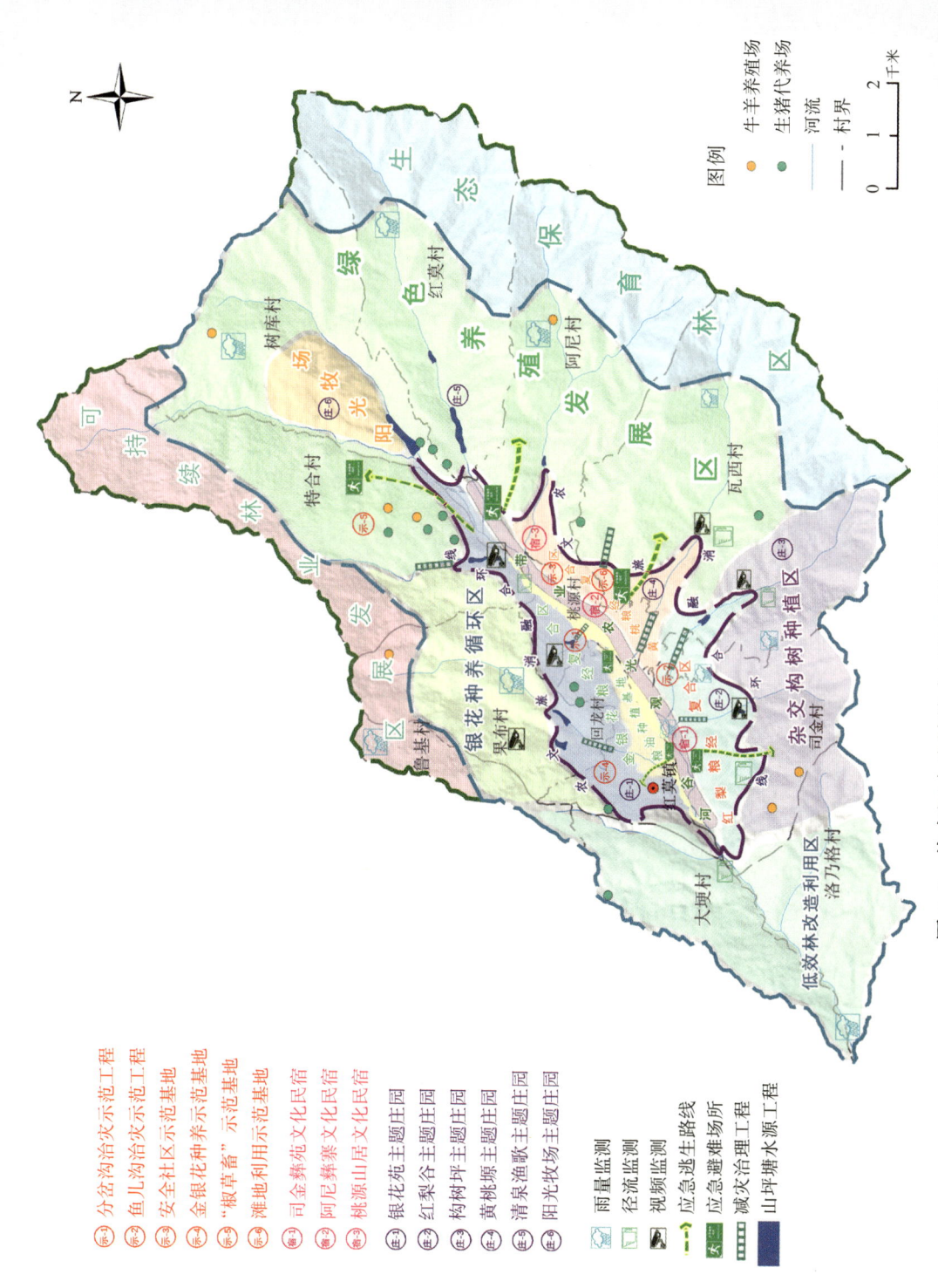

图 2-2 热水河小流域综合减灾与特色产业发展总体布局

建社区风险管理与安全运行模式，推进安全社区建设。安全社区关键技术在热水河流域核心社区桃源村应用，接受培训和受益人员超 8000 人次，显著提升了当地民众的防灾减灾意识与能力。桃源村安全社区减灾成效显著，获批"全国综合减灾示范社区"，灾害风险管理能力显著提升。

（4）探究易灾山区的绿色产业发展路径与模式，研发灾毁迹地改造与可持续利用关键技术，支撑示范区绿色发展。基于山区立体地形特征，从产业空间布局、产业类型选择、保护与开发技术研发等多方面探究山地灾害易发区特色产业发展的路径与模式。重点针对示范区泥石流灾毁迹地分布范围广、利用难度大，并造成严重水土流失和景观破坏等突出问题，研发系列技术，并建成泥石流滩地改良与可持续利用关键技术试验示范基地、泥石流滩地绿色高效水产养殖关键技术试验示范基地和泥石流冲积扇"果–草–禽"复合农业模式示范基地，促使泥石流荒滩地变成千亩良田。

热水河流域示范区取得了较突出的减灾、经济、社会、生态综合效益，具体表现为：①成功保障流域内外 1.5 万余人生命财产安全，确保全流域灾害规模减小 30%、灾损降低 50% 以上，工程减灾措施时效延长 50% 以上；②示范区 9 个行政村于 2019 年脱贫摘帽，居民收入平均提高 1~2 倍，成为安宁河流域经济社会发展最具活力的区域之一；③截至 2023 年底，防灾减灾教育培训和应急演练直接受益 8000 人次以上，成功申报"全国综合减灾示范社区"，风险防控与减灾能力显著提升；④流域生态系统功能提升 30% 以上，生态环境质量明显提升；⑤绿色减灾与特色产业发展协同技术模式纳入《四川省安宁河流域土地综合整治规划（2022—2035 年）》，指导安宁河流域生态文明建设。[1]

---

[1] 构建山区综合减灾与特色产业协同模式，助力我国山区高质量发展. http://cn.chinagate.cn/news/2024-01/29/content_116915757.shtml[2024-10-20].

七、云贵川渝地区生态环境质量明显好转

党的十八大以来，我国生态环境保护取得举世瞩目的巨大成就，美丽中国建设迈出重大步伐，天更蓝、地更绿、水更清，万里河山更加多姿多彩，得到全国人民普遍认可和国际社会广泛肯定，成为新时代党和国家事业取得历史性成就、发生历史性变革的显著标志。我国生态环境质量明显好转，成为世界上空气质量改善最快的国家，地表水优良比例接近发达国家水平；创造了巨大的绿色发展奇迹，以年均3%的能源消费增速支撑了年均超过6%的经济增长；推动《巴黎协定》达成、签署、生效和实施，作为主席国成功举办联合国《生物多样性公约》第十五次缔约方大会，推动达成"昆明—蒙特利尔全球生物多样性框架"，为全球环境治理贡献了中国智慧、中国力量。

针对大气、水、土壤三大污染开展了污染防治攻坚战。通过实施"蓝天保卫战"，从以下几方面加强大气环境质量管控与治理。①依法对重污染企业实施搬迁改造或关闭退出。以云南为例，2020年完成了2322个"散乱污"企业及集群的综合整治。②针对燃煤发电机组和燃煤锅炉进行整治和淘汰。例如，重庆2020年完成了126万千瓦煤电机组和3160蒸吨煤电锅炉超低排放改造。③优化能源结构，发展清洁可再生能源发电。④淘汰国Ⅲ排放标准老旧车辆。例如，云南2020年累计淘汰53 652辆国Ⅲ排放标准老旧柴油货车。⑤增强科研能力。云贵川渝地区通过建立大气污染防治信息系统平台，开发空气质量APP，利用智能识别、在线监测等科技手段，建立城市空气质量网格化监测监管网络，完善大气污染物排放清单，持续开展污染源来源解析与控制对策研究。至2020年，云贵川渝地区环境空气质量总体优良，空气质量指数（air quality index，AQI）优良天数比例比 2017 年上升了 5 个百分点[①]。

云贵川渝地区紧密围绕"工业污染防治、生活污水治理、湖泊保护治理、长江流域水系保护修复、饮用水水源地保护、城市黑臭水体治理、农业农村污染治理"等行动，全力打好碧水保卫战。充分发挥科技的作用，助力水污染防治。例如，重庆针对水产养殖污染，推广池塘"一改五化"技术 13.2 万亩，发展稻渔综合种养 33.2 万亩，养殖尾水治理覆盖面积 1.9 万亩。贵州 2020 年投入省级环保科研及基础性研究经费 600 万元，科技立项 25 个，并在贵阳、遵义、铜仁、黔东南、黔南等 5 个市（州）开展长江生态环境保护修复驻点跟踪研究。至 2020 年，云贵川渝地区监测断面水质优良（达到Ⅲ类水及以上水质类别）比例比 2017 年上升 12 个百分点；主要湖库达到Ⅲ类水及以上水质类别的比例比 2017 年上升 4.5 个百分点；城市集中式饮用水水源地水质达标率比 2017 年上升 1 个百分点。

云贵川渝地区全面实施《土壤污染防治行动计划》，稳步推进净土保卫战。各省份对土壤污染重点行业企业用地（地块）开展土壤污染状况调查，基本掌握了重点行业企业用地污染地块分布及其环境风险情况，切实改善了土壤环境质量，有效防控了土壤环境风险。依据各省份农用地土壤详查成果，完成了土壤环境质量类别划定、受污染耕地安全利用、种植结构调整或退耕还林还草及治理修复等工作。受污染耕地安全利用率达到了国家下达给各省份的目标任务，土壤环境质量明显改善。"十三五"以来，云贵川渝地区土壤环境质量总体稳定，受污染耕地安全利用率均在 95% 以上，污染地块安全利用率 100%。

中国科学院为应对特殊环境变化（自然灾害）、突发环境事件建立了生态环境空天地在线监测平台、信息服务平台和应急管理信息系统。中

---

① 数据分别来自 2020 年云南、贵州、四川、重庆四省份的环境公报。

国科学院建立的野外台站和信息管理平台已成为国家生态环境监测、监督管理体系的重要力量，为西南山地生态系统生产力变化、水土流失与面源污染、大气环境与水环境变化提供了长期、持续的第一手观测数据，为长江上游水土流失与面源污染防治、西南山地生态屏障建设提供了重要数据基础。中国科学院在科技支撑生态屏障建设方面的成就还包括：①开展了长江上游水土流失与面源污染控制的系统研究，为脆弱生态区与受损生态系统的水土保持生态恢复提供了关键技术与示范模式，提出了"减源、增汇、截获、循环"的流域水土流失与面源污染全程控制理论与技术体系，构建了生态清洁小流域技术体系与实体模式，长江上游水土流失与面源污染得到基本抑制。②引领了国际石漠化环境退化与生态修复的理论与实践，为国家土壤污染综合防治先行区建设及国家长江生态环境保护修复联合研究等国家重大战略任务提供了重要科技支撑服务。例如，作为核心技术支撑的铜仁土壤污染综合防治先行区技术模式和经验被生态环境部在2019年7月浙江台州召开的"全国土壤污染防治经验交流会"列为典型案例向全国推广；汞污染来源、赋存形态、去向与土壤污染治理技术为我国汞公约谈判和履约提供了重要科技支撑。③研发了一系列具有自主知识产权的湖泊环境治理工艺与受损生态系统恢复关键技术，其中高原水环境治理成果在湖库生态治理工程中得到推广应用，为高原湖泊富营养化、湖泊－流域水体修复与水质改善提供了适合规模化应用的共性与关键技术，为云贵高原湖泊环境治理提供了重要理论指导和技术支撑并取得良好经济社会效益。

第三节　云贵川渝生态屏障区问题与挑战

一、水资源高效开发利用与高水平保护面临挑战

（一）气候变化下水资源开发利用与保护的矛盾加剧

云贵川渝生态屏障区水资源丰富，但时空分布不均、工程性调控能力不足导致的季节性和区域性缺水与经济社会发展需求不相适应，其中成渝地区、滇中高原、黔中地区水资源供需矛盾突出；与此同时，该地区洪水和干旱频繁发生，水旱灾害是影响区域经济社会发展的主要因素之一。长江水系多数支流和干流区间的年径流量呈现越来越少的趋势，部分支流水土流失仍然严重，部分河段和湖泊的水体污染严重。珠江水系由于喀斯特地质条件，石漠化和水土流失严重。跨境水系中除了怒江—萨尔温江径流量呈不显著增加外，澜沧江—湄公河、元江—红河等径流量呈递减趋势，未来气候变化下流域水资源开发利用与保护的矛盾将会加剧。

（二）长江上游水电梯级开发的流域环境问题突出

长江上游几乎所有干流及大、小支流均有水电开发，梯级套梯级。水电开发导致土地资源短缺，移民坡地开发、经济发展加剧生态环境退化，特别是水土流失与山地灾害。此外，水电开发会对长江上游特有水生生物、特有鱼类的生境造成一定破坏。上游水电梯级开发导致流域水文情势发生重大变化，水环境自净能力下降，上游水库拦沙，已造成干流泥沙减少 80% 以上，泥沙与污染物在库区截留及洪水二次输移与释放

可能对流域水环境安全产生更大的不确定影响。长江上游大量水电开发既淹没大量耕地，加大人地矛盾，也形成巨大的水库消落带，消落带反复淹水－落干和频繁干湿交替可能引发环境风险。

（三）水源地湖库水资源与水环境保护治理面临新挑战

云贵川渝生态屏障区建设有大量深水型－亚深水型水库，数量超过1.5万座。由于地处喀斯特地区，水库生态环境脆弱，自净能力差，一旦污染，治理难度极大。相比于非喀斯特地区，喀斯特地区具有显著不同的地表水－地下水交互关系：①碳酸盐岩溶蚀作用塑造了喀斯特地区特殊的地表－地下双重水文地质结构，强烈发育的地下管道、裂隙、溶洞可与地表水发生动态转化，水位波动显著，水流明显受到管道和裂隙介质的控制；②喀斯特地区土层浅薄，植被稀疏，渗透性强，降雨和水流受植被及土壤过滤阻碍作用较非喀斯特地区小，导致地表水快速补给地下水；③梯级开发形成的筑坝湖库具有底层泄水和反季节储水等特点，具有与非喀斯特地区河流不同的水动力条件，显著影响喀斯特地区地表水－地下水交互过程中的水量、水质；④地下水具有强烈的非均质性和空间异质性，其在同一含水介质中随深度不同差别巨大，这极大地增加了地表水－地下水污染耦合迁移的复杂性，并增加了水污染防治的技术和管理难度。

二、气候变化条件下生物多样性保护机遇与挑战并存

（一）生物多样性保护面临的机遇

2022年，我国作为《生物多样性公约》第十五次缔约方大会主席国，带领各方达成"昆明—蒙特利尔全球生物多样性框架"及一揽子配套政策措施，为未来十年乃至更长一段时间的全球生物多样性治理擘画新蓝

图，在全球生物多样性保护进程中发挥了重要引领作用。"昆明—蒙特利尔全球生物多样性框架"提出，到2030年保护地球30%的陆地、海洋、内陆水域和沿海地区，并提出制止物种灭绝，减少入侵物种的影响，企业自然信息披露，改革对环境有害的补贴等具体目标，我国生物多样性保护迎来重大发展机遇。

（1）发布《中国生物多样性保护战略与行动计划（2023—2030年）》。2024年1月，生态环境部发布《中国生物多样性保护战略与行动计划（2023—2030年）》，明确提出到2030年我国生物多样性保护相关政策、法规、制度、标准和监测体系基本建立；生物多样性丧失趋势得到有效缓解，生物多样性保护与管理水平显著提升；至少30%的陆地、内陆水域、沿海和海洋退化生态系统得到有效恢复；利用遗传资源和数字化序列信息及其相关传统知识所产生的惠益得到公正和公平分享等。到2035年，形成统一有序、结构连通、动态调整的全国生物多样性保护空间格局；生物遗传资源获取与惠益分享、可持续利用机制全面建立；保护生物多样性成为公民自觉行动。到2050年，全面形成绿色发展方式和生活方式，建成人与自然和谐共生的美丽中国，实现人与自然和谐共生的美好愿景。

（2）生态文明建设引领绿色发展新方向。党中央对生态文明建设作出"推动绿色发展，促进人与自然和谐共生"的重大部署，提出"加快推动绿色低碳发展，持续改善环境质量，提升生态系统质量和稳定性，全面提高资源利用效率"的新任务。守住自然生态安全边界，提供更多的优质生态产品，助力实现"双碳"，进一步明确国土空间生态保护修复的新目标。

（二）生物多样性保护面临的挑战

同时，云贵川渝地区的生物多样性保护还面临如下巨大的挑战。

（1）生物多样性保护压力依然较大，珍稀濒危物种保护形势严峻。部分物种栖息地（生境）被侵占或破坏，种群数量下降和生境恶化的趋势没有得到有效缓解和控制。部分极小种群野生植物和大型野生动物的灭绝风险加大。人与动物的矛盾冲突不断，动物肇事造成人身伤亡和财产损失逐年上升。外来物种入侵威胁大。以云南为例，《云南省外来入侵物种名录（2019版）》收录了云南省内发现的外来入侵物种441种4变种，其中Ⅰ级恶性入侵类33种，Ⅱ级严重入侵类82种，外来生物入侵严重威胁我国的生物多样性。遗传资源保护难度加大。随着工业化城镇化进程加快、气候变化以及农业种养方式的转变，遗传资源地方品种消失风险加剧，种群数量和区域分布不断发生变化，野生近缘植物资源减少明显，且保护难度加大。

（2）科技支撑保障能力较为薄弱。现有生态建设标准、技术还不符合山水林田湖草沙一体化保护和修复要求，新的标准体系、技术体系尚未建立。科技支撑薄弱，关键性技术研究不足，基层技术推广力量严重缺乏，新技术运用、科研成果转化欠缺，理论研究与工程实践有一定程度的脱节。支撑生物多样性的调查、监测、评价、预警等能力不足，信息化程度低，部门间信息共享机制尚未建立。

（3）"两山"转化新通道不畅。绿水青山与金山银山的相互促进和良性循环机制尚未形成。生态资源转化为经济价值的路径不畅，生态红利释放不足，生态产品价值实现仍处于探索阶段。"两山"转化激励机制和政策支持力度不够，生态产业发展路径不明确，多元市场主体难以有效进入，生态和自然资源价值尚未得到充分转化。生物多样性保护长期依赖政府投入，社会资本进入意愿不强，投资渠道较为单一，资金投入整体不足。

三、生态环境保护与生态屏障建设面临挑战

（一）环境污染形势严峻，缺乏有效科技支撑

在未来相当长的时间里，云贵川渝生态屏障区水环境、大气环境、农业农村环境、城市环境的质量局部好转、整体恶化的趋势仍将继续。

（1）水污染形势不容乐观，农业面源污染增加，威胁长江流域水环境安全。长江流域污染排放基数大，部分工业企业环境风险不容忽视。部分地区雨污分流不到位、生活污水收集管网建设滞后。农业面源污染已上升为主要矛盾。川渝地区、云贵川渝地区、长江经济带、全国范围内污染物平均排放强度和化肥平均施用强度比对分析表明（图2-3），2020年，云贵川渝地区污染物平均排放强度高于长江经济带平均排放强度约30%，但化肥平均施用强度低于长江经济带平均施用强度；对于云

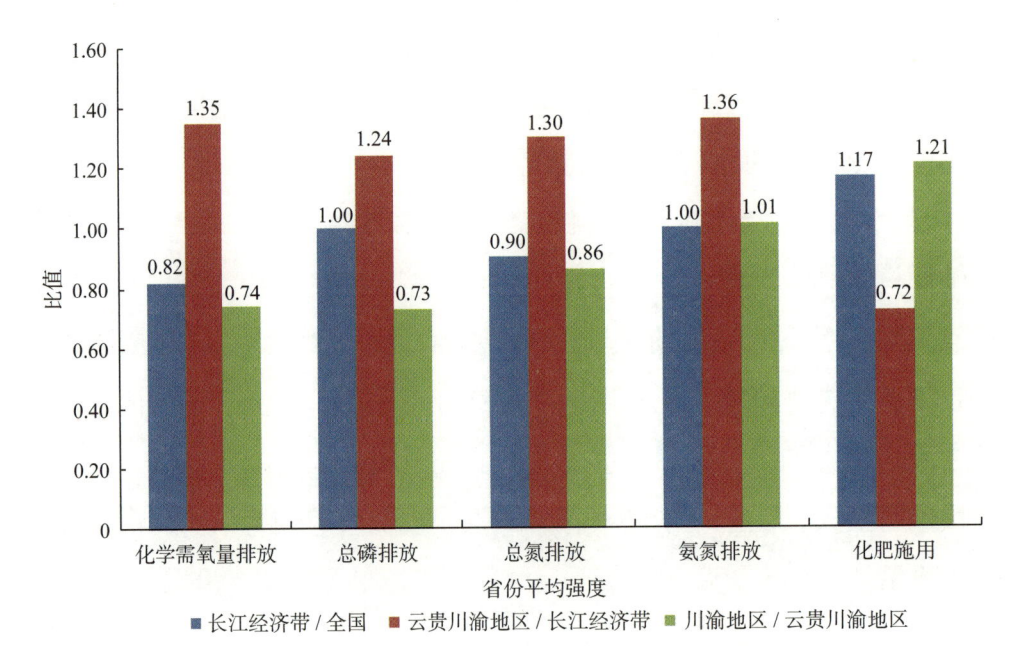

图2-3　川渝地区、云贵川渝地区、长江经济带、全国
污染物平均排放强度和化肥平均施用强度比对

南、贵州、四川、重庆四省份而言，川渝地区两省份污染物（化学需氧量、总氮、总磷）平均排放强度低于云贵川渝地区四省份平均，但化肥施用强度高20%。总体而言，云贵川渝地区存在以下突出环境污染问题：①污染负荷高于长江经济带平均水平，尤其氮磷污染严重，缺乏系统治理技术手段；②矿产、养殖、食品等重点行业污染仍较为严重，养殖、生活等产生的抗生素等新污染物排放量大；③城镇化与农业面源污染造成的支流污染严重，农业农村污染面大、分散、难以集中处理，管理难度大，这是一个极具挑战性的环境治理难题；④西南山地土石山区独特的坡面水文过程驱动污染物快速迁移，跨界河流众多，部分跨界断面水质超标，三峡库区一级支流部分河段存在富营养化现象；⑤污染治理管理较为粗放，能耗药耗居高不下，不利于减污减碳协同增效。

（2）高地质背景与矿产资源开发的土壤污染问题突出。根据可公开的数据，云贵川渝地区土壤重金属元素的环境背景值显著高于全国背景值平均水平，2014年公布的《全国土壤污染状况调查公报》显示全国土壤总的超标率为16.1%，耕地的土壤点位超标率为19.4%（环境保护部和国土资源部，2014）。西南地区土壤镉、铅、铜地质背景高，加之大规模的矿产开发、加工导致土壤重金属尤其镉、汞、铜污染严重，一些尾矿库存在环境风险，造成一定的局部粮食安全问题。因此，云贵川渝地区高地质背景与矿产资源开发带来的耕地土壤污染问题在较长时间内仍需重点关注。

（3）生态环境治理仍存短板。生态环境治理整体性、系统性尚需加强。清洁生产推行仍需深入。生态环境治理投入不足，管网建设和维护资金保障机制不健全。长江上游流域监测预警机制衔接不够。生态环境综合执法人员、经费、手段不足。

（二）区内水土流失问题依然突出，是区域安全与高质量发展的限制性因素

我国政府长期重视喀斯特地区生态保护与修复，"九五"以来，开展了一系列水土流失防治、石漠化治理、水资源利用、植被恢复与重建等科技攻关。大规模生态保护与修复背景下，西南喀斯特地区石漠化已取得面积持续减少与程度持续改善的阶段性成果，成为全球"变绿"的热点区之一，西南喀斯特地区以全球陆地面积的0.36%贡献了全球植被地上生物量增加最快地区的5%。然而，受喀斯特地质背景制约（地上–地下水土二元结构、成土慢且土层浅薄不连续、水文过程迅速等）及生态治理长期性和复杂性的影响，当前喀斯特石漠化治理仍面临重大问题与挑战。①石漠化防治任务依然艰巨，石漠化再发生的风险依然较高。云贵川渝地区石漠化面积集中分布于长江、珠江上游（占93.6%），严重影响两江生态安全；石漠化发生逆转的风险依然较高；《全国重要生态系统保护和修复重大工程总体规划（2021—2035年）》目标之一是治理石漠化，石漠化防治任务艰巨。②石漠化区域实现了初步"变绿"，但其生态系统服务亟待提升。西南喀斯特地区是湿润、半湿润区，生态保护与修复下植被覆盖增加较快，但自然恢复低矮灌木林、连片单一人工林生态服务功能低下；同时由于喀斯特系统保水持水能力差，植被也易干旱缺水，大规模造林下近50%的区域土壤水分降低，土壤固持、水源涵养等生态服务功能恢复滞后（白晓永等，2023b）。③石漠化"变绿"与人民"变富"的矛盾突出，无法支撑乡村振兴产业发展。消除绝对贫困后，石漠化地区成为乡村振兴的主战场，部分地区在帮扶开发、乡村振兴过程中为了发展特色经济林果产业，连片开垦石山坡麓地带的灌木林，出现了新的局部石漠化。④治理技术与模式的系统集成及区域针对性与可持续性不足。当前石漠化治理主要考虑水、土、植被等单一要素，没有充分

考虑喀斯特地区水土运移的特殊性，也忽略了水－岩－土－气－生－人的系统集成，治理的生态和经济效益也较难兼顾；对石漠化的区域分异及模式的适宜性考虑不足，面上推广应用困难。

（三）对部分物种类群和生态系统的保护恢复力度不足，欠缺整体规划和统一布局

对生态系统的完整性和自然地理单元的连续性认识不足，没有在识别重要的生态功能区、敏感脆弱区、保护优先区、生态廊道等的基础上进行规划和布局。山地－平原、上游－下游、城市－乡村的修复治理缺乏协同性。不同类型保护地空间重叠，保护地设置破碎化和孤岛化，保护地网络连通性差。对河流、湖泊、干热河谷等生态系统类型以及重大交通和基础设施建设工程场景的生态保护修复重视不足。对生态系统中物种之间的相互作用认识不清，以重点旗舰物种的保护取代对生态系统的整体保护，重视大型哺乳动物的保护，对其他小类群物种的保护还不够深入系统。同时，生态保护修复工程长期处于低投入、低水平建设模式，任务大而全、资金少而散，导致工程的效果有限、效率偏低。缺乏后期管理运营和长效治理机制，没有真正解决生态治理艰巨性和长期性难题，"一阵风"式的保护修复现象没有完全避免。由于建设部门与单位涉及广泛，监测数据共享存在极大的困难，数据信息的集成和分析不够。保护与修复的监测缺乏系统规划，交叉重复和空缺现象普遍，空天地一体化监测网络和信息化平台建设滞后。

（四）多以植被覆盖率恢复为目标，未能实现山水林田湖草沙一体化修复

在生态保护修复中，片面追求数量和面积指标，仅仅关注植被覆盖率、生产力等单一生态要素，忽视群落结构的恢复和优化，水源涵养、

固碳等区域重要生态系统服务功能的提升成效不明显。部分生态工程建设目标、实施内容和治理措施相对单一，忽视自然条件、资源禀赋和生态区位等特点的"一刀切"，治标不治本的问题较为突出。以单个生态系统类型修复为主，未能实现山水林田湖草沙一体化修复。对于山水林田湖草沙作为生命共同体的内在机理和规律认识不够，各类生态系统治理自行其是、各类建设工程条块分割，生态保护和修复系统性、整体性不足，山水林田湖草沙一体化系统修复和综合治理的理念尚未落实。不同部门、不同工程、不同资金项目在同一地块相互交叉、相互重叠，不但未形成合力，有时反而相互抵消治理效果甚至形成新的破坏，权责对等的管理体制和协调联动机制尚未建立。

四、岩溶地质碳汇亟待开发利用

为实现"双碳"目标，我国承诺采取更加有力的政策和措施。碳增汇是保障社会经济与"碳中和"协同发展的重要途径。现有证据表明，西南喀斯特地区具有巨大的碳汇功能，对我国"双碳"目标实现具有重要意义（Bai et al.，2023）。碳酸盐岩风化、植被恢复均产生巨大碳汇，但还存在以下需解决的难题：①喀斯特陆地生态系统有机－无机耦联协同固碳机制及碳汇潜力研究薄弱；②碳酸盐岩风化碳汇强化技术及增汇潜力研究尚未受到足够的重视；③耦联水生光合作用的碳酸盐岩风化碳汇形成的研究尚存在很大的不确定性；④整合碳酸盐岩风化碳汇的地球系统模型尚处于初步构建阶段（Li et al.，2022）。这些问题限制了整合喀斯特地区碳汇的地球系统模型的构建与应用以及结果的可靠性。西南喀斯特地区生态系统退化的核心问题之一是忽视了岩石风化碳汇及成土过程对植被光合碳汇的支撑作用的生态补偿问题。喀斯特岩石吸收空气中的二氧化碳形成风化碳汇及风化成土，后者又作为植被生长的必需营养物质和水分的主要载体，支撑了植被光合碳汇潜力。然而，现行核算标准难以精准量化岩石风化碳汇和植被光合碳汇潜力，导致岩石风化碳汇及成土过程对植被光合碳汇的支撑作用的生态补偿机制欠缺（杜朝超等，2024）。中国喀斯特岩石风化碳汇为我国乃至全球实现"碳中和"发挥了不可替代的作用，但是，忽视了岩石风化碳汇及成土过程对植被光合碳汇的支撑作用的生态补偿问题，导致喀斯特地区巨大的碳汇能力没有得到应有的生态补偿，各种不合理的土地资源开发利用频繁，仍然对喀斯特生态系统造成很大威胁。

五、保护修复与经济发展的矛盾没有根本缓解，"两山"价值转换存在突出困难

我国在生态方面历史欠账多、问题积累多、现实矛盾多，一些地区生态环境承载力已经达到或接近上限，且面临"旧账"未还、又欠"新账"的问题，生态保护修复任务十分艰巨。个别地方还有"重经济发展、轻生态保护"的现象，以牺牲生态环境换取经济增长，不合理的开发利用活动大量挤占和破坏生态空间，很多地方存在"绿水青山"无法转换成"金山银山"的现实困难。随着新时代生态文明建设的全面发展，科技支撑云贵川渝生态屏障生态系统保护修复的作用需要进一步加强。生态系统多功能提升不显著，生态修复系统性和整体性不足，欠缺整体规划和统一布局，缺乏长效治理机制和长期定位监测，保护修复与经济发展的矛盾没有根本缓解。西南喀斯特地区退耕还林和石漠化综合治理等生态修复工程很大程度上促进了植被覆盖度的提升，为缓解和治理石漠化作出了重要贡献。虽然喀斯特地区植被覆盖度有所提升，但植被群落存在退化情况，导致生态系统服务功能下降，生态系统稳定性差，生物多样性锐减。喀斯特生态系统服务能力整体提升仍然存在一些问题和挑

战：①气候变化的双重影响。气候变化导致的负贡献在人类活动较多的南方喀斯特地区尤为显著，抵消了生态工程的积极作用，使植被净初级生产力损失更大。气候变化对生态恢复的影响需要被充分考虑，以提升生态建设的成效（白晓永等，2023b）。②不合理的土地资源开发利用。现行的土地利用方式未能充分考虑喀斯特地区的岩溶特性和生态需求，导致巨大的碳汇能力没有得到应有的生态补偿，不合理的开发利用仍然是喀斯特生态系统治理的最大威胁。

六、灾害风险防控与区域发展安全面临挑战

（一）气候变化条件下面临灾害风险防控巨大挑战

当前，受全球气候变化和人类活动加剧共同作用，山地灾害呈突发、多发、频发、群发等特点，且巨灾和多灾种复合链生重大灾害暴发概率显著增加，灾害风险不断增大。山区人口密集区、重点经济区、山区城镇等敏感区和山地灾害易发区重大工程灾害风险防范，是全球应对气候变化灾害风险的巨大挑战（王岩等，2024）。①气候变化引起的灾害强度与频率变化造成多灾种更易关联、灾害链更易触发、多灾种复合事件发生的可能性大幅上升。跨领域灾害风险（自然灾害、生产事故等）的传递事件屡见不鲜，对跨灾种、跨区域、跨部门系统性防范化解灾害风险提出了新的挑战。②现代灾害风险具有更大的影响面、更强的系统性、更高的不确定性和不可预测性，灾害风险已经不再是"一次性突发事件"，而是转变为一种新的社会形态，人类已进入了"风险社会"，到了"与风险共存"的状态。灾害事件的高度不确定性和影响的广泛性导致灾害风险评估和防范决策变得更加困难。传统灾害风险管理系统面临适应多灾交织、链发、群发、全球化等一系列严峻挑战。③由于风险评估方法的不确定性、区域特征的差异性、经济利益和社会人文因素的影响，灾害

风险管理需要重点关注社会的减灾韧性，构建一个能适应气候变化的韧性社会。从灾害风险管理的"预防-预备-响应-恢复"等各环节，制定适合云贵川渝区域特点的灾害可接受风险水平标准是目前灾害风险管理的主要挑战性任务（王岩等，2024）。

（二）重大基础设施与工程安全面临灾害风险

《中华人民共和国国民经济和社会发展第十四个五年规划和2035年远景目标纲要》明确提出实施川藏铁路、西部陆海新通道、国家水网、雅鲁藏布江下游水电开发、星际探测、北斗产业化等重大工程。当前，更多的世纪性战略工程日趋部署在灾害易发、多发和风险较高的山区，如川藏铁路、滇藏铁路、川藏高速、青藏高速、南水北调西线、西电东送、西气东输、金沙江梯级电站等基础设施与超大工程已在建设、规划与设计。云贵川渝地区作为全球气候变化敏感区，极端气候事件发生的频率、强度尤为显著，与日趋活跃的人类活动共同作用，灾害影响、风险与损失更大。此外，21世纪以来全球进入地震活跃期，尤其是2008年汶川地震后，我国7级以上强震全部发生在西部地区，内外动力耦合作用导致各类山地灾害突发性、群发性、复合性、链生性与灾害损失及风险持续增加，单次灾害事件损失动辄数十亿、百亿，甚至更多。例如，2018年西藏白格巨型滑坡-堰塞湖-溃决洪水两次成灾，多灾种、灾害链造成金沙江干流两岸西藏、四川、云南三省份1000余千米成灾，下游梯级电站严重受损，威胁川藏铁路控制性工程安全。类似山地巨灾和多灾种复合链生灾害在云贵川渝山地多发频发，是基础设施与重大工程规划设计、施工建设与运营维护全寿命周期的巨大威胁与挑战，事关工程成败与国家战略的实现。

（三）区域高质量发展面临多发频发的自然灾害威胁

云贵川渝地区发育类型多样、活动频发、危害严重的自然灾害，崩塌、滑坡、山洪、泥石流、地面塌陷、地裂缝、冰崩雪崩、堰塞湖、冰湖溃决、干旱、山地林火等灾害广泛发育，突发性较强、危害程度较大，是山区城镇、人口密集区、风景旅游区的重大威胁，也是区域民生安全与高质量发展的重要限制因素。气候变化、强震活跃与人类活动共同作用下，自然灾害群发性、突发性、复合性、链生性、非线性、新生性显著增强，且具有明显的时空拓展性和风险放大效应，造成山区城镇、旅游风景区、人口密集区灾害风险持续增强，尤其是巨灾和复合链生灾害风险成为山区安全保障的重中之重。同时，随着社会经济快速发展，山区城镇日趋扩展与人口日趋聚集居住，对国土空间安全保障提出了新的要求和挑战。同时，区域高质量发展要求统筹安全与特色产业持续发展、要求实现绿色高水平高质量发展，对灾害风险防控、脆弱生态防护与特色产业发展协同提出前所未有的要求，为此迫切需要实现灾害综合防治与区域发展深度融合，破解绿色减灾与可持续发展理论基础与技术瓶颈，支撑区域绿色高质量发展。

第四节　云贵川渝生态屏障区新时代的要求

以习近平同志为核心的党中央总结人类生态文明发展经验，统筹推动山水林田湖草沙系统治理，全面推进生态文明建设，有效促进了我国生态环境质量持续好转。但当前生态屏障建设水平与人民群众的期待、美丽中国建设目标、构建安全格局促进新发展格局要求相比还有较大差距。云贵川渝生态屏障区肩负"西部高原""长江流域""黄河流域""珠江流域"四大生态屏障的建设任务，生态区位极其重要，在生物多样性保护、水源涵养、水土保持以及碳汇等方面发挥着重要作用。为此，云南、贵州、四川、重庆四省份需要牢固树立"绿水青山就是金山银山"的发展理念和山水林田湖草沙一体保护治理的思想，着眼于大生态、大环境、大系统，以绿色为底，统筹发展与安全，解决西南山地生态屏障建设面临的亟待解决的重大问题，通过联合攻关，高标准规划、设计和建设生态屏障区，巩固生态保护和修复建设成果，维护国家生态安全、推动生态屏障区高质量发展。

近年来，相关国际公约的履约责任等都要求我国在生态系统保护和修复领域进一步加大科技投入和科技支撑，在国际社会树立负责任大国形象，提高国际影响力和掌握话语权。当前，云贵川渝生态保护与环境修复新使命和新要求主要体现在以下几个方面。

一、牢固树立生态优先、绿色发展的新理念

新时期，生态文明建设要求全面贯彻落实"人与自然和谐发展"思想，坚持"绿水青山就是金山银山"理念，充分发挥生态环境保护对经济发展的优化促进作用，深入实施可持续发展战略，努力推进"双碳"目标，以生态环境高水平保护促进经济高质量跨越式发展。树牢系统观念，坚持精准、科学、依法治污，预防和治理相结合，减污和增容并重，追根溯源、综合施策，加强山水林田湖草沙保护修复，统筹推进生态保护与环境治理、城市治理与乡村建设，推动生态环境源头治理、整体治理。党的十八大以来，以习近平同志为核心的党中央系统总结人类生态文明发展经验，统筹山水林田湖草沙的系统治理，全面推进生态文明建设和高质量发展。生态保护和高质量发展成为国家和区域发展中的重大

战略，《全国重要生态系统保护和修复重大工程总体规划（2021—2035年）》《黄河流域生态保护和高质量发展规划纲要》《青藏高原生态屏障区生态保护和修复重大工程建设规划（2021—2035年）》等一系列相关规划陆续发布实施。为此，云贵川渝生态屏障建设与区域发展要求是牢固树立生态优先、绿色发展理念，高标准高水平促进区域生态文明建设，促进区域高质量发展。

二、实施《中华人民共和国长江保护法》，筑牢长江上游生态屏障

《中华人民共和国长江保护法》是我国首部流域保护立法，为长江生态环境保护提供了重要的法治保障，为我国流域保护提供了法律基础。为促进云贵川渝生态屏障建设与区域发展，需要进一步加强《中华人民共和国长江保护法》等的贯彻实施，推动形成以《中华人民共和国长江保护法》为统领、相关法规规章和规范性文件为支撑的法治体系，有序推进相关立改废释工作，把法律规定的责任体系落到实处。长江上游生态屏障建设，应长期坚持生态优先、绿色发展，共抓大保护、不搞大开发。党的十八大以来，云贵川渝生态屏障区各省份牢固树立"绿水青山就是金山银山"的发展理念，着眼于大环境、大生态、大系统，统筹山水林田湖草沙一体化保护和修复，以绿色为底，为筑牢全区生态屏障作出了巨大贡献。目前，尽管从面上来看，云贵川渝生态屏障区的生态环境恶化趋势得到了有效缓解，但从点上来看，仍存在植被退化、土壤侵蚀、土地沙化、石漠化等诸多问题，生态屏障保护与建设的理论和技术体系尚未完全形成，生态屏障功能保护与建设的研究与科技示范工作亟待加强。尤其是在面临新时期生态屏障区经济社会及生态高质量发展，国家和人民对生态屏障区生态保护和高质量发展提出了更高要求的新形势新挑

战下，云贵川渝生态屏障区在生态保护和修复基础理论研究、生态环境监测、农林业优化升级、关键技术攻关及适用技术推广应用方面，还有较大的提升空间，迫切需要通过科技支撑切实提高生态屏障区建设的科学性、系统性，谋划和实施好生态屏障区建设，以巩固生态保护和修复建设成果，维护国家生态安全、推动生态屏障区高质量发展，从而为促进云南、贵州、四川、重庆四省份退化生态系统的改善、生态保护建设工程、社会经济可持续发展以及促进人与自然和谐共生提供强有力的科技支撑。

三、坚持系统治理，全面建设美丽山区

云贵川渝生态屏障区的保护需求也与发展新质生产力倡导的绿色、循环、低碳的生产方式高度契合。通过推广清洁生产、循环经济等措施，促进区域内的产业发展，实现经济效益与生态保护的双赢。必须坚持系统治理、统筹推进的原则。全面落实云南、贵州、四川、重庆四省份"十四五"生态环境保护规划和《成渝地区双城经济圈生态环境保护规划》，协同推进减污降碳，促进经济社会发展全面绿色转型，实现生态环境质量改善由量变到质变，大气、水和土壤环境质量持续好转，进一步筑牢长江、珠江和黄河上游生态屏障，基本建成全国绿色发展示范区、高品质生活宜居地，美丽山区建设取得明显进展。

四、全面实施乡村振兴，加快农业农村现代化

促进农业全面升级、农村全面进步、农民全面发展，乡村振兴已上升为国家战略，实施乡村振兴战略以推进农业农村现代化。西南山地是乡村振兴战略实施难度非常大的关键核心区之一，在统筹推进乡村振兴与生态环境保护方面面临巨大的挑战。坚持人与自然和谐共生，统筹山

水林田湖草沙系统治理，推动绿色发展，推进生态文明建设也是乡村振兴的重要内容。乡村振兴与生态保护融合发展，促进农业全面升级、农村全面进步、农民全面发展的乡村振兴战略已成为国家重大战略。特别是长江上游的西南山地区域，其独特的自然环境特点与生物多样性，同时也是水土保持的关键区域，如何在推进乡村经济发展的同时，确保生态环境得到有效保护，成为亟待解决的重大课题。在新时代背景下，坚持人与自然和谐共生的原则，不仅是生态文明建设的根本遵循，也是实现乡村振兴不可或缺的一环。这要求我们在实践中必须统筹考虑山水林田湖草沙等自然资源的整体性保护与修复，发展生态农业、乡村旅游等绿色产业促进农民增收，推动形成绿色低碳的生产生活方式，保护和改善乡村生态环境，实现经济效益与生态效益的双赢。

五、促进全面绿色转型、推动绿色高质量发展

西南喀斯特具有鲜明的地域特色，但对喀斯特生态环境演化规律及其对全球气候变化和人类活动的响应仍缺乏系统性、整体性认识，在石漠化地区初步"变绿"的基础上，需要科学回答喀斯特地区脆弱生态环境形成演化的规律、石漠化生态修复与服务功能提升的可持续性问题，以支撑西南喀斯特地区脱贫攻坚成果巩固、乡村振兴、美丽中国建设和"双碳"目标的实现。

六、构建自然保护地体系、保护生物多样性

持续优化生物多样性保护空间格局，建立以国家公园为主体的自然保护地体系，确保西南山地的各类典型生态系统、国家重点保护野生动植物物种、濒危野生动植物及其栖息地得到全面保护。加强对重点生态

功能区、重要自然生态系统、自然遗迹、自然景观，以及濒危物种和极小种群的保护，提升生态系统的稳定性和复原力。构建完备的生物多样性保护监测、评估和预警体系，全面提升外来入侵物种防控水平，加强生物资源开发和利用技术研究。

（一）建立以国家公园为主体的自然保护地体系是云贵川渝生态屏障区生物多样性保护的新要求

习近平主席在《生物多样性公约》第十五次缔约方大会领导人峰会上强调：我国将加快构建以国家公园为主体的自然保护地体系。云贵川渝生态屏障区现有的自然保护区面积、规模、分布不尽合理，生物多样性保护存在较大空缺。要在国土空间规划中统筹划定生态保护红线，优化调整自然保护地，因地制宜地、科学地构建促进物种迁徙和基因交流的生态廊道，着力解决自然景观破碎化、保护区域孤岛化、生态连通性降低等突出问题。2021年10月，中共中央办公厅、国务院办公厅印发了《关于进一步加强生物多样性保护的意见》，明确提出到2025年，"构建国家生物多样性监测网络和相对稳定的生物多样性保护空间格局，以国家公园为主体的自然保护地占陆域国土面积的18%左右"。云南提出要建设普达措、高黎贡山、热带雨林暨亚洲象国家公园，四川提出要全面建设大熊猫国家公园，推进若尔盖国家公园建设。贵州提出要建设梵净山国家公园和大苗山国家公园。重庆提出要加快长江三峡国家公园建设试点，推进三峡国家生态文明先行示范区建设。

（二）优先保护好云贵川渝地区的濒危动植物是新时期云贵川渝生物多样性保护的新要求

西南山地是我国乃至全世界山地生物多样性最丰富的地区之一，但部分物种种群数量少且敏感度高，生境破碎化。要加大对保护对象及其受威胁程度的研究，对其栖息生境实施不同的保护措施。选择重要珍稀濒危物种、极小种群和遗传资源破碎分布点建设保护点。优化建设动植物园、濒危植物扩繁和迁地保护中心、野生动物收容救护中心和保育救助站、种质资源库（场、区、圃）、微生物菌种保藏中心等各级各类抢救性迁地保护设施，填补重要区域和重要物种保护空缺，完善生物资源迁地保存繁育体系。科学构建珍稀濒危动植物、旗舰物种和指示物种的迁地保护群落，对于栖息地环境遭到严重破坏的重点物种，加强其替代生境研究和示范建设，推进特殊物种人工繁育和野化放归工作。

（三）加强生物多样性监测、数据集成和科学评估是新时期云贵川渝生物多样性保护的新要求

要进一步完善生物多样性调查监测技术标准体系，加快卫星遥感和无人机航空遥感技术的应用，探索人工智能应用，推动生物多样性监测现代化。全面推进云贵川渝地区生物多样性保护优先区域、重点区域生态系统、重点生物物种及重要生物遗传资源调查。充分依托现有各级各类监测站点和监测样地（线），构建生态定位站点等监测网络。应用云计算、物联网等信息化手段，充分整合利用各级各类生物物种、遗传资源数据库和信息系统，在保障生物遗传资源信息安全的前提下实现数据共享。研究开发生物多样性预测预警模型，建立预警技术体系和应急响应机制，实现长期动态监控。建立健全生物多样性保护恢复成效、生态系统服务功能、物种资源经济价值等评估标准体系。开展大型工程建设、资源开发利用、外来物种入侵、生物技术应用、气候变化、环境污染、自然灾害等对生物多样性的影响评价，明确评价方式、内容、程序，提出应对策略。每 5 年更新和发布云贵川渝生物多样性红色名录和云贵川渝生物多样性综合评估报告。

(四)统筹山水林田湖草沙一体化保护和系统治理是新时期云贵川渝生物多样性保护的新要求

《全国重要生态系统保护和修复重大工程总体规划（2021—2035年）》提出，包括云南、贵州、四川、重庆在内的长江重点生态区的主要生态问题是：林草植被质量整体不高，河湖、湿地生态面临退化风险，水土流失、石漠化问题突出，水生生物多样性受损严重。森林多是以杉、松为主的人工纯林，每公顷森林蓄积量低于全国平均水平；水土流失严重；石漠化面积占全国的80%；重大有害生物灾害频发、危害严重；长江上游受威胁鱼类种类占全国受威胁鱼类总数的40%。要树立"共抓大保护、不搞大开发"的理念，以推动亚热带森林、河湖、湿地生态系统的综合整治和自然恢复为导向，加强森林、河湖、湿地生态系统保护，继续实施天然林保护、退耕退牧还林还草、退田（圩）还湖还湿、矿山生态修复、土地综合整治，大力开展森林质量精准提升、河湖和湿地修复、石漠化综合治理等，切实加强大熊猫、江豚等珍稀濒危野生动植物及其栖息地保护恢复，进一步增强区域水源涵养、水土保持等生态功能，逐步提升河湖、湿地生态系统稳定性和生态服务功能。

(五)践行"绿水青山就是金山银山"理念，完善生态产品价值实现机制是新时期云贵川渝生物多样性保护的新要求

云贵川渝地区尽管已如期完成新时代脱贫攻坚目标任务，但其发展基础仍然薄弱，发展不平衡不充分的问题依旧突出。云贵川渝地区生物多样性丰富但生态环境脆弱。作为国家生态安全屏障的重要组成部分，云贵川渝要践行"绿水青山就是金山银山"理念，守好发展和生态两条底线，奏好发展和保护交响曲。2018年4月，习近平总书记在深入推动长江经济带发展座谈会上指出，要积极探索推广绿水青山转化为金山银

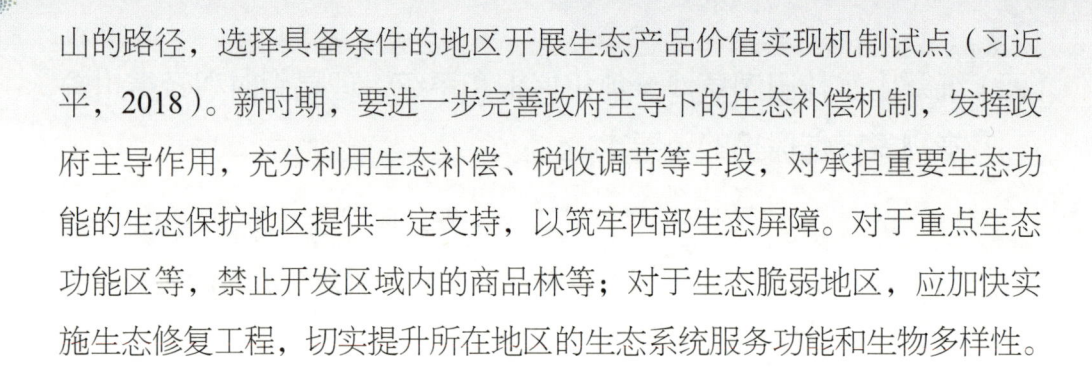

山的路径，选择具备条件的地区开展生态产品价值实现机制试点（习近平，2018）。新时期，要进一步完善政府主导下的生态补偿机制，发挥政府主导作用，充分利用生态补偿、税收调节等手段，对承担重要生态功能的生态保护地区提供一定支持，以筑牢西部生态屏障。对于重点生态功能区等，禁止开发区域内的商品林等；对于生态脆弱地区，应加快实施生态修复工程，切实提升所在地区的生态系统服务功能和生物多样性。

七、实现防灾减灾救灾转变，保护人民群众生命财产安全

新时期，以习近平同志为核心的党中央提出了"以人民为中心"的发展思想，要求"要更加自觉地处理好人和自然的关系，正确处理防灾减灾救灾和经济社会发展的关系"（新华社，2016b），实现防灾减灾救灾工作的"两个坚持，三个转变"。防灾减灾救灾要"以人民为中心"，最大限度地保护人民群众生命财产安全。为了满足新时代社会经济发展进步、民生安全保障及人民对防灾减灾的需求，山地灾害风险防控需要重点考虑以下要求：①灾害风险研究应解决与气候变化相关的问题，如极端事件、气候变化适应、灾害风险评估等，以加深对连带性和复杂性风险的理解，形成全面的灾害风险评估的系统理论。加强极端气候变化、强震活动与人类活动耦合作用下巨灾与复合链生灾害的孕灾机理、形成过程、传播与放大机制、跨时空演变规律、致灾机制及风险预测，为灾害风险预测与未来演变提供理论支撑（Cui et al.，2021）。②风险评估应具有更广泛的含义和更高的目标。除了自然科学之外，需要涵盖政治、社会、经济、技术、人文等学科领域。必须考虑社会和人文因素，完成政策-目标风险评估。风险评估方法需要充分评估政策制定和政策选择的需要，以更好地利用风险评估结果来支持山区发展的科学决策。③在生态环境保护和"双碳"目标要求下，应提倡应用绿色韧性的灾害防治

技术，灾害防治工程与当地环境融合。山地灾害的防御应从以单纯的工程治理为主，发展到岩土工程与生态工程结合，工程手段与风险调查评价、监测预警、应急处置等非工程措施相结合。分析山地灾害的应对能力及其适应性，并结合区域社会经济发展的需要，提出环境友好型减灾技术（Cui et al.，2023）。④充分利用我国制造业强国的优势，努力集成电子信息、工程建造、现代智造、人工智能、新技术、新材料，研发适用于山区艰险环境快速运输和组装的灾害应急处置装备。开发适应野外恶劣环境、可靠度高的监测预警仪器，构建基于机器学习的多源数据智能融合的预警技术，提高监测预警的可靠性和精度。⑤全力提升基层防灾减灾救灾能力建设与社区灾害风险管理，适度提升大型场镇、学校、医院等人口聚集区的灾害设防标准。坚持"自下而上"与"自上而下"有机结合，强调社区民众的积极参与，关注社区弱势群体，以减灾备灾为工作重点，将灾害风险管理纳入社区治理过程。⑥从人地系统的耦合、人地和谐的角度，实现经济发展与减轻灾害风险的统一，实现除害兴利并举的总体战略，要开展多学科、多要素、多灾种、多部门、多对象和多区域的系统性、综合性与集成研究，构建全新的灾害风险管理理念与体系（文安邦等，2023）。

第三章

云贵川渝生态屏障区水资源利用

第一节　科技支撑总体要求

习近平总书记曾先后在2016年1月5日和2018年4月26日两次主持召开长江经济带发展座谈会，要求把修复长江生态环境摆在压倒性位置，共抓大保护、不搞大开发（习近平，2018）。为深入贯彻习近平总书记关于推动长江经济带发展系列重要讲话和重要指示批示精神，2022年8月，生态环境部联合相关部门制定了《深入打好长江保护修复攻坚战行动方案》，提出从生态系统整体性和流域系统性出发，坚持生态优先、绿色发展，坚持综合治理、系统治理、源头治理，坚持精准、科学、依法治污，以高水平保护推动高质量发展，明确要求到2025年年底，长江流域总体水质保持优良，干流水质保持Ⅱ类，饮用水安全保障水平持续提升，重要河湖生态用水得到有效保障，水生态质量明显提升。经国务院同意，生态环境部、水利部等5部门在2023年联合印发《重点流域水生态环境保护规划》，因地制宜确定了"十四五"期间长江流域等全国十大重点流域总体治理保护目标和重点任务布局。上述一系列针对长江流域水资源保护的战略目标与规划，也是对云贵川渝生态屏障区水资源保护的战略需求，这些需求背后的科技瓶颈和难题的攻关，就是未来该区域水资源保护的科技支撑要求。

一、云贵川渝生态屏障区水资源保护的重要性

云贵川渝地区水资源禀赋的区位优势特殊，既肩负长江、珠江以及黄河等三大流域上游水安全重任，也承载国家水网建设的水资源战略后

备重地以及清洁水能资源基地等角色；通常认为云贵川渝地区具有"四区叠加"的特征：起到保障长江、珠江和黄河中下游生态安全要道作用的"生态关口区"，生态高质量保护伴随自然灾害频发和经济高速度发展间矛盾极为突出的"生态高压区"，集对于国家可持续发展来说极为重要的水源涵养与生物多样性保护等多种生态屏障功能为一体的"生态首位区"，构筑长江、珠江和黄河上游生态屏障的攻坚克难区域和"大后方"的"生态主战区"。

（一）国家重要的水资源保障战略基地

云贵川渝地区位于我国三大河流——长江、珠江和黄河的源头，不仅是这三大河流的重要水源地，也是我国实施跨流域调水工程的水源地和构筑国家水网的水资源战略基地，对保障我国水资源安全起到十分重要的作用。根据《2023年长江流域及西南诸河水资源公报》，长江流域多年平均径流量9770亿立方米，2023年来自上游（宜昌水文站以上）的径流量约占全流域年径流量的45.7%。长江上游的水资源不仅满足当地社会经济发展需求，还为我国主要跨流域调水工程提供了水源，对支撑全国水资源安全起到重要作用。珠江水系主要包括南盘江、北盘江和红水河等，主要分布于云南和贵州两省，其中南北盘江多年平均地表水资源量370.6亿立方米（水利部珠江水利委员会，2024）；红水河全长659千米，是珠江水系干流西江的上游。流经云南省的还有澜沧江—湄公河、怒江—萨尔温江、元江—红河等跨境河流。根据《2019年中国水资源公报》，云南、贵州、四川、重庆四省份的水资源总量为5897.8亿立方米，供水总量为591.9亿立方米，水资源开发利用程度很低，约为10%。因此，该区域丰沛的水资源和巨大的可利用潜力奠定了其作为保障国家水资源安全重要基地的核心地位。

（二）国家重要的清洁能源战略基地

云贵川渝地区河流众多，河流水量丰沛、落差大，水电蕴藏量十分丰富，也是我国重要的水电能源基地，对保障我国能源安全及实现"碳达峰"和"碳中和"都具有重要的支撑作用。根据长江水利网官网，长江流域是我国水能资源最为富集的地区，水力资源理论蓄藏量达30.05万兆瓦，年发电量2.67万亿千瓦时，约占全国的40%；技术可开发装机容量28.1万兆瓦，年发电量1.30万亿千瓦时，分别占全国的47%和48%，是我国水电开发的主要基地。水能资源主要分布在我国规划建设的十三大水电开发基地，其中云贵川渝地区就分布有金沙江水电基地、雅砻江水电基地、大渡河水电基地、乌江水电基地、长江上游水电基地等基地。

从20世纪80年代开始，长江上游水电能源开发持续发力，现阶段已经形成我国乃至全球范围内水能利用强度最大的区域之一（四川省水力资源复查工作领导小组，2015；孙宏亮等，2017）。其中，金沙江干流规划27级梯级电站，总装机容量超过8000万千瓦，目前，金沙江已建13座电站（中国电建，2022）。雅砻江流域水能理论蕴藏量为3372万千瓦（中国电建，2021）。大渡河是长江上游岷江的最大支流，根据《大渡河干流水电规划调整报告》，其干流规划3库22级，规划总装机为2552万千瓦。乌江是长江南岸最大的支流，根据《乌江干流规划报告》，其可开发装机容量867.5万千瓦。

（三）东南亚区域国际河流安全保障的重要支撑区

云南与东南亚的跨境河流主要有独龙江—伊洛瓦底江、怒江—萨尔温江、澜沧江—湄公河、元江—红河等，跨境水资源是澜沧江—湄公河流域国家构建"命运共同体"的基础资源。2023年，云南省内的跨境河流出境水量高达1636亿立方米（云南省水利厅，2024）。根据联合国粮食和农业组织的水资源统计数据，2020 年，柬埔寨、越南、泰国、老挝和缅甸的农业水资源压力（农业用水量/可再生水资源总量）分别为 1%、18%、23%、2.11% 和 2.53%（FAO，2024）。跨境水资源安全、风险防范和利益共享是跨境河流相关国家共同关注的问题。

我国云南省内对跨境河流的开发方式主要在水电、航运方面，对水资源数量和质量消耗性影响较小。作为流域上游国家，中国也承担着对流域水生态系统的保护责任，在开发的同时充分考虑和重视下游需求及其水环境问题。如中国在 2016 年湄公河干旱期间采取应急补水措施后，增加了下游湄公河干流的流量，抬高了水位，并且缓解了湄公河三角洲的咸潮入侵，有效地支持了下游的水资源利用和水生态可持续发展。

（四）西南生态屏障和长江大保护的关键区域

云贵川渝生态屏障横跨我国长江、黄河、澜沧江和怒江等四大江河，被视为这些重大流域中下游生态环境的"过滤器""净化器""稳定器"，在维护长江、珠江、黄河，以及怒江—萨尔温江、澜沧江—湄公河等河流流域生态与环境安全和水安全方面具有举足轻重的生态地位（傅伯杰等，2017）。云贵川渝地区更是全球生物多样性关键热点区，该区域分布着川西北水源涵养与生物多样性保护重要区、岷山-邛崃山-凉山生物多样性保护与水源涵养重要区等八大全国重要生态功能区（环境保护部和中国科学院，2015），不仅在确保长江流域经济带高质量发展、黄河流域生态保护和高质量发展中发挥至关重要的屏障作用，而且在构建国家整体生态安全格局中的地位也十分突出。在 2020 年颁布的《全国重要生态系统保护和修复重大工程总体规划（2021—2035 年）》中，该区域相关的黄河重点生态区（含黄土高原生态屏障）、长江重点生态区（含川滇生态屏障）被列为重点区域，加之川滇森林及生物多样性生态功能区等 6 个国家重点生态功能区，这些都彰显了川滇生态屏障区在国家发展战略中的重要性。

58

二、科技支撑云贵川渝生态屏障区水资源保护的成效与问题

（一）水资源保护取得主要成效

1. 水污染得以根本性遏制，区域水环境整体明显提升

在 2006 年之前，长江上游干流和大部分支流如岷江、沱江、嘉陵江以及乌江等水污染十分严重，Ⅴ类及劣Ⅴ类水质断面在 30% 以上。区域内湖泊水域如滇池等高原湖泊也属于水污染最严重水域，滇池及环湖全域处于重度污染状态，Ⅴ类及劣Ⅴ类水质断面在 60% 以上。直至 2017 年，滇池水体仍然处于重度污染状态，10 个水质监测断面均属于Ⅴ类及劣Ⅴ类。2011 年至今，长江流域水质情况逐年转好。2011 年，Ⅰ到Ⅲ类水河长只有 72%，到 2018 年，这个数据已达 88.2%。截至 2020 年年底，长江流域水质优良断面比例为 96.7%，较 2016 年提高了 14.4 个百分点，长江干流首次全线达到Ⅱ类水质，明确需消灭的劣Ⅴ类国控断面已实现动态清零。在 2020 年，滇池等湖泊水域水环境得以明显好转，整体为轻度污染，外海为中度污染；但全湖、草海和外海仍然属于中度富营养化状态。

2. 水电能源开发发展迅猛，国家可再生清洁能源生产与保障基地基本形成

2000～2023 年，我国水电装机容量从 0.8 亿千瓦发展到 4.2 亿千瓦，技术可开发程度从 15% 提高到 52%。地域分布上，西藏、四川、云南三省份技术可开发量占全国的 64%。根据相关数据计算，流域分布上，位于云贵川渝生态屏障区的金沙江、雅砻江、大渡河、乌江、澜沧江、黄河上游、怒江、南盘江、红水河水电基地规划总装机容量约 2.09 亿千瓦。截至 2019 年年底，长江上游、金沙江、大渡河、乌江、南盘江、红水河开发程度达 80% 以上；澜沧江、黄河上游和雅砻江开发程度在 70% 左右，尚有一定的开发存量。西电东送工程自 2000 年全面启动以来已 20 多年，该工程分为北、中、南三线，其中的中线和南线主送四川、云

南、贵州和广西的水电，成为西电东送的主体。总之，通过20多年的快速发展，云贵川渝生态屏障区水电能源开发利用程度得以较大幅度地提升，建成国家极其重要的清洁能源生产和保障基地。

3. 水土流失治理成效显著，水土保持功能持续增强

云贵川渝生态屏障区大部分处于长江流域上游，长江流域上游集中了长江流域65%的水土流失面积和70%以上的土壤侵蚀量，在2005年以前，金沙江、岷江上游及嘉陵江上游是国家水土流失重点治理区（孙鸿烈，2008）。自20世纪90年代以来，经过长江上游水土保持重点防治工程（"长治"工程）、退耕还林工程、长江流域防护林体系建设工程（"长防"工程）和天然林保护工程（"天保"工程）的实施，长江上游水土流失面积由20世纪80年代中期的35.2万平方千米，逐步下降到2011年的25.38万平方千米、2018年的22.86万平方千米，水土流失减幅达到35.06%。水土流失严重、生态恶化的局面得到彻底扭转，实现了水土流失面积由增到减、生态环境总体向好的历史性转变。

（二）水资源保护存在的主要科技问题

1. 水污染防治仍然十分突出

尽管长江生态环境质量改善明显，但部分地区环境基础设施欠账较多，黑臭水体整治、工业污染治理等污染物减排成效仍需巩固提升；面源污染在一些地方正在由原来的次要矛盾上升为主要矛盾，城乡面源污染防治亟待加强；一些地方湿地萎缩，水生态系统失衡，重点湖泊蓝藻水华居高不下，水生态保护与修复亟须突破。2011～2018年，长江流域废污水排放量维持在336.7亿～353.2亿吨，如何化解存量、遏制增量，加速长江经济带的"绿色转型"，成为刻不容缓的挑战。总体看，长江保护修复面临的形势依然复杂，任务依然艰巨。长期以来，长江上游的农业面源污染与磷污染突出，岷江、沱江、乌江、清水江流域总磷污染是

长江流域最为突出的水环境问题之一，磷矿采选与磷化工产业快速发展导致总磷成为长江首要超标污染因子。

2. 水生态保护与修复亟须突破

水电工程开发显著改变了河流的水文情势，致使库区易呈现富营养状态、河道总溶解气体过饱和、水库低温水改变鱼类产卵节律等，威胁鱼类生存。水电工程开发阻隔了鱼类的洄游通道，现有的过鱼设施在改善鱼类洄游方面的效果仍然有限；水电工程开发破坏了鱼类栖息地环境，尤其是引水式电站开发在坝址与厂房间形成了减水河段，造成鱼类种群资源的减少。库区流速减缓也影响着产漂流性卵鱼类的孵化与繁殖。当前，从流域层面出发，评估水电工程梯级开发对河流生态系统累积影响的工作仍然缺乏，长江上游水电工程梯级开发对河流生态系统的累积影响规律也尚不清晰。

不仅长江水环境和水生态问题日益严重，干流局部岸段主要饮用水源地同危险品码头和排污口交错布局，岸边污染带不断扩大、水环境等级不断下降，水生生物种类和数量持续减少、多种珍稀物种濒临灭绝。而且长江流域上游山地生态退化与地质灾害频发，中游湖泊湿地萎缩、江湖关系紧张，下游河网水环境污染和湖泊富营养化不断加重，从而严重威胁长江作为国家战略水源地和重要生态支撑带的地位。

3. 水资源分布不平衡，供需矛盾不断加剧

尽管云贵川渝地区水资源相对丰富，但时空分布不均，已建工程调控能力不足，导致局部地区和部分时段缺水问题严重，部分地区旱灾频发，与经济社会发展需求不相适应。成渝地区、滇中高原、黔中地区水资源供需矛盾突出，部分大中城市还存在各种类型的缺水现象。工程性和水质性缺水问题相对突出。

成渝地区是西部经济基础最好、人口最为稠密、经济实力最强的区域之一，在我国西南部的发展中具有龙头作用。但成渝地区水资源量相

对较少，区域人均水资源量仅为全国平均水平的55%。滇中地区是云南严重缺水的地区，区内80%的城镇存在缺水问题，资源性缺水、工程性缺水和水质性缺水并存。黔中地区地处乌江和珠江分水岭地带，以贵阳、安顺为中心，是贵州省经济社会最发达的区域。由于田高水低、岩溶发育、地形复杂、修建水利工程的难度大，严重的工程性与资源性缺水成为经济社会可持续发展的重要制约因素。

1961~2015年，伴随气候变化和下垫面条件剧烈改变，长江上游径流出现普遍性下降态势。岷江、沱江和嘉陵江区域径流量下降率在5.7%~17.5%；相比1961~1991年平均径流，干流寸滩站2001~2020年平均径流减少4.1%（Shi et al., 2022）。长江上游径流的显著变化对流域内重大水利工程安全运行、流域水资源合理配置以及流域经济社会可持续发展均产生较大影响，也影响未来南水北调西线工程布局。准确识别长江上游径流变化的主导因素、提升应对变化环境下水资源稳定供给能力，是长江上游迫切需要解决的国家重大需求。

4. 清洁能源开发与保护亟待前瞻性创新发展

在"双碳"目标和"构建以新能源为主体的新型电力系统"行动方案等背景下，大力发展风电、光伏等清洁能源，是保障国家能源安全以及应对全球气候变化的重要举措。长江上游水电资源和风光资源丰富，且水电和风光资源在空间上高度重叠、在时间上天然互补，加之水电具有快速灵活的调节能力，为水风光储多能互补利用提供了重要基础支撑。根据2023年8月28日的《中国能源报》，截至2021年年底，长江上游水电资源开发利用程度已达到80%以上；但风光资源开发利用程度很低，仅为12%左右。尽管长江上游水电资源开发利用程度较高，风光资源开发利用加速，为水风光储多能互补利用创造了有利条件，但在输电通道建设、电力系统风险控制、源网建设和电力体制机制方面仍然存在一些不足。另外，未来水电和新能源开发逐步向高海拔地区延伸，受地理位置偏远、气候条件恶劣、生态环境脆弱、地质构造复杂、交通运输困难、工程建设难度大、电力输送距离长等因素影响，建设运营成本升高，企业投资积极性减弱。当前电力体制机制仍存在一些深层次矛盾和问题，一定程度上阻碍了能源绿色低碳转型和电力高质量发展。

5. 全球气候变化背景下跨境河流水安全面临一系列新挑战

云贵高原作为亚洲重要跨境水资源分布区，其流域治理与可持续利用既是我国生态文明建设的关键环节，也是深化与东南亚国家务实合作的重要纽带。在澜湄国家命运共同体理念指引下，流域各国正通过联合科研、技术协作等方式，共同推进跨境水资源综合研究体系建设。当前亟须构建涵盖水文监测、生态评估、风险预警的跨境联合研究网络，为流域可持续发展提供科学支撑。

面对气候变化加剧与区域发展需求叠加的双重挑战，云贵川渝地区跨境河流水安全正面临前所未有的多维挑战。联合国2030年可持续发展议程特别指出，跨境流域综合治理已成为全球气候行动的关键领域。各国科研机构需要携手开展流域水文模拟、极端气候应对等重点课题攻关，解决流域国家共同面临的"水－能－粮"系统连锁风险，如建立澜湄流域环境变化联合实验室、跨境生态廊道研究计划等多边科研平台。在国际水法实践层面，构建兼顾上下游权益的协同治理机制需要更深入的学术对话，推动建立基于生态流量保障的补偿核算模型，探索水电开发与生物多样性保护的平衡路径。未来跨境水安全合作应着力构建三个支柱：一是建立覆盖全流域的生态基线数据库，二是建立基于气候模型的流域风险联防体系，三是完善多利益攸关方参与的研究协商机制。

6. 水灾害防治任重道远

云贵川渝地区是我国山洪灾害最为突出的地区之一，在气候变化下极端暴雨发生频率和强度不断增加，加之该区域陡峻的地貌条件和频发的地震影响，未来该区域山洪、泥石流等水灾害将持续增强。但水灾害防治存在诸多方面的问题，亟待解决。①防洪体系尚不完善，防洪减灾的形势仍然十分严峻；②防洪的非工程措施建设尚不健全，且主要江河流域水库统一调度机制不健全、监测预报预警调度体系尚不完善；③中小河流山洪灾害防治工程设施仍然不足，大多数中小河流河道淤积严重，行洪断面减小，河道行洪能力大大降低；④云贵川渝地区城市内涝防治体系不完善，城市内涝在大部分城市经常发生，城市内涝防治体系与经济社会发展不匹配。

第二节　科技支撑阶段目标

一、2030年（近期）目标

以实现云贵川渝区域水资源供需平衡、水生态和水环境持续改善、水源涵养功能持续优化、水资源多目标协同高效利用为主。布局重点任务优先考虑解决工程性缺水以及水资源利用不合理顽疾、西南生态屏障区水生态与水环境持续优化、水风光储多能互补综合开发利用协同发展、水源涵养功能修复和提升、水灾害综合防治与生态治理、云贵川渝地区内外交互的流域横向生态补偿机制，以及成渝地区双城经济圈水资源保障与水安全研究。

二、2035年（中期）目标

全面提升云贵川渝地区生态屏障的水安全保障能力、长江经济带绿色高质量发展的水资源多目标协调供给能力，区域水环境全面达标，水灾害防治与风险防控能力接近发达国家水平，国际河流协作共赢机制全面建立。布局重点任务主要考虑南水北调西线等跨流域调水工程规划，云贵川渝地区国家水网规划；优化水资源配置格局，提高经济社会发展的供水保障能力；以水风光储多能互补为基础的国家清洁能源基地基本建成；重点河湖水生态修复与水环境持续优化及其保障体系不断完善；在流域水－粮食－能源－生态互馈权衡机制与适应性管理、水土流失综合治理与水灾害高效防控技术体系以及国际河流水资源保护与可持续协作利用方面取得突破性进展。

三、2050年（远期）目标

区域水－粮食－能源－生态系统水资源配置实现可持续发展目标，全面建成云贵川渝地区国家水网与水安全保障体系，实现云贵川渝生态屏障综合保护与区域绿色高质量发展、重点河湖水生态与水环境全面优良、绿色低碳清洁能源发展格局全面建成，形成较为完善和可持续的跨境河流水权益保障与流域协调发展机制。

第三节　科技支撑战略布局体系

一、科技管理体制

第一，统筹区域内长江、黄河、珠江三大流域机构，以及云贵川渝片区相关地方（延展包括西藏在内）有关水资源、水环境、水灾害和水生态科研力量，依托中国科学院、教育部或者水利部，组建专门的水系统科学研究机构，以便从根本上强化该区域突出的水安全问题的基础理论与关键技术的系统研究。

第二，综合国家黄土高原–川滇生态屏障和青藏高原生态屏障的重要生态功能保护需求，将云贵川渝生态屏障区建设作为推进西部大开发形成新格局实施的关键核心，将云贵川渝生态屏障区面临的最突出的气候变化效应、水资源保护和利用、环境退化与治理、水灾害防治等问题，纳入国家科技中长期规划和优先支持的区域、领域和方向，对国家实验室体系重组、野外观测台站规划布局、重大科技专项设置、产学研联合研发中心建设给予持续的关注和支持。

第三，从短期发展角度，需要打破行政管理壁垒，通过跨部门、跨省区组织专门研究队伍，实施虚拟研究实体，比如西南水系研究中心等，通过具体的国家相关计划项目，组建跨部门、跨单位，甚至跨省区的人才队伍，多学科协同，齐力攻克云贵川渝地区水文、水资源与水环境领域制约性难题。

二、重点领域方向

第一，云贵川渝生态屏障区水系统治理持续优化：生态屏障区水源涵养能力持续提升，主要河湖水域水环境全面实现达标、磷污染问题得以根本治理，水环境持续优化；主要流域水生态系统结构完整性与群落稳定性显著提升，水利工程对水生态系统的影响大幅度减缓并实现良性演替，水生态系统功能实现完整性修复。

第二，云贵川渝地区国家水网格局与水安全保障体系构建：编制云贵川渝地区国家水网规划，优化水资源配置格局，提高经济社会发展的供水保障能力；从国家水网构建角度，开展南水北调西线工程调水方案论证，并系统开展南水北调对云贵川渝地区水安全保障体系的影响研究；开展气候变化、人类活动对云贵川渝地区水资源时空配置影响的重大问题研究；落实严格的水资源保护制度，推进水生态系统保护与修复，强化水利工程建设过程中的生态保护。

第三，水土流失治理和水灾害风险防控能力提升：以喀斯特地貌区和干热河谷区水土流失治理技术创新发展、水旱灾害预报预警和综合防控与应对能力提升为核心，布局专项理论研究和技术体系研发；系统掌握云贵川渝地区水旱灾害形成机制与时空动态规律，在有关暴雨洪水和极端干旱等灾害形成预报预警与灾损准确量化等方面的技术上取得原创性突破，并系统开展水灾害风险减缓与综合应对管理等方面的工作，全面提升水旱灾害预测与防治能力。

第四，创新碳汇技术与绿色高质量发展：推进水风光储多能互补一体化发展，统筹优化区域清洁能源高效利用；借力低碳产业转型，实施严格落后产能淘汰，实现全域水环境高标准治理；坚持完善生态补偿机制，促进区域间及上下游协调发展；创新区域水源涵养和生态碳汇能力协同发展技术体系；推动大数据和新型技术融合，提升流域水资源智能化管理水平。

第五，国际河流水资源保护与可持续协作利用：分析全球气候变化背景下跨境河流水文水资源演变趋势；探索跨境河流健康维持机制与水资源安全科学调控方法；构建跨境河流水权益保障与流域协调可持续发展机制。

三、重点任务计划

基于云贵川渝区域生态屏障建设的战略定位，从长江上游大保护与绿色高质量发展、成渝地区双城经济圈发展、西部大开发形成新格局等国家发展战略角度，结合前述科技领域布局，云贵川渝地区生态屏障建设与可持续保障的水资源支撑应突出以下重点科技任务。

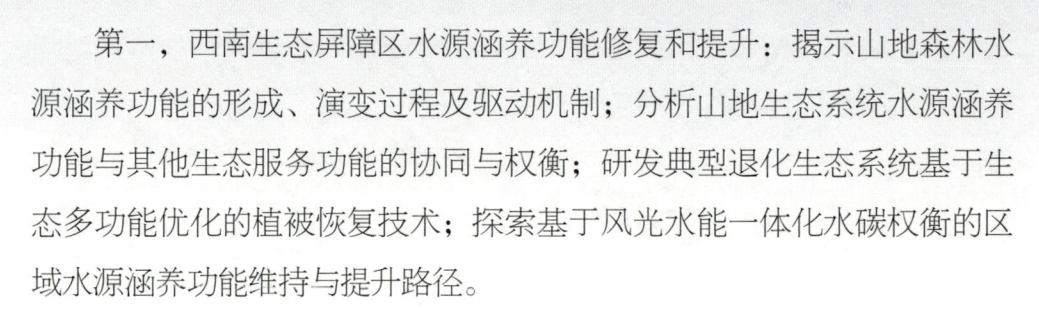

第一，西南生态屏障区水源涵养功能修复和提升：揭示山地森林水源涵养功能的形成、演变过程及驱动机制；分析山地生态系统水源涵养功能与其他生态服务功能的协同与权衡；研发典型退化生态系统基于生态多功能优化的植被恢复技术；探索基于风光水能一体化水碳权衡的区域水源涵养功能维持与提升路径。

第二，流域水－粮食－能源－生态互馈权衡机制与适应性管理：明晰流域水－粮食－能源－生态关联关系模型及其耦合机制，揭示多利用目标之间的交互影响与耦合规律；深入分析气候变化和梯级水电开发对该耦合关联关系的影响；探索高效的水风光储多能互补开发利用模式，发展可持续绿色能源供给保障体系；结合流域水资源多利用目标需求，揭示流域水系统适应性演变规律，提出流域水资源利用中基于生态系统稳定的安全调控及阈值确定的理论方法。

第三，多种水灾害复合链生形成机制、风险防控与生态屏障安全：分析云贵川渝地区洪水与干旱灾害形成机理与变化环境下的演变趋势；构建滑坡、泥石流以及水沙耦合致灾机理与临界判据的灾害预警体系；建立云贵川渝地区水土流失机制与综合防治技术体系；揭示西南山区流域水库群廊道灾害－生态－水文互馈演变机制；建设云贵川渝地区水土流失与防灾减灾实时智能监测网络和风险评估系统。

第四，重点河湖水生态修复与水环境持续优化及其保障体系：研究水生态系统健康胁迫机制及完整性要素修复；揭示重点流域和湖泊水环境持续优化技术体系与保障机制；开展典型流域水电梯级开发的水生态修复与复杂河－库系统水环境协同管理研究；集成不同生态功能区典型生态清洁小流域构建与绿色发展模式。

第五，成渝地区双城经济圈水资源保障及水安全：构建水资源供需系统仿真及优化决策系统；构建区域水资源安全保障网络信息化智能管理体系；提升城市水生态与水环境修复服务功能。

第六，干热河谷与喀斯特区生态–水–经济社会协调发展：保护和合理利用干热河谷地区生态水文演变影响下的水资源；保护和合理利用西南喀斯特地区生态水文演变影响下的水资源。

第七，跨境河流水安全及国际流域可持续水管理：实现跨境水资源合理分配与水权益保障、跨境生态补偿机制与其他水资源协调开发利用机制融合。

四、科技力量组织

面向生态屏障建设面临的水文水资源、水利工程、水环境以及生态学等基础科学问题和关键核心技术问题，依托云贵川渝地区现有相关科技力量，开展优化组织与布局。

第一，以中国科学院在西南地区资源环境领域部署的7个研究所和相关领域重点高校为核心力量，并联合水利部在长江、珠江和黄河流域部署的科研和管理机构，整合与优化相关领域科技力量，形成区域水科学领域协同攻关的强大力量。

第二，以国家重点实验室体系重组为契机，以四川天府实验室及其他省市级重点实验室建设为抓手，联合打造针对云贵川渝乃至整个西南地区水资源、水环境与水灾害领域国家战略需求和区域发展需求，集聚西南相关领域顶级高端人才，组建水资源支撑国家西南生态屏障建设攻关的多层级的科技力量组织体系，布局立足当下关键问题攻关、着眼区域战略问题系统创新研发的国家高水平科研机构。

第三，依托国家野外科学观测研究站和中国科学院现有各级各类观测研究（站）平台且以其为基础和引领，统筹谋划、顶层设计，在国家层面和省市层面拓展原有观测站点、网络和体系，构建西南山地生态定位等监测网络，建立云贵川渝生态屏障区监测与研究体系。

第四，面向云贵川渝地区生态屏障建设的国家需求，统筹协调现有不同层级建立的数据中心、信息中心等，构建西南山地水文水资源与生态环境大数据共享平台与网络；统筹制定基础数据分级分类开放管理办法；提升数据应用效率和数据平台可持续发展保障能力，加强公共数据安全保障，促进生态屏障研究跨越式发展。

五、科技资源布置

（一）设立重大专项科技支撑云贵川渝地区水系统持续保护与优化

以统筹山水林田湖草沙系统治理、优化国土空间规划、协同推进成渝地区双城经济圈生态保护修复、强化水资源高效集约利用、提高水资源承载力和区域可持续发展保障能力等为目标，设立国家层面重大科技专项推进计划，持续推进云贵川渝地区水系统保护与优化，为创建云贵川渝全国绿色发展示范区奠定坚实的科学基础与技术储备。

（二）布局水科学领域创新科研平台

为了协同推进区域变化环境下水资源安全保障机制、生态系统水源涵养服务价值形成机制、生态系统水碳耦合维持机制等基础研究，强化水资源、水生态与水环境整体保护等应用基础和技术创新，亟待加强相应的国家级科技创新支撑平台的建设。针对云贵川渝地区特殊的水科学问题与挑战，布局水资源优化配置与保护、水环境和水生态保护与修复及水灾害风险防控等不同领域的全国重点实验室或工程中心；同时，创建以"西南生态屏障建设"为目标的国家实验室。以长江、黄河及珠江上游生态屏障建设为主攻方向，以"多源数据分析－多模型模拟－多学科知识融合"为科研范式，系统解决三大江河流域上游生态屏障建设中的前沿水科学基础理论和关键技术创新研发问题。

(三) 优化人才配置和激励机制

人才资源是极为重要的科技资源，与东部发达地区相比，云贵川渝地区在高素质专门人才资源获取与配置方面劣势明显，为此，需要国家在西部人才建设的相关政策与支持方面进一步提升支持力度。建议未来针对水科学领域在现有人才培养和支持机制中，如科学技术部相关人才计划、国家自然科学基金委员会的相关人才计划，其他如中国科学院系统、高校系统以及水利部等设立的人才计划等，考虑给予西部人才的倾斜扶持政策与机制；同时，建议在这些机制中增设水科学领域专门人才支持计划，这样可有效提升云贵川渝地区相关专门人才的培养、引进和稳定发展能力。另外，建议云贵川渝地区考虑设置专门的高层次人才计划，有针对性地引进和培养高素质专门人才，促进地区人才队伍建设的高速发展。

六、监测平台体系

(一) 云贵川渝生态屏障区水源涵养功能提升与保护观测试验研究平台

在云贵川渝地区生态屏障体系中，水科学占据十分重要的位置，但是恰恰水科学领域缺乏基本野外观测试验研究体系。特别是极其重要的生态屏障区水源涵养能力保护与提升相关基础科学研究与技术创新研发的观测试验研究平台几乎为空白。为了保障前述科技支撑目标的实现，亟须布局和构建重要水源涵养功能区全覆盖的水源涵养功能专门观测研究网络体系，推进水源涵养保育，实现应对变化环境的可持续提升目标。

(二) 建设空天地一体化和高精度智能化的河湖水系统综合观测网络

立足水资源、水环境、水生态和水灾害等多元一体化，将河流、湖泊水域以及重要水库群纳入水系统整体，用 5 年时间布局区域河湖水系统综合监测、试验与研究网络建设，逐步形成水资源优化调度、水环境监测与预警、水生态监测与修复观测、水灾害智能化监测及高精度预测与预警体系，为构筑生态屏障奠定坚实的保障体系。

（三）云贵川渝地区水灾害防治综合观测与风险预警平台

云贵川渝地区目前依托中国科学院，建立有东川泥石流观测研究站（国家级）、元谋干热河谷沟蚀崩塌观测研究站和波密地质灾害观测研究站（所级站）等野外观测研究站；依托区域内高校，如成都理工大学和四川大学等，也分别先后构建了地质灾害（包括地震灾害）等监测与预警系统；依托长江流域管理机构，建立水利部山洪地质灾害防治工程技术研究中心和水利部长江江源区水生态系统野外科学观测研究站等。需要在系统整合这些已有监测与观测试验站点和预警系统的基础上，大力推进水沙灾害观测网络体系建设，补充在重点流域和关键区域的山洪、泥石流观测预警系统，构建具有较高时空预报精度的水灾害综合风险预警平台。

（四）长江上游数字孪生流域平台

数字孪生流域平台系统以水利感知网、水利业务网、水利云等为基础，通过运用物联网、大数据、人工智能、虚拟仿真等技术，以物理流域为单元、时空数据为底板、水利模型为核心、水利知识为驱动，对物理流域全要素和水利治理管理活动全过程进行数字化映射、智慧化模拟，支持多方案优选，实现与物理流域的同步仿真运行、虚实交互、迭代优化，支撑精准化决策。平台建设的主要内容包括数字底板、模型平台和知识平台三大部分。在数字底板部分，重要江河湖泊、水利工程自动监测率明显提升，进一步强化长江流域河湖水文、水资源、水环境、水生态以及水灾害领域的智能化、全覆盖、高分辨率监测网，并深化数据信息系统和数据模型方面的创新发展。

第四节　科技战略问题

一、战略性重大科技问题

（一）云贵川渝地区国家水网格局与水安全保障体系构建

1. 战略意义

云贵川渝地区是我国的重要水资源战略后备基地，目前，国家已经建设或规划中的南水北调西线、滇中引水以及引大济岷等大型跨流域调水工程就布局于本区域的重大水网主干工程，对于缓解我国水资源时空分布与经济社会发展严重不匹配和水资源供需矛盾突出等问题意义重大，对构建我国稳定的水网格局、保障我国水资源安全起到十分关键的核心作用。2021年5月14日，习近平总书记在推进南水北调后续工程高质量发展座谈会上指明南水北调工程的重要性、必要性，提出加快构建国家水网主骨架和大动脉的方向和要求。因此，科学布局与建设云贵川渝地区的国家水网，是关系我国未来经济社会稳定发展的水安全保障基础，应该是未来5~10年我国水安全领域最为重要的任务，需要从区域和国家两个层面构建水资源安全保障体系。

2. 遴选依据

构建"系统完备、安全可靠，集约高效、绿色智能，循环通畅、调控有序"的国家水网，全面增强我国水资源统筹调配能力、供水保障能力、战略储备能力，是国家水网建设的宗旨，也是有效破解水资源配置与经济社会发展需求不相适应的矛盾,全面保障新阶段我国经济发展战略目标的重要举措。对照国家水网工程建设需求,云贵川渝地区水网建设面临多方面不足和挑战:一是国家与云贵川渝地区水网体系架构尚未完全确定,国家层面骨干水网的"纲"处于后续工程高质量提升或是处于规划与论证之中,而区域层面的水网体系更加不完善,水资源供给能力与经济社会发展用水需求不适应,水资源供需矛盾突出。二是云贵川渝地区水网格局既不能满足国家水资源空间均衡要求,也不能满足区域内时空均衡需要;水资源开发利用强度与水资源水环境承载能力不平衡矛盾突出,水资源配置工程缺乏必要的互联互通。三是区域水网工程在生态环境保护方面尚存在差距,水资源开发利用与生态保护要求不平衡,开发与保护矛盾突出,缺乏水资源利用和配置工程的前置性生态环境影响与保护系统研究。

3. 主要内涵

第一,编制云贵川渝地区国家水网规划,优化水资源配置格局,提高经济社会发展的供水保障能力。在节水优先的前提下,以资源环境承载能力为约束,聚焦国家发展战略和现代化建设目标,着重解决总体规模仍然不足、国家与云贵川渝地区水网体系架构尚未完全确定、水网布局与经济社会发展不均衡、城乡覆盖不均衡等问题。云贵川渝地区国家水网规划编制首先要做好与国家级规划、经济社会发展总体规划、当地水利改革发展规划及其他行业规划的有效衔接;做好与本区域发展战略规划及区域发展规划的衔接;做好与国家、本区域关于水利改革发展有关政策、制度、要求的衔接。

第二,开展南水北调西线工程调水方案论证,并系统开展南水北调对云贵川渝地区水安全保障体系的影响研究。南水北调工程是国家水网建设的骨干工程,南水北调西线工程计划在长江上游通天河、雅砻江和大渡河建立水库,形成上下线组合调长江水入黄河上游。南水北调西线工程是我国目前在研时间最长的调水工程，其影响范围广、工程难度大导致工作进度缓慢。西线一期调水工程将减少长江上游年径流，影响大渡河、岷江、金沙江等42座电站，不可避免地造成水电站保证出力的降低。同时，可能造成四川省内1560千米航道水位的降低，从而对航运业造成经济损失。黄河上游作为西线工程的受水区，跨流域调水能保障黄河健康发展，加速城市发展，确保农业产业格局，并能在治污和水土保持等方面发挥巨大作用。西线工程在东中线工程的经验下继续发展，着力解决水资源短缺、水生态损害、水环境污染和洪水灾害四大问题，是水旱灾害防御体系、水资源配置工程、水资源保护和河湖健康保障措施中不可或缺的一环，对国家水安全格局有重要作用。

第三，开展气候变化、人类活动对云贵川渝地区水资源时空配置重大问题研究。结合国家与云贵川渝地区水安全保障需求，开展气候变化、人类活动对云贵川渝地区水资源的中长期影响研究；开展节水潜力和需水预测、雨洪资源利用潜力和关键技术研究；开展长江上游区域国际河流水资源战略储备支撑国家水网建设研究；加强国家重大水资源配置工程与云贵川渝地区重要水资源配置工程互联互通，结合国家骨干网和省市县级网，沟通多种水源，构建多源互补、互为备用、集约高效的城市供水水源格局。优化农村供水工程布局，大力推动农村供水规模化发展，推进城乡供水一体化，提升农村供水标准和保障水平。力争实现多目标优化、全过程管理、全时段调度，着重在调控方面解决水资源时空配置能力不足问题。构建多元供给、网络联通、调度自如、保障有力的全国水网体系，提升水安全保障能力。

第四，落实严格的水资源保护制度，推进水生态系统保护与修复，强化水利工程建设过程中的生态保护。建立和完善水功能区水质达标评价体系，加强水功能区动态监测和科学管理。科学确定维系河流健康的生态流量和湖泊、水库的生态控制水位，保障生态环境用水基本需求，定期开展河湖健康评估。加强对重要生态保护区、水源涵养区、江河源头区和各类湿地的保护，推进生态脆弱水系水域的生态修复。在重点水源工程建设中，要科学制定工程方案和调度运行方案，确保河道生态基流不减量、不中断，最大限度地降低对河道水生态环境的影响。

4. 阶段目标（2030年、2035年、2050年）

云贵川渝地区国家水网格局与水安全保障体系构建是该区域水资源领域重要的战略任务，需要用15~25年的时间逐步建设和不断完善。

2030年，实现南水北调西线工程的初步论证，缓解珠江水系和金沙江水系水资源供需矛盾；开展跨流域调水工程的区域生态环境以及经济社会影响评估。

2035年，初步建成具有基本水资源供需保障能力且系统完备、安全可靠、集约高效、绿色智能的区域水网工程体系；南水北调中线工程实现全面提质增效、西线工程实现第一期布局建设。

2050年，全面建成较为完善的云贵川渝地区国家水网格局与水安全保障体系，强有力地保障西南地区国家水网工程的安全可靠、集约高效、绿色智能，以及循环通畅和调控有序。

（二）长江上游综合保护与绿色高质量发展

1. 遴选依据

云贵川渝大部分区域处于长江流域上游，四省份占地面积、常住人口和经济总量分别占长江经济带的55%、33%和24%，既是长江经济带建设的难点区域，也是长江流域乃至全国的重要生态屏障区，推动长江经济带实现生态优先、绿色发展，关键要解决好长江上游的问题。近年来，长江上游生态环境保护工作取得了积极进展，但是距离水环境和水生态质量全面改善、生态系统功能显著增强的目标要求仍有一定差距。同时，长江上游生态环境保护的主要矛盾已转变为人民对优质水资源、宜居水环境、健康水生态的更高层次需求与流域生态环境治理体系不完善和治理能力不足之间的矛盾。推进长江上游生态环境治理需"对症下药"，需要从生态系统整体性和长江上游流域系统性出发，强化顶层设计、实施多元共治、完善市场机制、开展综合协调，为推动长江上游生态环境根本好转、建设美丽长江提供有力保障。

2. 主要内涵

1）推进水风光储多能互补一体化发展，统筹优化区域清洁能源高效利用

云南、贵州、四川、重庆四省份绿色能源资源富集，具备水风光储多能互补一体化发展的有利条件，过去水能资源开发利用强度较大，存在开发利用无序、小水电挤占资源并导致弃水等资源浪费现象频发等问题；同时，其他具较高发展潜力的绿色能源利用率较低。"双碳"目标驱动下的区域经济发展战略将要求最大限度发展具有较大发展前景的绿色低碳能源产业，积极推进区域水风光储多能互补一体化发展将是本区域未来主导型经济发展战略。在这一产业转型发展战略牵引下，从根本上解决长期存在的水电开发利用中的诸多矛盾与弊端，理顺水电行业可持续高效发展机制与体制，推动绿色能源产业实现跨越式发展。

2）借力低碳产业转型，实施严格落后产能淘汰，实现全域水环境高标准治理

绿色低碳经济发展的核心是实现低碳经济产业转型发展，借助这一契机，积极淘汰落后产能，在承接产业转移过程中必须实施严格的环境准入标准，全面控制工业污染排放强度。严格环境准入制度，提高行业准入门槛，不断提高产业资源环境利用效率，严控污水排放强度和污水排放总量，实施全区域污水的全达标排放目标控制制度，实现水污染排放的高标准控制和管理，确保在"双碳"目标实现过程中，实现水环境污染的根治。

3）坚持完善生态补偿机制，促进区域间及上下游协调发展

在云贵川渝区域内形成并逐步完善水资源利用与保护的生态补偿机制，以促进区域内各省份间、上下游间经济社会与水环境保护的协调发展，并预留一部分生态补偿经费，用于解决历史遗留下来的云南重金属尾矿尾渣污染问题和贵州磷矿渣造成的河流总磷超标问题。针对云贵两省因牺牲本地发展换来的大江大河流域源头段水质保护效益，建议在国家层面对采用财政转移支付手段给予补偿的可行性予以论证，并推动落实可操作的补偿方案。

4）创新区域水源涵养和生态碳汇能力协同发展技术体系

大力植树造林和封山育林，发挥森林的"绿色水库"作用，增加水资源量，减少山地面源流失对江河湖库的污染，达到"山清水秀"。在国家财力有限的情况下可通过转让荒山使用权吸引城市的剩余资金并利用剩余劳动力改造荒山、荒地；成立多种体制的荒地生态资源开发公司，形成规模开发的企业集团，加快荒山、荒地的开发；国家采用减免税收或是以环境生态效益补偿的办法进行鼓励。此外，各级政府要把水土保持和生态环境建设纳入社会经济发展计划，要加强政府引导和监督执法，并充分调动广大群众参与生态环境建设的积极性。

3. 阶段目标（2030年、2035年、2050年）

长江上游综合保护与绿色高质量发展是长江大保护和长江经济带高质量发展的重要组成部分，依照长江经济带发展规划，这一区域重要发展战略的实施应该在2035年基本实现其基本目标。

2030年，坚持完善生态补偿机制，促进区域间及上下游协调发展；借力低碳产业转型，实施严格落后产能淘汰，实现全域水环境高标准治理。

2035年，推进水风光储多能互补一体化发展，统筹优化区域水能资源开发；创新区域水源涵养和生态碳汇能力协同发展技术体系；推动低碳产业大数据和新型技术融合，提升流域水资源智能化管理水平。

（三）国际河流水资源保护与可持续协作利用

1. 遴选依据

2015 年，习近平总书记在云南考察时，对云南提出努力成为民族团结进步示范区和面向南亚东南亚辐射中心的要求，明确云南生态文明建设排头兵的新定位（新华社，2022）。2016 年，我国与湄公河流域其他五国建立澜沧江—湄公河合作机制，期望共同将水资源合作打造成澜湄合作的旗舰领域，共同应对气候变化，确保粮食、水和能源安全。

开展跨境河流研究具有广泛的应用前景和显著的社会、经济和生态效益：①应对全球变化和促进国际河流可持续发展，为国家制定区域国际重大资源环境问题决策、参与区域国际重大事务提供科学依据；②为国家在东南亚区域经济合作中将国际河流作为"契机"，通过参与跨境资源与市场的竞争利用和生态环境保护，在重大周边国际事务中发挥作用和影响提供决策支持；③跟踪国际跨境资源与环境学科研究的前沿，促进相关研究方法和新技术在我国西部跨境资源环境领域中的开发及应用，进一步缩小与处于先进水平的国际同类研究的差距。

2. 主要内涵

1）全球气候变化背景下跨境河流水文水资源响应

变化环境下西部跨境河流水文变化及其驱动具有明显的区域差异，与此相关的水资源变化等都存在诸多不确定性。需要解决水文过程和水资源系统对气候变化和人类活动的响应、跨境水资源脆弱性与适应、上游国家水资源开发利用的跨境影响等问题。

2）跨境河流健康维持机制

近几十年来，西部跨境河流处于快速变化之中，河流生态健康受损，跨境影响加剧、争端不断。维持跨境河流健康需要解决河流关键功能区与水生生物多样性关联、河流生态变化对生态完整性的影响、河流健康基准及关键生态阈值、河流生态变化的跨境影响、跨境河流的生态安全综合调控机制等问题。

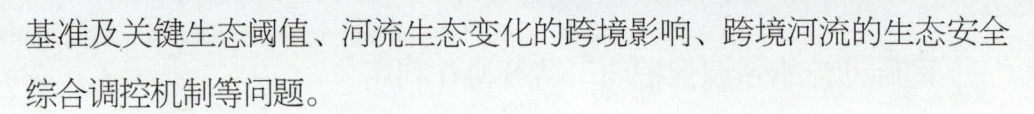

3）跨境水资源安全科学调控

我国跨境河流的研究滞后，导致跨境水安全调控科学基础和技术支撑能力薄弱，在国家水权益保障中处于被动。需要及时开展跨境水资源本底、水资源权属、跨境水分配与共享、水资源安全调控等研究。

3. 阶段目标（2030年、2035年、2050年）

2030年，在周边和下游流域国家间进行水资源国际分配、跨境水道系统的合作开发和协调管理、界河整治、跨境生物多样性保护和污染控制等方面的合作研究。

2035年，在全球气候变化背景下跨境河流水文水资源响应、跨境河流健康维持机制等领域的合作研究取得实质性、系统性进展，相关国家和地区能取得共识，使我国在东南亚区域经济合作中发挥科技支撑作用。

2050年，澜沧江－湄公河合作机制得以进一步深化，引导其他国际河流建立各具特色的合作机制，实现跨境水资源安全科学、主动管理。

二、关键性科技问题

（一）云贵川渝生态屏障区水源涵养功能修复和持续提升

1. 遴选依据

西南生态屏障区是我国长江、澜沧江、怒江、珠江等重要江河发源地和水源涵养区。尽管近20年来在天然林保护、退耕还林还草等一系列重大生态工程的作用下，区域植被及水源涵养功能得到一定程度的恢复。但西南生态屏障区水源涵养功能总体尚未恢复，仍有巨大提升空间。水源涵养功能是西南生态屏障区生态服务功能的主体，也是其他生态服务功能形成和维持的基础。西南生态屏障区水源涵养功能直接影响区域以及长江中下游防洪抗旱、保障供水和水生态维持与修复。因此，西南生态屏障建设的首要任务之一就是维持和提升区域水源涵养功能，围绕森林水源涵养功能的系统评估与预测、水碳生态服务功能的协同与权衡和多功能优化管理，以及典型退化生态系统生态多功能的植被恢复技术等重点方向进行布局。

2. 主要内涵

1）山地森林水源涵养功能的形成、演变过程及驱动机制

森林水源涵养功能是西南生态屏障区水源涵养功能的主体。近30年来针对西南山区森林水源涵养功能的研究众多，但是普遍缺乏系统性。系统地评估与预测森林水源涵养功能首先需要明确森林水源涵养功能的完整内涵和精确计量方法，完整的森林水源涵养功能应该是森林生态系统综合水服务功能的表征，涵盖森林生态系统的持水、供水、径流调节、降水调节和水质净化五项水供给和水调节服务功能。因此，围绕水源涵养功能，未来的重点任务是针对川滇森林及生物多样性生态功能区、三峡库区水土保持生态功能区以及桂黔滇喀斯特石漠化防治生态功能区等国家重点生态功能区，研发森林水源涵养功能的系统评估方法和模型，开展森林水源涵养功能的系统评估与预测，全面、及时掌握西南生态屏障区各典型森林生态系统水源涵养功能的时空演变过程及驱动机制，进而为气候变化环境下西南生态屏障区森林生态系统水源涵养功能的系统性修复和提升提供适宜的科学依据。

2）山地生态系统水源涵养功能与其他生态服务功能的协同与权衡

生态系统具有固碳释氧、涵养水源、调节气候、维持生物多样性、调节径流、净化水质和保持土壤等多种生态服务功能。生态服务功能的产生具有整体性的特点，每一个生态系统各项生态服务功能之间以及各个生态系统的服务功能之间在不同的时空尺度上存在着此消彼长的权衡或彼此增益的协同关系。因此，生态屏障建设需要针对各个区域的主体

生态功能定位，权衡和协同多种生态功能和生态效益，实现区域生态服务功能的整体最优。未来西南生态屏障区生态建设的重点任务之一就是厘清主要水源涵养区（山地生态系统）各项生态系统服务功能在不同时空尺度上的协同和权衡关系，明确各个典型山地生态系统（高山亚高山区、干热河谷区、喀斯特区和丘陵区）生态多功能的优化路径，构建多目标、动态化的生态效益综合评价体系和评估模型，为西南生态屏障区生态多功能优化管理提供科学指导。

3）典型退化生态系统基于生态多功能优化的植被恢复技术研发与集成

生态脆弱的高山亚高山区、干热河谷区、喀斯特区是西南生态屏障区的主体。这些区域植被早期遭破坏后，生态功能恢复缓慢；尤其是高寒地区，对气候变化敏感，生态系统稳定性差；近年来火灾、病虫害频发，加大了生态恢复的难度。区域生态总体退化趋势并未得到全面遏制，特别是高寒草甸、人工针叶林和针阔混交林退化明显。因此，西南生态屏障区建设需要先识别生态系统功能退化区域分布和时空演变规律，摸清退化区域生态功能提升潜力，明确高山亚高山区、干热河谷区和喀斯特区等典型退化生态系统生态功能退化过程与退化机制，系统评估气候变化、人为和自然干扰对生态脆弱区生态系统结构和水碳生态功能稳定性以及韧性的影响，探索以生态多功能优化为目标的植被恢复重建技术体系与模式研发，开展生态多功能优化植被恢复技术的集成示范与应用推广，保障西南生态屏障区脆弱生态系统稳定性和综合生态效益的持续提升。

（二）流域水－粮食－能源－生态互馈权衡机制与适应性管理

1. 遴选依据

水、粮食和能源是实现区域可持续发展的核心战略资源，三者之间的关联是全球可持续资源管理的核心所在。在日益加剧的人类活动下，水、粮食、能源需求的大幅提升加剧了生态系统的脆弱性，降低了自然环境的自我调节和修复能力而增加了环境压力,由此产生了资源管理的环境外部性,反过来阻碍水、粮食和能源安全。不同的生态系统往往呈现出各具特色的水–粮食–能源–生态关联框架和核心冲突。造成这种关联框架差异的原因在于区域可配置的自然资源不同,这导致了人们差异化的资源利用方式,并由此产生了具有区域特色的水–粮食–能源–生态关联的权衡关系。云贵川渝地区,既是多条大江大河的水资源形成区、生物多样性热点区,以及国家水电能源重要基地,也是我国多民族聚集地和贫困人口集中分布区。如何科学地权衡经济–水–能源–生态间的互馈关系,探索基于水资源节约、高效利用的经济–社会–生态环境协调发展路径,并制定流域应对变化环境的适应性管理机制与政策,是该区域亟待解决的关键问题之一。

2. 主要内涵

水–粮食–能源–生态关联的布局优化研究尝试回答的是"给出一个最佳的管理方案"的问题。"布局"是水–粮食–能源–生态关联中子要素的相互作用与区域分配,"优化"是根据核心关键资源的使用方式和利用效率,以求达到水、粮食、能源和生态系统的协同关系最大化。水–粮食–能源–生态关联的布局优化研究更侧重于考虑社会、经济和生态等多方面的治理绩效。虽然水–粮食–能源–生态的布局优化能够在计量层面给出水–粮食–能源–生态协同关系最大化的方案,但是在落实中还是要回归到生态系统的实地修复和治理措施,这往往是模型输出结果"落地"的难点。

在流域尺度,明晰流域多利用目标及其需求,建立流域水–粮食–能源–生态关联关系模型,揭示多利用目标之间的交互影响与耦合规律,进一步探究气候变化和梯级水电开发对该耦合关联关系的影响,评估满足多利用目标需求的水资源利用经济效益;结合流域水资源多利用目标需求,揭示流域水系统适应性演变规律,提出流域水资源利用中基于生态系统稳定的安全调控及阈值确定的理论方法。

（三）水灾害与水土流失防治

1. 遴选依据

云贵川渝地区是水灾害发育最为频繁，也是灾害损失最为严重的地区之一，山洪、泥石流以及滑坡等灾害频发。受全球气候变化和经济社会因素影响，近年来极端气候事件及其次生衍生灾害呈增加趋势，地震、地质灾害以及洪涝、干旱、极端天气事件等重特大自然灾害的突发性、异常性和复杂性有所增加。西南山区河流灾害防治、山区流域生态环境保护与修复、山区河流水工程安全等一直是山区河流开发与保护中的核心科技问题，也是国家的长期重大需求。云贵川渝大部分区域处于长江流域上游，长江流域上游是全国水土流失最严重的区域之一，水灾害和水土流失问题是云贵川渝地区生态环境改善和实现绿色高质量发展面临的最大挑战性问题。

2. 主要内涵

1）云贵川渝地区洪水形成机理及其演变趋势

针对云贵川渝地区的特殊地形地貌特征，系统分析典型山区降雨-入渗-径流形成过程和降雨径流转化机制。明确气候变化、土地利用方式转变、植被状况等对山区洪水形成过程的作用机理。阐明水灾害长期演化规律，明确变化环境对水灾害形成与演化的作用效应，特别揭示气候变化、土地利用方式、植被状况变化下，中大流域水灾害形成与演变规程。

2）耦合致灾机理与临界判据的灾害预警体系构建

明确滑坡、泥石流以及山洪灾害发生的驱动机理，特别是降雨诱发灾难性滑坡、暴雨诱发山洪、泥石流灾害等的形成条件；阐明云贵川渝地区复杂径流转化下的水-沙耦合致灾机理，提出复杂情形下水灾害形成临界阈值判据与确定方法。在系统辨析山区灾害动力演化过程的动力学机制基础上，发展不同尺度流域坡地、河道洪水演变快速分析方法，建立复杂地形地貌条件下洪水预报模型，创建在薄土层－大降雨－高海拔山区情形下对大暴雨所引发流域水灾害的预警系统。

3）云贵川渝地区水土流失机制与综合防治技术体系

针对云贵川渝地区，特别是三峡库区、喀斯特地区和金沙江下游等不同时空尺度上各不相同的土壤侵蚀机理，开展坡面－小流域－河道土壤侵蚀与水土流失机制研究，全面揭示该地区土壤侵蚀规律，分析水土流失及其伴生过程发生机制，创建适应气候变化的云贵川渝地区水土流失控制预测模型，建立云贵川渝地区水土流失控制理论；在系统分析水土流失内在机制和作用因子的基础上，阐明多种水土流失控制措施作用效能，创新应对气候变化和人类活动方式变化的水土流失与灾害防治技术，构建基于农业保护性耕作和种植结构、适宜植被配置、水土保持工程措施为一体的水土流失防治技术模式，为云贵川渝地区水土保持提供技术支撑。

4）云贵川渝地区水土流失与防灾减灾实时智能监测网络和风险评估

优选水土流失与防灾减灾实时监测控制点，包括对水源地和侵蚀严重区进行监测网络布局，特别是水电站、水库廊道等人为活动强烈与生态脆弱区，亟须建立完善的野外径流小区和小流域侵蚀观测站，研发水土流失智能监测设备与系统，构建完善的适应不同尺度水土流失的监测体系；利用雷达、卫星、雨量站等的多源数据，结合人工智能、大数据分析等技术，以及水土流失和灾害预测模型，建立流域水灾害的科学分析中心与实时预测预报系统。构建典型区域风险源的识别与分析模式，创建典型流域风险判识方法，构建流域灾害风险评估与管理平台。

（四）重点河湖水生态修复与水环境持续优化及其保障体系

1. 遴选依据

云贵川渝地区河流和湖泊水生生物多样性正呈现逐年降低的趋势，

尤其长江上游受威胁鱼类种数占总数的 27.6%，重点保护物种濒危程度加剧，白鱀豚、白鲟、鲥鱼已功能性灭绝，长江江豚、中华鲟成为极危物种。同时，长江上游以及云贵高原湖泊也是我国水环境污染较为严重的水域。云贵川渝地区水生态修复与水环境治理是区域水资源保护与利用的重点领域。长江上游是全国大型清洁能源基地，坝库与隧道引水等工程在防洪、发电、水资源调节等方面发挥了巨大的综合效应，同时对河道及流域生态系统、地表过程，特别是水文过程产生了重大影响。未来我国待开发的水电资源 80% 集中在云贵川渝地区，亟待开展梯级水库廊道生态环境演变与河流水环境的互馈关系研究等。

2. 主要内涵

1）水生态系统健康胁迫机制及完整性要素修复

揭示自然和人为的压力源对水生态系统的胁迫机制，确定长江上游水生生物多样性维持生境要素阈值；从恢复河流连通性、重建湿地/岸线水生植被、重塑鱼类关键栖息地底质等方面集成水生态完整性要素修复关键技术体系。通过研究生境要素与水生生物的关系，评估上游植被发育的水位需求、鱼类产卵育幼的流速流量需求、底栖动物的生境面积需求等，确定适于长江上游的水生生物多样性维持生境要素阈值的生态基流和生态径流。在典型河流或河段连通性恢复、鱼类产卵场生态水力学条件修复、湿地/岸线水生植被重建、河道健康底质重塑等方面开展水生态完整性要素修复技术研发与集成。

2）重点流域和湖泊水环境持续优化技术体系与保障机制

阐明流域或湖泊水体典型污染物源汇解析与致污机理，确定典型河流或湖泊水体污染物的组成，识别流域典型污染物的主要源汇关系，量化各个污染物源汇关系对流域水体污染负荷的贡献，系统辨析变化环境下流域典型污染物源汇关系与致污机制。完善湖泊水环境监测网络及信息平台、污水治理设施运行物联网管理网络，研究建立精细化湖泊水资源调度管理体系；定量评估已建的环湖截污治污系统、生态修复和增绿复绿工程等举措的系统成效；开展湖滨生态带划定、生态廊道建设、缓冲带保护等湖泊生态保护和修复科学方案研究，优化湖泊周边生态保护红线管控策略。

3）典型流域水电梯级开发的水生态修复与复杂河-库系统水环境协同管理

针对流域河流-梯级库群系统，构建水文-水温-溶解氧-营养盐耦合模型，实现多要素的变化过程预测模拟；遵循"非生物层—生物层（微生物、藻类、底栖动物、珍稀特有鱼类）—系统层（水生生境、岸坡过渡带、水-陆耦合系统、流域）"层级递进的路线，开展生态影响机制与修复研究。揭示梯级高坝大库对河流关键物种及其生境的扰动规律，分析生态系统对水电开发的响应过程，以及鱼类生境修复及高坝过鱼技术；继续开展河流连续体-不连续体的理论研究，结合山地河流地貌分异实现其纵横维度水力联系的科学刻画；推动河流健康评价和监测的常态化、标准化，建立河流健康的数据采集与监控指标体系，提出河流健康视角下的生态工程全寿命周期规划建设体系。

4）不同生态功能区典型生态清洁小流域构建与绿色发展模式集成

以典型流域、大型水库和湖泊水域为对象，查明水土流失与面源污染协同迁移路径及负荷；集成典型流域坡面水源涵养与源头减控、面源污染过程消纳与末端处理，农村生活污水多模式处理，农业废弃物多级资源化利用和水系岸坡生态功能修复等关键技术，凝练"减源、截获、增汇、循环"四位一体的生态清洁小流域建设技术体系；结合典型小流域生态种植、生态养殖、观光农业等农村生态产业发展模式，研究生态清洁小流域可持续发展的有效模式与保障机制。

（五）成渝地区双城经济圈水资源保障及水安全

1. 遴选依据

成渝地区双城经济圈是新时期国家打造长江经济带高质量发展的重要增长极。本区域水资源总体较丰富，但存在季节性干旱、工程性缺水、水质性缺水等问题。目前，部分产业节水力度不足，灌溉水有效利用系数低于全国平均水平，高耗水工业企业用水效率整体不高，局部河段及部分中小河流断面超过国控和省控标准，江河堤防建设和山洪沟治理滞后，存在城市内涝问题，监测预报预警调度体系尚不完善。同时，伴随气候变化和人类活动不断加强的影响，长江干流及大部分支流径流量呈持续递减态势，将进一步加剧水资源供需矛盾。为此，亟须开展水资源供需系统优化、水资源安全保障网络信息化体系建设、城市湿地系统水环境修复与功能提升等方面的研究，提出区域内防洪减灾体系、水资源配置方案，推进成渝地区双城经济圈智慧水利建设。

2. 主要内涵

1）城市圈水资源供需双侧优化决策支持系统研究

开展区域水资源承载力动态评价及监测预警体系建设，探索城市群内水资源分配平衡调节方案；在充分考虑社会经济发展及城镇生态用水需求的基础上，建立成渝地区双城经济圈水资源供需系统模型，预估未来气候变化和经济发展情境下成渝地区双城经济圈水资源供需变化趋势，并在此基础上，对水资源供需系统仿真方案与决策优化进行综合分析。

2）区域水资源安全保障网络信息化体系开发

推进跨区域水网工程建设方案，增强跨区域水资源调配能力；完善跨省市水体监测与污水处理网络，建立上下游水质信息共享和异常响应机制、毗邻地区污水处理设施联合调度机制，搭建跨省市水环境综合治理信息共享平台；结合各地区水旱灾害防御、河湖管理、水资源管理、水土保持、水工程管理等领域的信息化建设，充分运用云计算、大数据、物联网、人工智能、数字孪生等新一代信息技术，建成以采集、传输、分析、预警、控制、调度为一体的区域水资源安全保障网络信息化体系。

3）城市湿地系统水环境修复与功能提升

研究区域自然环境、社会经济系统与水系统间的最小必要关联及变化规律，分析文化、制度等"软实力"因素对湿地系统的影响方式和程度，综合考虑湿地污染防控、生态修复、景观提升及休闲展示功能，构建成渝地区双城经济圈城市湿地系统水环境评估指标体系；基于评估结果，从内外源污染治理、水系整治连通、蓝绿基础设施应用、景观工程布局等角度出发，研究设计各城市湿地系统水环境修复与功能提升集成技术体系。

（六）干热河谷与喀斯特地区生态－水－经济社会协调发展

1. 遴选依据

干热河谷和喀斯特地区是云贵川渝地区两类特殊的地区，生态脆弱，经济欠发达，存在较为突出的经济社会发展与生态环境保护之间的矛盾。干热河谷（含干暖河谷、干旱河谷等）地区过境水资源量丰富但可利用水资源匮乏，降水分配不均、季节性缺水严重，水土流失严重、林草植被恢复难度大，水分垂直梯度差异明显。亟待针对流域自然地理分异、生态环境特点和水资源特征及管理现状，开展水资源保护与合理利用工程建设、提出针对性对策。西南喀斯特地区生态环境脆弱，水资源与生态、社会经济空间布局不匹配。

岩溶生态系统是全球最典型的脆弱生态系统，我国喀斯特岩溶区占全国总陆地生态系统面积的1/3，主要集中于西南地区，其特殊的水文过程为区域提供了重要的生态服务功能和经济价值。西南喀斯特地区陆表渗漏快速、滞留水分能力弱，深部地下水以及高山峡谷地下水难以利用，加之极端气候和社会经济快速发展，水资源供需矛盾日益显著。评估不同气候条件下西南喀斯特地区植被分布和生态需水量、地表和地下水资源量、社会经济发展需水量，确定水资源对维持生态系统和社会经济发展的承载能力，是喀斯特地区生态–水–经济社会协调发展战略科学问题的核心。

2. 主要内涵

1）干热河谷地区生态水文演变和水资源合理利用与保护

研究干热河谷气候、植被演化、水资源时空演变特征和机理，人类活动和社会经济不同发展模式下河谷坡面生态景观和水文过程影响机制，水资源空间分布的演变机制。分析干热河谷不同尺度下森林植被的生态水文调节机制和森林植被对流域生态水文过程的调节机制；开展植被恢复与水资源保护利用的综合研究，建立耦合降水、土壤水、蒸散发、地表径流等水量分配环节的综合水文模型，提出区域植被结构优化的方案。从节水技术升级、小微型水利设施建设、作物结构优化等角度出发，探索干热河谷高效农业节水利用模式。研发集雨保水技术，以增加降水入渗、减少水分流失，提高土壤含水量，降低季节性缺水的危害。根据其实际的自然和社会经济条件，探索将不同的水肥耦合技术和农艺节水技术进行优化组合的方法。探索立体复合种植，充分利用光、热和有限的水分资源，实现经济价值最大化和农业生态系统的优化。

2）西南喀斯特地区生态水文演变和水资源合理利用与保护

研究不同气候、岩性下陆表植被、土壤、水文的分异特征和空间区划，加强石漠化演变规律及其关键驱动因子、喀斯特关键带结构与功能变化、植被与水文过程相互作用等基础研究；分析不同喀斯特地貌区水文循环机理及生态水文尺度效应，精准模拟和预测植被恢复潜力、水资源供给能力和消耗水量，评估不同气候条件下生态需水量、地表和地下水资源可供水量、社会经济发展需水量，确定水资源对维持生态系统和社会经济发展的承载能力和时空调控方式。构建喀斯特石漠化地区生态承载力评价指标与技术体系，建立喀斯特生态系统承载力模型，提出西南喀斯特石漠化治理与绿色高质量发展方案，集成研发岩溶石漠化区生态屏障构建与乡村振兴模式及关键技术；构建适用于不同空间尺度的石漠化治理战略分区系统及科学管理方略，建立喀斯特石漠化综合治理模式，为实现喀斯特石漠化治理提质、加速、增效与绿色可持续发展等提供科技支撑。

（七）关键科学问题的阶段目标

2030 年，重点布局西南生态屏障区水源涵养功能修复和提升、重点河湖水生态修复与水环境持续优化及其保障体系、云贵川渝地区内外交互的流域横向生态补偿机制研究、喀斯特地区与干热河谷水资源可持续利用与保护，以及成渝地区双城经济圈水资源保障及水安全研究。

2035 年，推进成渝地区双城经济圈水资源配置方案优化、智慧水利建设，水灾害防治与风险防控能力接近发达国家水平，国际河流协作共赢机制全面建立；重点布局流域水 – 粮食 – 能源 – 生态互馈权衡机制与适应性管理研究、山洪和地质灾害形成机制与生态屏障安全等。

2050 年，实现区域水源涵养功能更加优化、水生态和水环境持续改善、水资源利用多目标协同高效，云贵川渝地区生态屏障的水安全保障能力全面提升；干热河谷与喀斯特地区生态 – 水 – 经济社会协调发展格局全面形成。

三、基础性科技问题

基础性科技问题为西部生态屏障建设中基础性、体现能力建设的科技问题，侧重各类科技基础设施、监测 – 观测 – 预测 – 预警平台体系、生态资源调查、人才培养、科学普及等。包括：空天地一体化和高精度智能化的河湖水系统综合观测网络；山区流域水环境综合监测与预警平台；西南山区生态水文与水源涵养保护观测试验研究站网；西南山区水灾害防治综合观测研究站；干热河谷水－生态－经济协调发展研究站；长江上游数字孪生流域建设。

第五节　科技任务组织实施

一、国家科技任务组织实施

2001年12月，水利部根据经济社会发展对水利的要求，提出了今后5～10年西部水利发展的方针和目标，论证了西部开发在水利方面需要解决的重点问题，提出了加强西部地区水利建设的政策建议。2003年，水利部启动《中国水资源及其开发利用调查评价》，根据对长期历史和现状资料的调查分析，识别和诊断人类活动对水文水资源系列影响，系统全面地进行水资源及开发利用与生态环境状况的综合评价。2020年，应急管理部牵头制定了《防汛抗旱应急能力建设"十四五"规划》，该规划指出要统筹考虑江河洪水、山洪泥石流、城市内涝、台风、干旱等灾害风险，突出重点，加强应急能力建设。2021年10月，中共中央、国务院印发《成渝地区双城经济圈建设规划纲要》，研究推进跨区域重大蓄水、提水、调水工程建设，增强跨区域水资源调配能力，推动形成多源互补、引排得当的水网体系。2021年，水利部编制了《智慧水利建设顶层设计》和《"十四五"智慧水利建设实施方案》，为新阶段水利高质量发展提供了有力支撑和强力驱动。《中华人民共和国国民经济和社会发展第十四个五年规划和 2035 年远景目标》提出"实施国家节水行动，建立水资源刚性约束制度，强化农业节水增效、工业节水减排和城镇节水降损，鼓励再生水利用，单位 GDP 用水量下降 16% 左右"。科学技术部制定的"十四五"国家重点研发计划中，设立了"长江黄河等重点流域水资源与水环境综合治理"专项，重点攻克 4 个领域的科学与技术难题：流域水系统健康诊断与病因识别、流域水资源系统调配与高效利用、流域水环境质量改善与综合治理、水源风险阻断与饮用水安全供给等。

国家层面需要重点推进上述重大科技任务分阶段实施，同时，创新科技工作组织管理模式，进一步依据云贵川渝地区的实际建立区域科技创新协同推进机制，在本区域实施创新激励与成果转化促进机制，并完善科技创新投入机制。提出协调解决战略推进过程中重大问题、探索完善跨机构跨学科协同攻关、保障高效利用优势科技力量和资源的体制机制。

二、中国科学院科技任务组织实施

中国科学院在水资源领域科技支撑西部生态屏障建设中发挥了重要作用，主要表现在以下几个方面。

（一）布局生态环境野外监测科学观测研究站网，为西南生态屏障建设水资源提供了重要数据支撑

围绕西南生态屏障涉及的科学问题，中国科学院在云贵川渝地区的生态环境敏感区建立了森林、草地、农田、湿地等生态系统野外科学观测研究站。近年来，中国科学院还在喀斯特石漠化区、干热河谷区、三峡库区等典型生态脆弱区建立了长期野外科学观测研究站。针对西南山区泥石流、滑坡等严重山地灾害，还部署了专门野外科学观测研究站。截至 2024 年，共建成生态环境要素观测的野外科学观测研究站 12 个，

其中进入国家重点野外科学观测研究站系列的有 5 个，进入中国生态系统研究网络台站的有 6 个。

（二）科学支撑了长江上游水资源开发利用与保护

围绕国家重大水资源工程，中国科学院会同水利部和环境部等部委支撑作用，合作完成了《三峡工程对生态与环境的影响及对策研究》评估报告，成为三峡水利工程建设和运营与保护相关战略、深化研究和治理规划的重要科学依据。主持长江上游"长防""长治"生态工程建设规划与效益评估，主导水源涵养功能保护工作的开展，为长江上游水源涵养生态功能保护发挥了重要科技支撑作用。发展了长江上游水库群蓄水调度模拟决策支持系统，为流域梯级水电站多功能效益综合发挥与水资源和水生态保护提供了技术支撑。参与南水北调水资源利用和水环境与区域生态环境保护论证及实施规划方案制定等工作，为南水北调工程的顺利实施并取得预期经济、生态与社会效益发挥了重要作用。

（三）主导了我国西南石漠化防治与生态修复

中国科学院作为我国石漠化防治与生态修复研究的主导力量，以中国科学院地球化学研究所和亚热带农业生态研究所为依托，在石漠化形成机理、石漠化区水循环与水资源形成规律以及石漠化生态系统对变化环境的响应与适应机理等方面取得大量引领国际的创新理论体系。

（四）在干热河谷退化生态治理和生态经济发展中发挥主力军作用

以金沙江和岷江流域等典型的干热河谷等脆弱生态区为对象，针对干热河谷区水土流失严重、生态恶化突出、农业生产力低下及干旱缺水等问题，以中国科学院成都生物研究所、"中国科学院、水利部成都山地灾害与环境研究所"及昆明植物研究所等单位科研力量为主导，持续开展干热河谷生态综合治理与生态产业发展系列技术研发，河谷农地土壤质量改善、水土资源综合高效利用、生物资源和特色生态产业发展等精准扶贫技术的集成示范与推广应用，为西南山区典型干热河谷区生态安全及脱贫致富提供了坚实的科技支撑。

（五）未来科技任务组织实施

未来中国科学院仍然坚持发挥基础科学研究主力军作用，承担前述国家设立的重大专项任务，加强相关基础科学领域的超前探索部署。同时，积极推进观测试验和监测科技平台建设，积极部署和发展前述各类观测研究平台建设。

三、云贵川渝四省份任务组织实施

2017年7月，云南省水利厅发布《云南省"十三五"水土保持规划》，提出全省水土保持总体防治格局和重点构建"四治四保"水土流失重点防治格局。2019年12月，贵州省水利厅、贵州省发展和改革委员会印发《贵州省节水行动实施方案》，明确节水工作主要目标和具体任务。2020年3月，贵州省颁布《贵州省节约用水条例》，明确了"节水优先、统一规划、总量控制、合理配置、高效利用"的节水工作总方针，建立和完善"政府主导、部门协同、市场调节、公众参与"的节约用水机制。2020年5月，四川省水利厅和重庆市水利局签署《成渝地区双城经济圈水利合作备忘录》，共同研究提出支撑成渝地区双城经济圈建设的水利重大项目、政策和改革举措，重点推进长征渠引水工程等重大水利工程前期论证和川渝跨界河流水资源开发利用项目研究。2021年9月，云南省人民政府办公厅发布《云南省实现巩固拓展脱贫攻坚成果同全面推进乡村振兴有效衔接农村供水保障3年专项行动方案》，基本解决100.4万人中度干旱条件下因旱应急送水问题。

　　未来云南、贵州、四川、重庆四省份通过水管理方面政策、措施与技术的发展和应用促进资源水、环境水、生态水和灾害水（简称"四水"）之间的协调与综合调控，加强节水技术、节水管理、虚拟水、人工增雨、海水淡化、再生水、区域调配、地下水调蓄、雨水利用－绿水管理9个方面技术与管理模式的研发与应用。大数据时代背景下，需基于3S技术[地理信息系统（geographic information system，GIS）、遥感（remote sensing，RS）、全球定位系统（global positioning system，GPS）]、云计算、物联网加强云贵川渝地区水资源数据库的建设、搭建水资源监控平台，厘清云贵川渝地区水资源的分布规律。加强区域水资源承载力评估和提升路径研究，并积极拓展高新技术提高水资源的利用效率。

四、国家及地方科技力量协同

　　自20世纪90年代以来，包括科学技术部、水利部、环境保护部以及中国科学院等部门，结合地方相关科研、水利、国土、环境保护等部门，系统开展了长江上游水土流失防治、水环境保护与治理、水资源开发利用以及生态建设等方面的工作，在长江上游生态屏障建设、三峡等大型水电工程建设、河湖水环境综合整治、干热河谷以及喀斯特石漠化脆弱生态区与受损生态系统恢复重建、各类自然灾害综合防治以及区域生态经济发展等方面取得系列重大成效。近年来，在落实西部大开发、乡村振兴以及长江大保护与绿色高质量发展等国家宏观发展战略方面，四省份相关部门协同国家科技力量，组织实施了水环境与水生态持续优化、地质灾害监测预警与综合防治、水资源高效利用、生态屏障保护与建设、绿色生态产业开发应用、国家重大基础工程建设的生态保护与治理以及成渝地区双城经济圈协同发展等众多科技任务，极大地推进了云贵川渝生态屏障区水系统综合保护与可持续功能提升，从而保障国家在本区域部署的重大发展战略得以高质量稳步推进。

未来国家与地方科技力量协同，重点着力于：①积极推进并利用科技保障南水北调西线、滇中引水以及引大济岷等跨流域调水工程建设，布局构建国家水网工程，保障国家水安全；②加强山水林田湖草沙系统治理，践行"绿水青山就是金山银山"的发展理念，创建生态文明建设示范区，形成绿色高质量发展基本保障条件；③统筹协调水管理，实现水资源供需优化管理的制度、政策和经济措施，积极发展水管理信息系统和决策支持系统的地方、流域等不同层级的应用；④持续推进水系统优化和水灾害高效防治，切实解决人民对优质水资源、宜居水环境、健康水生态的更高层次需求与流域生态环境治理体系不完善和治理能力不足之间的矛盾。

第四章
云贵川渝生态屏障区生物多样性保护

第一节　科技支撑总体要求

生物多样性使地球充满生机，是人类赖以生存和发展的基础，是地球生命共同体的血脉和根基。2021年，中共中央办公厅、国务院办公厅印发《关于进一步加强生物多样性保护的意见》，明确了新时期进一步加强生物多样性保护的新目标、新任务，为各部门、各地区开展生物多样性保护工作提供了指引。2022年，党的二十大报告提出"中国式现代化是人与自然和谐共生的现代化"，并将促进人与自然和谐共生作为中国式现代化本质要求之一，对生态文明建设和生物多样性保护作出重大部署，为新时期、新征程推进生态文明建设和生物多样性保护提供了根本遵循。云贵川渝生态屏障区具有丰富的生物多样性，拥有众多特有物种，是全球公认的生物多样性热点地区，也是我国生物多样性保护的核心区。经过多年的不懈努力，云贵川渝生态屏障区的生物多样性保护和研究等方面取得重要进展，如大熊猫国家公园建成，自然保护地建设取得优异成绩。实施极小种群拯救保护计划，濒危物种拯救和保护取得明显实效。建成了植物园、动物园、中国西南野生生物种质资源库等迁地保护设施，实施了濒危动植物的迁地保护和野外回归保护计划。

当前，云贵川渝生态屏障区的生物多样性保护的突出问题是部分物种栖息地（生境）被侵占或破坏，种群数量下降和生境恶化的趋势没有得到有效缓解和控制。部分极小种群野生植物和大型野生动物的绝灭风险加大。气候变化和人类活动背景下的生物多样性保护难度加大，生物资源利用和生态产品价值评价以及实现路径有待完善。科技支撑云贵川渝生态屏障区生物多样性保护的总体要求是：加强生物多样性空天地一体化监测体系和综合信息平台建设，加大气候变化和生物多样性保护协同增效的理论创新和关键技术研发力度，开展重要生态系统、生物物种及遗传资源有效保护研究，保障生物安全和生态安全。开展生物资源可持续利用和生态产品价值实现的科学研究，推动生产和生活方式的绿色低碳转型，实现生物多样性保护和高质量发展双赢，全面提升区域生物多样性治理水平，有效推动《关于进一步加强生物多样性保护的意见》的落实及"昆明—蒙特利尔全球生物多样性框架"的执行，切实支撑美丽中国和人与自然和谐共生的中国式现代化建设。

第二节 科技支撑阶段目标

一、2030 年（近期）目标

云贵川渝地区是生物多样性重点保护地区，开展生物多样性调查与监测，实现重点区域生态系统、重点生物物种和重要生物遗传资源定期调查及常态化监测全覆盖，生物多样性调查监测水平得到全面提升。定期开展主要生态系统、重点生物物种及重要生物遗传资源状况评估，建立覆盖重要生态系统、重点生物物种及重要生物遗传资源的定期评估制度。开展云贵川渝重点区域生态产品基础信息普查，摸清各类生态产品数量分布、质量等级、功能特点、保护开发利用等本底现状。提高种质资源品种改良生物技术水平，推进环境、药品等方面替代资源研发，促进环保、农业、医疗等领域生物资源科技成果转化应用。

二、2035 年（中期）目标

开展生物多样性对气候变化响应与适应研究，加强气候行动与生物多样性保护协同增效的理论创新和关键技术研究，建立气候变化影响监测和风险预警系统，探索基于自然的解决方案（nature-based solution，NbS）和基于生态系统的气候变化适应（ecosystem-based adaptation，EbA），增强生态系统气候韧性及碳汇功能。开展外来入侵物种识别、普查和监测预警，摸清外来入侵物种种类、分布范围、发生面积和危害程度等情况，分析研判扩散路径和入侵趋势，开展综合防控技术试点示范。针对转基因、基因编辑等生物技术产品对环境产生的可能影响，研制新兴生物技术产品精准检测与快速筛查技术，构建其环境风险评估模型及指标体系。开展城市生态系统、物种、遗传资源多样性及相关传统知识的调查评估，推动城市生物多样性常态化监测。推进国家植物园体系建设，形成较为完善的珍稀濒危野生动植物迁地保护体系。参与生物多样性国际论坛，搭建全球生物多样性治理政策对话与交流平台，推动"昆明—蒙特利尔全球生物多样性框架"的全球落实。

三、2050 年（远期）目标

云贵川渝国家生态安全屏障和人与自然和谐共生的中国式现代化建成，云贵川渝地区生物多样性保护研究具有国际影响，成为全球生态环境保护的主力军。云贵川渝地区成为美丽中国的样板，各族群众生活更加幸福安康。

第三节　科技支撑战略布局体系

一、科技管理体制

生物多样性保护领域的科技管理体制是一个多方面、多层次的体系，涵盖了政策制定、组织结构、资金保障、技术研发、监测评估、法律法规、公众参与和国际合作等多个方面。云贵川渝地区是我国乃至全球生物多样性的富集区和重点保护地区，应该加强生物多样性保护、恢复领域基础科学和应用技术研究，推动科技成果、关键技术的转化应用。云南、贵州、四川、重庆四省份政府要加大对生物多样性保护领域的资金投入，完善生物多样性保护资金投入长效保障机制，要多渠道、多领域筹集资金，灵活运用多种形式的生态环境导向的开发模式和金融支持政策，探索建立市场化、社会化投融资机制，合力支持生物多样性保护重大工程的实施。建议国家设立针对西南地区生物多样性保护和可持续发展的科技重大专项，支持构建数据库和信息平台，完善调查、观测和评估等相关技术和标准体系，支持构建完备的生物多样性保护监测体系，包括调查监测、信息云平台和评估体系，鼓励开展包括气候变化应对、生物安全、生态安全、城市生物多样性等在内的基础研究和关键技术攻关。积极参与全球生物多样性治理，推动国际合作与交流，加强与国际组织的合作，共同应对全球生物多样性保护挑战。

二、重点领域方向

云贵川渝地区生物多样性保护目前的突出问题是：生物多样性保护

与地方经济、社会发展之间的矛盾依然较大，土地利用变化加剧自然生态空间的挤占，生物资源过度利用和无序开发对生物多样性的影响加剧，外来入侵物种增加了生物安全的压力，转基因生物的环境释放可能对农田及自然生态系统产生影响，气候变化对自然生态系统和生物多样性产生显著影响，生物多样性丧失趋势尚未得到根本遏制。应大力实施生态安全战略，坚持整体施策、系统治理，突出优化生态环境治理体系、生态修复、国土绿化、净土守护、应对气候变化等方面相关问题，形成协调联动的山水林田湖草沙生命共同体，筑牢西南国家生态安全屏障。云贵川渝地区围绕生物多样性保护，应该重点做好以下科技战略布局。

（1）加强就地保护体系的评估和优化，推动国家公园建设。加强自然保护地保护范围及功能分区的科学划定，加快整合归并优化各类保护地。在国家提出的49个候选国家公园中，大熊猫国家公园作为首批国家公园已经建设，应该积极推进若尔盖、高黎贡山、亚洲象、梵净山等候选国家公园的建设。将具有生物多样性维护等生态功能极重要的区域和生态极脆弱区域划入生态保护红线，进行严格保护。

（2）完善迁地保护体系，推动国家植物园建设。云贵川渝地区已建立多个植物园（树木园），并持续开展极小种群野生植物抢救性保护和野外回归。应进一步加强国家生物遗传资源迁地和离体保藏工作，强化野生生物遗传资源收集保藏，全面推进农作物、畜禽、林草、中药材、海洋和淡水渔业等种质资源收集保存，形成较为完善的珍稀濒危野生动植物迁地保护体系。2021年10月，习近平主席在《生物多样性公约》第十五次缔约方大会上宣布，本着统筹就地保护与迁地保护相结合的原则，启动北京、广州等国家植物园体系建设（习近平，2021a）。国务院先后于2021年12月和2022年5月批准在北京设立国家植物园、在广州设立华南国家植物园，并要求"进一步统筹规划、合理布局，稳步推进全国国家植物园体系建设"（国务院，2021），目前成都植物园、昆明植物园和西双版纳热带植物园被遴选为国家植物园候选园，应该加快西南地区国家植物园建设的力度。

（3）生物资源开发利用和生态产品价值实现。生物资源的开发利用与生态产品价值的实现是当前生态文明建设的重要内容。应加强生物资源科学评价，强化生物资源利用平台支撑，持续开展野生动植物资源经济价值评价和挖掘，以及推进生物资源综合应用。加强对生态产品数量、质量等基础信息的调查，以及建立动态监测制度，形成生态产品目录清单，并通过生态产品信息云平台实现信息的开放共享。在生态产品价值实现方面，探索横向生态补偿、设立公益岗位、推进非国有自然资源统一管理、发展生态旅游产业、打造优质品牌等实现路径。

三、重点任务计划

围绕云贵川渝地区国家公园体系建设、生态保护和修复重大工程、外来入侵物种和有害生物防控等重大需求，聚焦高原典型生态系统对全球气候变化的响应与适应、高原生物演化与维持等重大科学问题，重点布局应对气候变化与生物多样性保护协同增效的理论创新和关键技术研究、生物多样性和生态产品基础信息调查及评估技术和价值实现研究、外来入侵物种与新兴生物技术产品环境释放的监测预警和评估防控技术研究等重大科技问题。开展云贵川渝生态屏障区自然保护地保护成效评估、气候变化与人类活动耦合作用下的物种濒危机制、特色生物资源开发利用技术研究、城市生物多样性保护与可持续发展研究、植物迁地保护技术体系与国家植物园建设等关键性科技问题研究。加强生物多样性智慧监测预警体系建设、生物多样性评估标准体系和定期评估制度建设、生物多样性履约支撑技术体系和国际合作交流平台建设等。

四、科技力量组织

云贵川渝地区要不断健全生物多样性保护统筹协调机制，具体实施生物多样性保护和治理工作。要切实担负起生物多样性保护和治理责任，将生物多样性保护、可持续利用与惠益分享作为各地区推动绿色低碳转型、推进美丽中国建设的重要抓手，推动生物多样性治理与污染防治、"双碳"、应对气候变化、乡村振兴等的协同增效。要完善政府主导、企业行动和公众参与的生物多样性保护长效机制，拓宽公众宣传和社会参与渠道。引导企业强化生物多样性保护意识，主动落实生物多样性保护与高质量发展的社会责任，鼓励企业制订生物多样性保护行动计划，发挥示范引领作用。要充分发挥高校、科研院所专业教育优势，加强生物多样性人才培养。

五、科技资源配置

云贵川渝地区在围绕生物多样性保护进行科技资源配置时，可以采取以下措施：加强自然保护地建设与管理，将生物多样性富集的区域纳入自然保护地进行保护；利用植物园、动物园等机构进行迁地保护，同时推进重点物种的人工繁育和野化放归；开展生物多样性本底调查，构建观测网络，并健全评估体系，定期发布生物多样性评估报告；加强生物多样性保护的信息化建设，利用大数据、卫星遥感等新技术，构建空天地一体化监测体系，提高监测和评估的效率与准确性；加强生物技术环境安全监测管理，保障生物安全；积极参与国际合作，加强宣传教育，完善社会参与机制；加大资金和科技支撑，增强科研及合作能力，推动科技成果转化应用，实现生态保护与社会经济协调发展。

六、监测平台体系

加强云贵川渝地区生物多样性空天地一体化监测评估体系建设。完善生物多样性调查监测技术标准体系，充分依托现有各级各类监测站点和监测样地（线），构建生态定位站点等监测网络。建立反映生态环境质量的指示物种清单，开展长期监测和评估工作。建立健全生物多样性保护恢复成效、生态系统服务功能、物种资源经济价值等评估标准体系。结合国家生态状况调查评估要求，每5年发布一次云贵川渝生物多样性综合评估报告。

第四节　科技战略问题

紧扣国家西南山地生态安全屏障建设等重大需求部署战略性重大科技问题研究，针对外来物种入侵和有害生物防控及预警能力不足，以及高原特色生物资源开发利用等区域问题部署关键性科技问题研究，围绕完善西南山地的迁地保护体系、生物多样性监测和数据共享平台等问题部署基础性科技问题。

一、战略性重大科技问题

（一）应对气候变化与生物多样性保护协同增效的理论创新和关键技术研究

1. 战略意义

云贵川渝地区是生物多样性的富集区，也是气候变化的敏感区。受全球气候变暖和人类活动的干扰影响，区域性极端气候和山地灾害事件频发，山地植被受损、自然生态系统退化和生物多样性丧失日趋严重，面临气候变化应对和生物多样性保护的双重压力和叠加效应。因此，开展生物多样性对气候变化响应与适应研究，加强气候行动与生物多样性保护协同增效的理论创新和关键技术研究，建立气候变化影响监测和风险预警系统，提升生态系统气候韧性和碳汇能力，对实现应对气候变化与生物多样性保护协同增效具有重要的意义。

2. 遴选依据

气候变化和生物多样性之间的关系是复杂的，既存在正反馈关系，也存在负反馈关系。这种相互作用不仅体现在生物多样性受到气候变化的影响，生物多样性的变化也会对气候产生影响，应加大"协调强化、调整优化"的生物多样性适应气候变化支撑体系和典型生态脆弱和生物多样性丰富区域适应气候变化试点示范工程建设。

3. 主要内涵

开展地质气候环境演变与生物多样性形成、生物多样性适应气候变化、气候变化和应对气候变化措施对生物多样性影响等研究，构建气候行动与生物多样性保护协同技术方法体系和实施路径，探索基于自然的解决方案和基于生态系统的气候变化适应，增强生态系统气候韧性及碳汇功能。搭建以"降低负面影响、提高协同增效"为目标的气候行动与生物多样性保护协同增效支撑体系，推进典型自然生态系统、城市生态系统、农业生态系统与经济社会系统协同增效试点示范。

4. 阶段目标

2030年，开展生物多样性对气候变化响应与适应研究，制定影响评价技术规范，构建影响监测指标体系。

2035年，开展气候行动与生物多样性保护协同研究。制定气候变化及应对气候变化措施对生物多样性影响评价技术规范，构建气候行动与生物多样性保护协同增效的技术方法和政策支撑体系。

2050年，开展生态系统碳汇基础理论方法和前沿技术研究。建立生态系统碳汇监测核算体系，实施碳汇本底调查、碳储量评估、潜力分析，构建生态系统碳汇基础支撑体系。推进森林、草原、湿地、土壤等生态系统稳碳增汇示范工程。

（二）生物多样性和生态产品基础信息调查及评估技术和价值实现研究

1. 战略意义

我国坚持和践行"绿水青山就是金山银山"的理念，坚持尊重自然、顺应自然、保护自然，积极推进生态文明建设和生物多样性保护。人民群众对优美生态环境的期待和优质生态产品服务的需求为生物多样性保护提供了有利条件。加快完善政府主导、企业和社会各界参与、市场化运作、可持续的生态产品价值实现路径和价值转化，推进生态产品价值实现，拓展生物多样性保护、生态产品价值实现同乡村振兴有效衔接，以高水平生物多样性保护塑造经济社会高质量发展新动能、新优势，激发生物多样性保护的内生动力具有重要的战略意义。

2. 遴选依据

生物多样性是可持续发展的基础，打造特色鲜明的生态产品区域公用品牌，建立和规范生态产品认证评价标准，构建具有中国特色的生态产品认证体系，建立生态产品价值实现机制，增强生态优势转化为经济优势，不仅可以满足人民群众日益增长的优美生态环境需要，而且有利于推动生产和生活方式的绿色低碳转型，实现生物多样性保护和高质量发展双赢。目前，我国的生物多样性价值实现机制尚未建立，生态产品的基础信息有待完善及评价技术标准化有待加强，生物多样性及生态产品价值进行损益核算和补偿机制有待完善，因此，开展生物多样性和生态产品基础信息普查及价值评估和实现研究非常必要。

3. 主要内涵

开展云贵川渝重点区域生态产品基础信息普查，摸清各类生态产品数量分布、质量等级、功能特点、保护开发利用等本底现状。开展生物多样性价值评估方法研究，建立生态产品价值评价体系标准，探索生物多样性优势向产业优势高质量转化的路径和模式。培育打造区域公用品牌，加强品牌保护和可持续经营，增强区域生态产品品牌影响力。持续完善生态农业、文旅及其他生态服务业态相关的生态产品认证标准，协同减污、降碳目标，加强生态产品的认证、质量追溯和渠道建设，参考国际生态产品认证先进做法，引导生态产品标准化经营和流通。

4. 阶段目标

2030年，生态产品基础信息调查与编目，完成云贵川渝重点区域生态产品目录清单。初步建立生态价值评估技术体系和核算标准。

2035年，开展以生态产品实物量为重点的生态价值核算，形成标准化的生态产品价值评价技术，整理生物多样性友好项目典型案例。

2050年，开展生态产品认证体系标准化建设，搭建具有中国特色的生态产品认证体系。

（三）外来入侵物种与新兴生物技术产品环境释放的监测预警和评估防控技术研究

1. 战略意义

外来物种入侵不仅对自然生态系统造成巨大的破坏以及直接和间接的经济损失，而且对人类生活质量产生负面影响。有效管理和控制外来入侵物种对于保护生态系统健康、维护生物多样性以及保障人类福祉具有重要意义。此外，随着生物技术的发展，基因编辑、转基因、合成生物学等新兴生物技术产品环境释放可能带来风险。因此，开展生物技术产品环境释放的检测、评价、监测及风险防控技术体系研究，防范生物技术产品环境释放对生物多样性及重要野生种质资源的潜在不利影响具有重要的意义。

2. 遴选依据

云贵川渝地区是受外来生物入侵影响较大的地区，如云南深受紫茎泽兰、飞机草、凤眼莲等外来入侵植物的困扰。近年来，草地贪夜蛾肆虐造成玉米等农作物减产。应加强外来入侵物种发生区域和入侵高风险区域监测预警、有害生物风险评估和综合防治等关键技术研发与集成示范应用。

3. 主要内涵

以生物多样性保护优先区域为重点区域，持续开展外来入侵物种识别、普查和监测预警，摸清外来入侵物种种类、分布范围、发生面积和危害程度等情况。加强入侵机制和危害机理研究，分析研判扩散路径和入侵趋势，研发源头防控、路径阻截、生物防治等关键技术，开展综合防控技术试点示范。跟踪监测和评估转基因生物对生物多样性及生态环境的影响，构建环境风险评估指标体系和评估模型，分类识别、预判、分析与评估其环境释放风险。

4. 阶段目标

2030 年，开展云贵川渝重点区域外来入侵物种监测预警及生物多样性影响评估。建立外来入侵物种基础信息数据库，建立外来入侵物种监测预警与生物多样性影响评估技术体系。

2035 年，开展外来入侵物种综合治理研究，建立重要外来入侵物种综合防控治理技术体系，提升生态系统的入侵抵抗力和入侵防控成效的可持续性。

2050 年，完善生物技术产品环境释放的检测、评价、监测及风险防控技术体系，防范生物技术产品环境释放对生物多样性及重要野生种质资源的潜在不利影响。

二、关键性科技问题

（一）云贵川渝生态屏障区特色生物资源开发利用技术研究

1. 战略意义

云贵川渝生态屏障区具有极高的生物多样性，所覆盖区域的乔木、灌木、藤本、草本、附生植物均丰富多样，包括民族药用植物、特色油脂植物、山地特色作物、园林园艺植物及战略资源植物等重要的种质资源，加强西南野生动植物种质资源保护和可持续利用，对国家战略物资需求保障、健康产业和区域特色农业等产业发展具有重大经济潜力与价值。

2. 遴选依据

云贵川渝生态屏障区植物资源是事关国计民生和国防安全的重要战略物资，是特色农业发展的最有力支撑，也是未来作物遗传改良育种的重要基因来源，还是绿水青山转化为金山银山的物质基础和关键环节，目前基础研究仍缺乏系统性，开发利用关键技术尚待突破。

3. 主要内涵

云贵川渝生态屏障区具有丰富的动植物和微生物资源，应开展新作物、新品种、新品系、新遗传材料和作物病虫害发展动态调查研究，加强野生动植物种质资源保护和可持续利用，保障粮食安全和生态安全。提高种质资源品种改良生物技术水平，推进环境、药品等方面替代资源的研发，促进环保、农业、医疗等领域生物资源科技成果转化应用。以产业化开发利用前景明确的西南特色植物资源为研究对象，攻克特色植物资源产业化开发利用的关键技术环节，构建"理论创新－技术集成－产品研发－产业示范"创新链。

4. 阶段目标

2030年，创新特色生物资源开发利用关键技术体系和研究理论。

2035 年，建成特色生物资源开发利用原始创新策源地和国际研究高地。

2050 年，引领特色生物资源开发利用系统科学与可持续发展研究，大力推动国家和区域经济社会发展。

（二）城市生物多样性保护与可持续发展研究

1. 战略意义

城市生物多样性保护与可持续发展是城市经济社会高质量发展的内在要求。城市生物多样性构成地方品质的一个基本方面，提升城市舒适性，有益于城市人群的身体健康、心理健康、社会健康，改善人民群众福祉水平。城市生物多样性保护不仅是保护生物多样性本身，还涉及城市生态系统服务功能的维持和提升。保护和提升城市生物多样性有利于城市生态系统服务供给，对城市生态系统服务功能产生显著影响。城市生物多样性保护与可持续发展研究对于维护城市生态安全、提升城市居民生活质量以及实现人与自然和谐共生具有重要的战略意义。

2. 遴选依据

西南地区不仅拥有丰富的生物多样性，还承载着保障长江上游生态安全、促进区域可持续发展的重要任务。城市生物多样性保护是国际关注的全球环境热点问题之一，城市化对于生物多样性和生态系统服务管理而言既是挑战也是机遇。城市生物多样性保护规划的不足主要体现在重保护而缺乏提升、重局部而缺乏整体视角、重两端而缺乏中观尺度的衔接等方面。生态环境部发布的《中国生物多样性保护战略与行动计划（2023—2030 年）》将城市生物多样性作为其中一个重要内容，明确了生物多样性保护的具体目标和任务，体现了国家层面对城市生物多样性保护的重视。

3. 主要内涵

开展城市生态系统、物种、遗传资源多样性及相关传统知识的调查评估，推动城市生物多样性常态化监测。加强城市和人口密集地区蓝绿空间及生态廊道建设。开展城市生态系统（栖息地）、物种、遗传资源多样性及相关传统知识的调查，及时评估城市生物多样性分布状况及受威胁情况。加强乡土物种在城市生态修复和环境质量改善中的应用。

4. 阶段目标

2030 年，建立城市生物多样性调查、监测、评估、规划和管理等技术规范。推进生物多样性友好型城市建设，将生物多样性融入城市修补、生态修复、智慧化改造及各类示范创建过程，加快推动社会公众生物多样性体验设施建设。

2035 年，引导建立生物多样性就地迁地保护设施及城市绿地、口袋公园等生物多样性体验地。

2050 年，人与自然和谐共生的可持续城市发展模式初步建立，城市和人口密集地区的蓝绿空间面积、质量和连通性大幅提高。

（三）植物迁地保护技术体系与国家植物园建设

1. 战略意义

植物迁地保护是一种重要的生物多样性保护策略，通过将植物从其原生境迁移到人工创造的适宜环境中进行保存，以避免自然灾害或人为因素的威胁。云贵川渝地区已经建立了各级各类植物园，这些植物园在植物迁地保护方面发挥了重要作用。迁地保护也是与国家的生态安全和生物安全密切相关的核心战略资源，对于保护遗传多样性和维持生态系统平衡具有不可替代的作用，是保护生物多样性、维护生态平衡、促进可持续发展的重要手段，也是实现人与自然和谐共生的有效途径。国家植物园体系建设为未来的生态恢复和生物资源的可持续利用奠定基础。

2. 遴选依据

根据国家林业和草原局、住房和城乡建设部、国家发展和改革委员会、自然资源部、中国科学院联合印发的《国家植物园体系布局方案》，成都植物园、中国科学院西双版纳热带植物园、昆明植物园列入14个国家植物园候选园并纳入国家植物园体系布局。

3. 主要内涵

推进国家植物园体系建设，构建由植物园、扩繁与迁地保护研究中心和种质资源库等组成的野生植物迁地保护体系。加强珍稀濒危植物的繁育基地建设和开展野化放归。推进农作物、畜禽、林草、中药材等种质资源收集保存，形成较为完善的珍稀濒危野生动植物迁地保护体系。

4. 阶段目标

2030年，开展各类野生植物迁地保护体系建设成效评估，掌握野生植物迁地保护及野外回归状况，识别保护空缺。

2035年，利用国家植物园等设施，收集和保藏农业种质资源、中药材种质资源。

2050年，形成较为完善的珍稀濒危野生动植物迁地保护体系。

三、基础性科技问题

（一）生物多样性智慧监测预警体系建设

1. 战略意义

云贵川渝地区是生物多样性重点保护地区，应充分依托现有各级各类监测站点和监测样地（线），完善生物多样性监测网络，将生物多样性纳入生态质量监测，提升自然保护地生物多样性监测平台。依托国家生态质量监测网络和全国生物多样性观测网络，整合现有监测基础，合理布局监测站点，分类指导、分期实施，开展生物多样性调查与监测，实现重点区域生态系统、重点物种和重要生物遗传资源定期调查及常态化监测全覆盖，生物多样性调查监测水平得到全面提升。

2. 遴选依据

在气候变化和人类活动双重压力的影响下，完善生物多样性调查监测技术标准体系，推进调查监测工作标准化和规范化尤其迫切。开展国家重点保护野生动物、野生植物资源调查监测，以及农作物和畜禽、水产、林草植物、药用动植物、菌种等种质资源调查，服务于调整并发布国家重点保护野生动植物名录，定期更新生物物种保护名录和野生动物重要栖息地名录。

3. 主要内涵

研究分析现有生物多样性调查空缺并针对性地开展调查，重点开展内陆水域、海岸带和海洋生物多样性调查，以及高等植物、鸟类、哺乳类、两栖爬行类、昆虫等生物物种调查。开展野生生物遗传多样性调查，持续推进农作物、畜禽、水产、林草植物、药用动植物、菌种等种质资源调查。利用物联网、人工智能等信息化技术，研发集数据采集、回传、识别鉴定、应用产出于一体的智慧监测系统，开发生物多样性变化预测预警系统，构建全天候运行、空天地一体的智慧监测预警体系。

4. 阶段目标

2030 年，开展生物物种资源调查，依据调查成果及时编制或更新相关名录。

2035 年，开展农作物、畜禽、水产、林草植物、药用动植物、菌种等种质资源调查，依据调查成果及时编制或更新相关名录。

2050 年，构建全天候运行、空天地一体的智慧监测预警体系，开展生物多样性智慧监测预警试点示范。

（二）生物多样性评估标准体系和定期评估制度建设

1. 战略意义

建立健全生物多样性保护修复成效、生态系统服务功能、物种资源经济价值等评估标准体系，定期开展主要生态系统、重点生物物种及重要生物遗传资源状况评估，开展大型工程建设、资源开发利用、外来物种入侵、生物技术应用、气候变化、环境污染、自然灾害等对生物多样性的影响评价，建立覆盖重要生态系统、重点生物物种及重要生物遗传资源的定期评估制度。

2. 遴选依据

中共中央办公厅、国务院办公厅印发的《关于进一步加强生物多样性保护的意见》明确指出："完善生物多样性评估体系。""开展大型工程建设、资源开发利用、外来物种入侵、生物技术应用、气候变化、环境污染、自然灾害等对生物多样性的影响评价，明确评价方式、内容、程序，提出应对策略。"

3. 主要内涵

开展云贵川渝地区生物多样性状况评估，定期对全国生态系统、重点生物物种及重要生物遗传资源的分布格局、变化趋势、保护现状及存在问题进行评估。针对性开展部分重点区域生物多样性状况及动态评估，评估生态系统质量和功能变化情况、重要生物物种及其栖息地保护成效、退化受损生态系统保护修复成效。围绕重大水利水电工程、交通运输工程、矿产资源开发项目等重大工程环境影响评价工作，开展生物多样性影响评价，并提出针对性的保护和修复措施，助力重大工程高质量建设和生物多样性高水平保护。

4. 阶段目标

2030 年，开展云贵川渝地区生物多样性保护行动和成效评估，发布生物多样性综合评估报告，更新本地区生物多样性红色名录。

2035 年，开展云贵川渝地区生物多样性动态评估和重大工程建设生物多样性影响评估，发布生物多样性综合评估报告，更新本地区生物多样性红色名录。

2050 年，开展云贵川渝生物多样性系统评估，每 5 年发布生物多样性综合评估报告和更新本地区生物多样性红色名录。

（三）生物多样性履约支撑技术体系和国际合作交流平台建设

1. 战略意义

强化国际公约履约支撑，参与相关国际治理机制和规则制定与实施，积极参与相关国际标准制定。深度参与生物多样性和生态系统服务政府间科学政策平台（The Intergovernmental Science-Policy Platform on Biodiversity and Ecosystem Services，IPBES）评估进程，提升生物多样性科学评估能力。借助"一带一路"双多边平台，加强生物多样性保护与绿色发展领域对话合作，以及知识、信息、科技交流和成果共享，切实支持发展中国家生物多样性保护。

2. 遴选依据

发挥《生物多样性公约》第十五次缔约方大会主席国影响力，做好国际国内工作统筹协调，按时高质量提交国家履约报告，参与制定"昆明—蒙特利尔全球生物多样性框架"监测指标体系，推动"昆明—蒙特利尔全球生物多样性框架"在国际、国内的落地实施。

3. 主要内涵

做好国际国内工作统筹协调。积极参加生物多样性相关国际公约谈判和标准制定，促进生物多样性相关国际条约和文书的协同增效。联合相关国家和国际组织，聚焦生物多样性前沿热点问题，开展科学研究、技术交流和人才培养等，持续深度参与全球生物多样性治理进程，生物多样性国际履约与合作水平不断提高。

4. 阶段目标

2030 年，参与生物多样性国际论坛，搭建全球生物多样性治理政策对话与交流平台，推动"昆明—蒙特利尔全球生物多样性框架"在全球的落实。

2035 年，积极参与昆明生物多样性基金项目的申请，加强生物多样性国际人才培养和对话合作。

2050 年，发挥"一带一路"绿色发展国际联盟、中国环境与发展国际合作委员会等平台的作用。推动加强与发展中国家在试点示范、能力建设、生物安全等领域的合作。

第五节 科技任务组织实施

一、与国家任务计划相衔接

（一）与《中国生物多样性保护战略与行动计划（2023—2030 年）》衔接

加强生物多样性就地保护。全面建设以国家公园为主体、自然保护区为基础、自然公园为补充的自然保护地体系，优化自然保护地布局，高质量建设国家公园，提升重要生态系统、野生动植物及其重要栖息地（原生境）保护水平，全面提升自然保护地资源保护管理水平和生态服务质量。到 2030 年，至少 30% 的陆地、内陆水域、沿海和海洋区域得到有效保护和管理，自然保护地面积占陆域国土面积的 18% 左右，国家重点保护陆生野生动物和陆生野生植物种数保护率均达到 80% 左右。

加强生物多样性迁地保护。稳步推进国家植物园体系建设，构建由国家植物园、植物园、扩繁与迁地保护研究中心和种质资源库等组成的野生植物迁地保护体系。形成较为完善的野生动物收容救护体系，加强珍稀濒危物种种源繁育基地建设，有序开展野化放归，建设国家野生动物遗传资源基因库。到 2030 年，形成较为完善的珍稀濒危野生动植物迁地保护体系。

加强生物多样性调查监测。完善生物多样性调查监测技术标准体系，推进调查监测工作标准化和规范化。统筹衔接各类资源调查监测工作，加强生态保护红线监测，全面推进生物多样性保护优先区域和黄河重点生态区、长江重点生态区、京津冀、近岸海域等重点区域生态系统、重点生物物种及重要生物遗传资源调查。充分依托现有各级各类监测站点和监测样地（线），完善生物多样性监测网络，将生物多样性纳入生态质量监测，提升自然保护地生物多样性监测平台。及时调整并发布国家重点保护野生动植物名录，定期更新生物物种及生物遗传资源名录，确定并发布野生动物重要栖息地名录。到 2030 年，基本实现重点区域生态系统、重点物种和重要生物遗传资源定期调查和常态化监测全覆盖，生物多样性调查监测水平得到全面提升。

加强生物多样性评估。建立健全生物多样性保护修复成效、生态系统服务功能、物种资源经济价值等评估标准体系。定期开展全国生态系统、重点生物物种及重要生物遗传资源状况评估，每 5 年发布全国生物多样性综合评估报告，更新《中国生物多样性红色名录》。关注重大政策对生物多样性的影响，开展大型工程建设、资源开发利用、外来物种入侵、生物技术应用、气候变化、环境污染、自然灾害等对生物多样性的影响评价。到 2030 年，形成较完善的生物多样性评估标准体系，基本建立覆盖重要生态系统、重点生物物种及重要生物遗传资源的定期评估制度。

（二）与《全国重要生态系统保护和修复重大工程总体规划（2021—2035 年）》衔接

牢固树立"共抓大保护、不搞大开发"的理念，以推动亚热带森林、河湖、湿地生态系统的综合整治和自然恢复为导向，立足川滇森林及生物多样性生态功能区等6个国家重点生态功能区，加强森林、河湖、湿地生态系统保护，继续实施天然林保护、退耕退牧还林还草、退田（圩）还湖还湿、矿山生态修复、土地综合整治，大力开展森林质量精准提升、河湖和湿地修复、石漠化综合治理等，切实加强大熊猫、江豚等珍稀濒危野生动植物及其栖息地保护恢复，进一步增强区域水源涵养、水土保持等生态功能，逐步提升河湖、湿地生态系统稳定性和生态服务功能，加快打造长江绿色生态廊道。

二、中国科学院科技任务的组织实施

优化中国科学院科技任务计划布局。中国科学院是西南山地生物多样性研究的主力军，在生物多样性调查编目、国家公园和自然保护区建设以及生物资源利用等领域具有良好的基础。中国科学院科技任务计划布局要紧扣国家重大需求和地方发展规划，如生态安全屏障优化、国家公园建设、生态保护和修复重大工程实施等，整合全院相关科技力量开展多学科联合攻关和大协作。建议中国科学院针对西南生物多样性保护、生态安全屏障建设组织战略性先导科技专项，在生物多样性保护和生态文明建设方面取得重大突破。已经建立的中国森林生物多样性监测网络（Chinese Forest Biodiversity Monitoring Network，CForBio）和中国生物多样性监测网络（China Biodiversity Observing Network，China BON）等系统性网络，在动植物和微生物监测方面发挥了重要作用。开展珍稀濒危物种保护研究，在极小种群野生植物保护方面取得更多的研究成果。发挥好生物资源库馆的作用，整合生物标本、植物资源、生物遗传资源及生物多样性监测网络资源，形成完整的数据系统。积极拓展国际合作，通过建设海外科教融合中心，如东南亚生物多样性研究中心等，推动区域人才培养和生物多样性保护。加强与地方和企业的合作，推动科技成果的转移转化，服务国民经济主战场。

三、云贵川渝四省份任务组织实施

（一）云南重要自然保护地建设及野生动植物保护重大工程

（1）加强国家公园建设。积极开展若尔盖、高黎贡山、亚洲象、梵净山等国家公园创建。规范开展国家公园资源调查、评估及有关规划编制，科学优化国家公园范围及功能区，开展勘界立标，建立健全管理机构，完善基础设施，开展自然生态保护、生态修复、科研监测和科普宣教。实施必要的自然生态系统及重要物种栖息地修复，让自然资源可持续利用。

（2）加强自然保护区建设管理。开展自然保护区综合科学考察、生物多样性野外监测等工作，进一步健全自然保护区管理机构和管理体制、机制，配套建设布局合理、功能完备、生态友好的基础设施，科学规范地开展资源保护、科研监测、科普宣教等。推进白马雪山、苍山洱海等国家级自然保护区建设。实施必要的自然生态系统及重要物种栖息地修复，连通生态廊道，进一步强化自然资源和生物多样性的保护管理。

（3）加强濒危野生动植物保护。进一步开展濒危野生动植物调查，完善监测体系；依托自然保护地，重点实施对亚洲象、长臂猿、金丝猴、野牛、绿孔雀、苏铁、华盖木、望天树、大树杜鹃等重点保护野生动植物及极小种群物种的就地拯救性保护。强化科学研究和野生动物疫源疫病监测防控。因地制宜建立珍稀濒危及特有植物近地保护园区和迁地保护植物园、树木园。建设一批野生动物收容救护站等重要野生动物保护基地，配备必要的基础设施和仪器设备，合理配置科研技术队伍。

（二）贵州重要自然保护地建设及野生动植物保护重大工程

（1）武陵山生物多样性保护工程。以梵净山及周边区域为核心，开展低效林改造、退化林修复、森林抚育以及水土流失综合治理。对乌江干流及主要支流开展河岸线保护修复。对飞龙湖、鸳鸯湖、白鹭湖等重要湿地开展保护修复。在梵净山、佛顶山、宽阔水、麻阳河等自然保护区及其周边开展动植物栖息地和生态廊道保护修复，重点保护修复黑叶猴、黔金丝猴、林麝、黄杉、鹅掌楸等珍稀动植物的生境。

（2）沅江源生物多样性保护工程。以雷公山及周边区域、清水江干流流域为核心，开展低效林改造、退化林修复、森林抚育和水土流失综合治理，围绕区内的南岭生物多样性保护优先带开展珍稀动植物栖息地及生态廊道保护修复。

（3）都柳江生物多样性保护工程。重点在黔南州荔波县、三都县，以及黔东南州黎平县、从江县、榕江县等地区，开展低效林改造、退化林修复、森林抚育和水土流失综合治理。针对茂兰自然保护区喀斯特森林生态系统等重点区域开展珍稀动植物栖息地及生态廊道保护修复。

（4）赤水河生态廊道保护区建设。以增强生物多样性保护、石漠化防治，提升生态廊道连通性、国土绿化面积和森林质量，全面修复区内矿山生态环境为目标，加强流域水生态治理，大力保护达氏鲟、胭脂鱼等珍稀动物，强化外来物种管控，有效治理外来有害物种入侵，维护区域水生物种多样性，改善流域水域网络的系统性、整体性和连通性。

（三）四川重要自然保护地建设及野生动植物保护重大工程

（1）雅砻江中上游高原湿地与高山生物多样性保护工程。加强草原保护、沙化治理和鼠虫害防治，恢复草原植被。在长沙贡玛、格西沟、牟尼芒起山、鸭咀地，保护猫科动物、白唇鹿、黑颈鹤、藏野驴、狼、藏狐等野生动物栖息地，对高原湖泊湿地进行保护与修复，有效恢复湿地生态功能。

（2）岷山—大渡河流域生物多样性保护工程。在龙门山、邛崃山，保护大熊猫、牛羚、林麝等野生动物栖息地，加强生态廊道建设。在川西北大草原、松潘草原、龙灯草原和大雪山、邛崃山、龙门山等地的高山草甸，加强草原生态保护。

（3）金沙江中下游—大凉山生物多样性保护工程。加强大熊猫栖息地保护和生态廊道恢复，保护大熊猫、川金丝猴、大灵猫、四川山鹧鸪、绿尾虹雉、雉鹑、灰林鸮、白琵鹭、鸳鸯、攀枝花苏铁、澜沧黄杉、丽江铁杉、大王杜鹃、银叶桂等国家保护动植物的栖息地。

（4）黄河上游若尔盖湿地保护工程。本区域位于横断山区若尔盖湿地，是典型的高寒沼泽湿地生态系统、全国高原草地湿地代表区。全面保护黑颈鹤、东方白鹳、狼等珍稀动物栖息地，连通生态廊道，维护生物多样性。在若尔盖湿地恢复萎缩水域和自然植被，全面推行草原禁牧、休牧、轮牧，加大沙化草地治理力度，加强源头退化草地恢复，提高草原植被恢复能力。

（5）大巴山生物多样性保护工程。重点保护斑尾榛鸡、绿尾虹雉、花面狸、大鲵、林麝、毛冠鹿、岩羊、天师栗云豹、金雕以及水青冈、崖柏、香果树、白皮松等重点保护动植物栖息地，修复受损生境，构建生态网络。

（四）重庆重要自然保护地建设及野生动植物保护重大工程

（1）长江水生动物及栖息地保护工程。推进非保护区野生动植物保护工程，摸清鱼类产卵场、索饵场、越冬场"三场"，运用视频监控、电子围栏、构建大数据云平台等现代技术对鱼类"三场"进行虚拟封闭式保护，恢复水生生物通道及候鸟迁徙通道，实施大鲵等具有重要意义的

123

珍稀物种小种群野外构建或重建，开展圆口铜鱼、长鳍吻鮈、中华金沙鳅等具有重要生态价值的长江上游特有鱼类抢救性移养驯化及人工繁殖试验研究。

（2）大巴山区生物多样性保护工程。推进生物多样性保护网络建设工程。加大珍稀濒危野生动植物及其栖息地保护，连通和拓展生态廊道，形成生态廊道网络体系。加强崖柏等极小种群野生植物就地保护，努力提升极危种群规模数量。

（3）武陵山区珍稀濒危动植物栖息地保护工程。保护和拓展生态廊道，推进非保护区野生动植物保护工程，修复遭到破坏或退化的江河鱼类产卵场。加强银杉、南川木菠萝、金佛山兰、南川茶等极小种群就地保护，着力提升濒危种群规模数量。加强崖柏等8种野生植物极小种群重要栖息地保护修复，开展就地保护、迁地保护、种质资源保存、人工扩繁、野外回归，促进野外种群复壮，连通生态廊道。建设野生动物救护场所、繁育基地，以及国家重点保护野生动植物基因保存设施。建立健全野生动植物科研监测、野生动物疫源疫病监测防控体系，建设野生动植物基础数据库。

四、国家及地方科技力量协同

云贵川渝地区能够充分发挥国家和地方科技力量的协同效应，共同推进生物多样性保护工作。国家和地方共建重点实验室，致力于特色生物资源的保护、开发和可持续利用研究跨组建区域协作机制，建立联动协作机制以强化生物多样性保护和工作协同。依托高校、科研院所的专业优势，推动科技成果转化。开展生物多样性本底调查，构建生物多样性观测网络，健全评估体系，并推进信息化建设，利用大数据、卫星遥感等新技术进行监测。加大保护修复力度，提升森林、草甸、河流、湿地等生态系统质量和稳定性。落实就地保护体系，推进濒危特有植物和动物的保护工作，建设生态廊道，修复关键栖息地。加强生物技术环境安全监测管理，提升生物安全管理水平。积极参与国际合作，争取支持，加强宣传教育，完善社会参与机制，鼓励公民和社会组织参与生物多样性保护。

第五章
云贵川渝生态屏障区生态系统保护修复

第一节 科技支撑总体要求

近年来，国际和国内对生态系统保护和修复高度关注，对科技支撑我国西部生态屏障建设提出了新的要求。国际上，《生态系统恢复十年计划（2021—2030）》发布实施，《联合国防治荒漠化公约》《生物多样性公约》《联合国气候变化框架公约》等相关国际公约的履约责任等都要求我国在生态系统保护和修复领域进一步加大科技投入和科技支撑。在国内，生态保护和高质量发展成为国家和区域发展中的重大战略，《全国重要生态系统保护和修复重大工程总体规划（2021—2035年）》《青藏高原生态屏障区生态保护和修复重大工程建设规划（2021—2035年）》等一系列相关规划陆续发布实施，明确了在"十四五"时期"生态安全屏障更加牢固"、到2035年实现生态环境根本好转的目标。

云贵川渝生态屏障是我国生态系统保护和修复的战略优先区。面对国内外的新形势和重大机遇，需要以习近平新时代中国特色社会主义思想为指导，深入贯彻习近平生态文明思想，牢固树立绿色发展理念，按照节约优先、保护优先、自然恢复为主的方针，以提高生态系统质量和功能为核心，以解决云贵川渝区域突出生态问题为重点，以坚持面向国家重大需求、坚持创新驱动、坚持开放合作为原则，研究云贵川渝地区生态安全与生态保护恢复的科技需求，科学布局科技支撑云贵川渝地区生态屏障建设的战略体系，提出战略性、关键性、基础性科技问题，部署云贵川渝生态屏障建设的战略任务，持续提升科技支撑能力，为服务国家重大决策，构筑国家生态安全屏障，以及中华民族可持续发展和长治久安履行国家科技力量职责。

第二节 科技支撑阶段目标

一、2030年（近期）目标

以提升西部地区生态系统质量、保障区域生态安全、提升优质生态产品供给能力为目标，重点揭示云贵川渝生态屏障区典型生态系统生态功能的维持机制及其对全球气候变化的响应，研究各类生态系统多功能提升机制及其应用技术，研发碳汇调控与科学管理技术；阐明区域、景观尺度和生态界面上的生态要素流动、变化规律与调控机制，揭示生态系统服务流和网络；开展"公园城市"建设技术研究，解决城市－乡村协同保护与治理难题；系统评估区域生态工程和自然保护地的保护修复成效，升级生态保护恢复监测技术、网络和平台，构建智慧保护地网络体系。

二、2035年（中期）目标

以全面提升生态系统质量、增强生态产品的供给能力为目标，重点研发和集成生态屏障区山水林田湖草沙石（漠化区域）矿（山）一体化修复技术，初步实现国土空间优化；突破生态屏障建设理论和技术，在区域尺度共建共享生态屏障，大幅提升本区域对下游和全国的生态屏障的贡献度和服务水平；建立区域特色的生态产品价值实现和转化典型案例，科学应用生态系统服务价值评价，完善和实施科学的生态补偿机制。

三、2050年（远期）目标

以实现云贵川渝地区人与自然和谐相处、生态安全得到有效保障为目标，重点结合基因编辑、人工智能、大数据等先进技术手段，探索生态保护修复领域的颠覆性技术；从根本上破解保护与发展矛盾的困局，实现川滇生态屏障区可持续发展；完全实现"绿水青山就是金山银山"的理念，在西南山地广袤土地上实践生态产品价值的转化；与世界共享"人与自然和谐共生"的理念和智慧，为全球可持续发展提供优质和可借鉴的中国方案。

第三节 科技支撑战略布局体系

一、科技管理体制

（一）创新组织实施机制

加强科技部门、行业部门与地方的协同，探索实施生态环境科技创新任务部署与国家重点区域/重大工程建设、生态环境管理与产业发展政策多方联动机制。构建科技项目责任机制，由科技主管部门与行业主管部门、地方政府、示范企业、研发单位等签订多方协议，各负其责协同发力，实现重大生态环境问题的技术解决方案、示范工程、生态环境标准、技术推广政策、产业培育一体化突破。改进科技项目组织管理方式，征集有意愿、有条件的地方政府和骨干企业作为工程建设组织和依托单位，采取"揭榜挂帅"等方式激发创新活力，遴选有实力、有优势的研发单位，通过国家重点研发计划、国家"科技创新2030—重大项目"等予以分批支持。

（二）构建绿色技术创新体系

加快构建以企业为主体、以市场为导向的绿色技术创新体系，营造"产学研金介"深度融合、成果转化顺畅的生态环境技术创新环境。发展一批由骨干企业主导、多主体共同参与的专业绿色技术创新战略联盟，构建跨学科、开放式、引领性的绿色技术创新基地平台和智库服务中心。加快发展绿色技术银行，促进绿色技术创新成果与金融服务、人才支持的贯通发展，形成承接变革性绿色技术产业创新、成果落地转化和国际转移的综合运作服务体系，加快试点示范并全面推广面向首台（套）重大技术装备的保险补偿、税收优惠等支持政策。完善重点领域绿色技术标准，推进绿色技术创新评价和认证，强化产品全寿命周期绿色管理。鼓励企业实施期权、技术入股，完善科技成果知识产权、投融资、激励及风险机制，加快推进技术成果的产业化进程。

（三）加强基地平台建设和人才培养

面向重点区域和流域生态环境保护与生态安全的重大国家需求，进一步整合当前生态安全及生态系统保护和修复领域重要团队和顶尖科学家，发挥生态环境领域全国重点实验室、国家技术创新中心、生态监测研究台站网络作用，开展长期稳定连续观测、试验研究性科技示范，推动科学数据中心和信息共享平台建设发展。加大对多学科交叉的高层次科技人才、创新团队、技术经理人队伍的培养和支持力度，形成支撑国家重大需求、具有全球视野和国际水平的生态环境领域战略科学家、高水平创新团队、青年科学家和技术经理人队伍。

（四）完善多元科技投入机制

完善资金投入结构，拓宽生态环境领域科技融资渠道。充分发挥中央财政科技资金的引导作用，通过财政直接投入、税收优惠等多种财政投入方式，引导金融机构加大支持创新的力度，激励企业增加生态环境科技研发经费支撑，鼓励社会以捐赠和建立基金等方式多渠道投入，形成政府、市场、社会协同联动的科技稳定投入新机制。加大对生态环境领域冷门学科、基础学科和交叉学科的长期稳定支持，加强基础研究投入，注重提升生态环境科技原始创新能力。建立对非共识的探索性风险资助机制，增加企业资金、风险基金、金融投资等资本对本领域发展的投资渠道。

（五）深化生态环境国际科技合作

加强国际双多边科技合作与人才交流，开展应对气候变化、区域生态环境污染治理等研究合作，积极构建与国际接轨的技术标准体系；推进中欧气候变化与生物多样性旗舰计划等国际合作计划。开展可持续发展南南合作，营造良好合作环境，多角度谋划开展科技合作，打造"一带一路"创新共同体，加强创新成果共享。

二、重点领域方向

（一）生物多样性保护与物种起源演化

第一，生物多样性保护空缺与关键生态系统服务评估，开展云贵川渝地区生物多样性和关键生态系统保护空缺研究，以及针对就地保护的基础、保护成效开展系统研究。第二，开展云贵川渝地区特有生物种质资源保藏及种群恢复研究。以生物多样性基因库和种质资源库为基础，开展云贵川渝地区生物多样性和生态安全研究，创新云贵川渝地区特有生物种质资源保存及种群恢复机理与技术。第三，开展区域生物多样性与生态系统功能和服务研究。研究生物多样性与生态系统功能关系及其内在机制，提升生态系统功能和保护生物多样性。第四，分析全球气候变化对云贵川渝地区生物多样性的影响和应对。深入研究云贵川渝生态屏障各个生态系统功能与全球气候变化之间的关系和适应性变化。第五，外来物种基础生物学研究及防控技术研究。加强对外来物种基础生物学和防控技术（如生物防控、生态防控、化学防控、物理防控的机理）的研究，提高区域生态安全的防控、预警水平。

（二）建设生物多样性和矿产资源调查监测系统及大数据平台

第一，云贵川渝地区生态系统与野生动植物本底调查与监测。围绕空天地一体化调查与监测体系的构建，开展生态问题与生态风险的监测与预警技术、生态保护修复工程的成效评估等研究。第二，云贵川渝生态屏障区生态保护修复大数据建设研究。开展以大数据、人工智能为基础，涵盖生态系统、野生动植物物种、遗传基因等不同层次，社会－经济－自然耦合的大数据平台研究。第三，云贵川渝地区生物多样性本底调查。开展重要栖息地等生物多样性保护状况调查、监测、评估并建立相关的名录，依据地理地形等特点开展生物多样性的跨区域整体性保护和调查。第四，生物多样性监测体系和大数据共享平台建设。开展生物多样性调查监测技术标准体系研究，构建西南山地森林碳汇功能的联网观测平台，组建生物多样性大数据共享平台。

（三）生态系统保护与修复领域

第一，在生态系统保护与修复方面，主要研究物种濒危机制，以及生境退化和驱动因素等。开展生物多样性保护与自然保护地体系构建技术研究，重点研究自然生态系统和物种的濒危机制与保护恢复技术、野生生物种质和遗传资源评估与保存技术、外来入侵生物的入侵机制与风险防控技术，进一步推进国家公园建设。第二，针对特定地区的生态系统保护与修复研究。一是在青藏高原特定区域，重点开展对动植物微生物多样性调查和种质资源收集保存等研究；二是在云贵川渝特定区域，开展西南山地生物入侵机制和有害生物防控关键技术研究；三是在云贵川渝特定区域，开展绿色矿山规划体系和绿色矿山标准体系研究，完善生态环境补偿机制。第三，河湖水生态修复与水环境持续优化及其保障体系研究。开展流域尺度水－粮食－能源－生态间水资源优化利用布局研究，强化西南生态屏障区水源涵养功能维持和提升的基础研究，开展岩溶地区和干热河谷水资源高效利用科技研发，创新重点河湖水生态修复与水环境治理的技术和管理体系。

三、重点任务计划

（一）战略性重大科技任务

（1）高环境梯度下水土环境演化规律与流域生态系统健康维持机制。系统研究坡面土壤－水分－植物－岩石多界面过程与驱动机制，科学认识水源涵养、水体自净等生态功能对气候变化、生态与水利工程的响应机制，以及流域性山地灾害形成演化成灾规律，建立生态水文－径流泥沙－污染物迁移转化耦合模型，突破泥沙与污染物源头减控、过程阻截、末端消纳的全过程流域控制关键技术。

（2）喀斯特山地生态对气候变化的响应适应机制与生态屏障建设情景预测。发展喀斯特系统科学理论，从水－岩－土－气－生－人等多层圈相互作用角度开展喀斯特关键带生态水文过程研究，揭示我国岩石风化碳汇过程及其驱动机制，建立岩溶碳汇的时空计量技术，阐明喀斯特人地系统耦合机理，攻克喀斯特地区水、土和生态安全以及可持续发展的关键核心技术。

（3）西南山地环境变化机理与脆弱生态修复关键技术。系统研究西南山地环境演化过程与机理，典型生态系统的演替规律与健康诊断，并开展退化山地生态系统恢复与重建、生物多样性保护等关键技术的研发与试验示范。

（二）关键性科技任务

（1）西南脆弱山地生态系统服务"源－汇－终"的碳传输机制与应对气候变化的生态保育关键技术。以西南脆弱山地生态系统服务"源－汇－终"的碳传输机制为基础，研发基于供需匹配的西南山地生态屏障建设关键区域及传输网络的动态识别技术，从生物多样性与生态系统服务的相互作用角度及山地"植物－土壤－岩石"碳汇机制开展关键网络节点的山水林田湖草沙一体化的修复过程研究。

（2）西南山地大气－土壤－植物－水体－岩石复杂界面过程与生态系统演化机理。研究西南山地岩性土的关键界面过程、功能与适应机制；突破大气－土壤－植物－水体－岩石界面过程的物质、能量传输过程、机制与建模。

（3）成渝大型城市群水环境安全与绿色发展协同保障技术。系统解析典型污染物、新污染物的来源与行为，揭示"生产、生活、生态"空间格局、人地关系与功能提升机理，突破农村－城市绿色发展与环境安全协同保障机制与关键技术。

（4）若尔盖高原泥炭地碳汇功能及调控技术体系。研究关键生态因子对泥炭地碳汇功能的作用机制，研究碳循环关键过程对气候变化的响应特征，揭示高原泥炭地碳汇机制及源汇转换的驱动机理，研发退化泥炭地碳汇与生态系统多功能恢复提升技术体系。

（5）云贵川渝生态屏障区环境污染防治。开展岩－土－水－生等过程污染物运移规律与调控技术等任务研究，开展高地质背景区重金属风险评估、污染成因与防控技术体系研究，开展喀斯特水－岩相互作用及污染物输移规律、污染物模型和监测体系等研究。

（6）重点河湖水生态修复与水环境持续优化及其保障体系。开展水生态系统健康胁迫机制及完整性要素修复研究，分析重点流域和湖泊水环境持续优化技术体系与保障机制，创新典型流域水电梯级开发的水生态修复与复杂河－库系统水环境协同管理。

（7）西南山地生物入侵机制和有害生物防控关键技术研究。研究外来物种的入侵机制，研发外来入侵物种防控的新技术，科学、有效地防控生态屏障区的外来物种入侵。

（三）基础性科技任务

（1）生态屏障区综合观测－监测－预警平台网络建设。构建空天地一体化和高精度智能化的水系统综合观测网络，搭建山区流域水灾害与水环境综合监测与预警平台，以及西南山区水涵养保护与水灾害防治综合观测研究站网。开展西南诸河水生态系统调查，建设干热河谷水－生态－经济协调发展研究站。

（2）生物多样性监测体系和大数据共享平台建设。开展整个区域典型区的顶层设计、系统构建和长期监测，掌握本区域生物多样性和生态系统的动态变化信息，监测西南山地森林生态系统如何对气候变化进行响应和适应，评估未来气候变化情景下西南山地森林碳汇格局的变化趋势。

四、科技力量组织

（一）优化科技人员配置，做大做强科研中坚力量

围绕科技支撑云贵川渝生态屏障建设任务，以重点实验室为平台，

通过制定优惠政策，吸引国内外知名科研人员加入云贵川渝生态屏障建设相关的重点实验室；并与高校、科研院所合作，建立云贵川渝生态屏障建设领域的"双聘制"，引进高水平科研团队。同时，设立定期培训计划，包括技术培训、学术交流等，提高本地科研人员的专业水平和创新能力；建立导师制度，为青年科研人员提供导师指导，加速其成长，为云贵川渝生态屏障建设储备青年科研后备军。此外，鼓励不同学科领域的科研人员开展跨学科合作，促进多学科交叉融合，提升生态环境保护技术的整体水平；建立跨部门、跨地区的合作机制，共同应对云贵川渝生态屏障建设的挑战。

（二）建立科技资金使用体制，充分激发科研人员的创造力与积极性

习近平总书记指出："要拿出更大的勇气推动科技管理职能转变，按照抓战略、抓改革、抓规划、抓服务的定位，转变作风，提升能力，减少分钱、分物、定项目等直接干预，强化规划政策引导，给予科研单位更多自主权，赋予科学家更大技术路线决定权和经费使用权，让科研单位和科研人员从繁琐、不必要的体制机制束缚中解放出来。"（习近平，2021b）云贵川渝生态屏障建设目标实现过程中，人是创新中最具决定性的因素，要建立"以人为本"的科技资金使用体制，坚持让科研经费"为人所用"，实现科技资金高效利用，充分激发和释放科研人员创造力与积极性，为科研人员在云贵川渝生态屏障建设研究中注入强大活力。

五、科技资源布置

（一）构建科学设备共享平台，加强设备运维与更新

构建云贵川渝生态屏障建设研究所需的科学装备设施共享平台，促进科学设备资源的高效利用；建立设备共享机制，鼓励云贵川渝生态屏

障建设相关高校、研究所等科研单位之间相互借用设备，提高效率，降低成本。同时，建立科学设备使用管理体制，定期对科学装备设施进行更新和升级，确保设备设施的技术水平和运行效率；并建立设备维护保养制度，确保设备长期稳定运行。

（二）增设科技资源整合平台，促进"人–财–物"有效交流

推进科技资源的整合与共享是优化科技资源配置的重要举措。云贵川渝生态屏障区建设研究任务需要大量的人力、财力、物力，考虑到国家地方财力，要保障各个任务工作实施过程中精准对接，确保"好钢用到刀刃上"，因此，建立"人力–财力–物力"科技资源信息共享平台，集中展示各地区、各机构的科技资源信息，方便科研人员在云贵川渝生态屏障建设工作中科技资源对接和共享，大力提高科技资源的利用效率；在此过程中，提供在线资源查询与申请功能，建立资源对接机制，促进资源间的有效对接与合作，简化资源获取流程。

通过以上方案的实施，可以实现科技资源的高效利用和共享，推动云贵川渝生态屏障区建设保护和修复工作取得更加显著的成效。同时，也为地区的可持续发展提供了有力支撑，促进经济社会的全面发展。

六、监测平台体系

围绕云贵川渝生态屏障建设的科学数据支撑需求，加强顶层设计，对已建、新建和拟建监测观测站点进行总体统筹。建立和完善区域内生态标准化监测体系，建立长期定位监测站和网点，实施长期和跨区域监测，搭建生态监测综合资源信息管理平台，及时了解生态质量、生物多样性和生物资源动态变化态势，为西南地区生态屏障建设决策和生物保护利用提供科学依据。具体工作任务如下。

（1）优化监测站点总体布局，形成西南地区生态监测"一张网"。聚焦国家最新重大战略需求，以西南地区中国科学院系统生态监测站为核心，各区县和国家各级自然保护地的生态环境、林业草原等行业监测站为骨架，构建央地融合、部门协同的西南地区生态监测"一张网"。梳理各行业领域已建的生态、生物多样性和生物资源监测站点，对生态屏障建设中的关键空白和薄弱区域进行精准识别，重点优化和加强长江经济带、黄河流域以及成渝地区双城经济圈等重大战略区域监测布局，新建一批生态走廊、高寒湿地、河岸带、城市森林等具有重要生态价值的生态监测站点。

（2）整合行业力量，建立监测技术标准体系和数据共享机制。以西南生态重要区、脆弱区、敏感区，生物多样性富集区和重要城市圈等为代表，细化和更新生态状况、生物多样性和生物资源的监测标准规范，发挥部属单位、科研院所、省级监测机构技术优势和专家智库作用，组织开展监测标准化研究，强化重点急需领域监测标准体系建设，系统指导监测工作的科学开展。建立健全监测部门合作及信息共享机制，加强数据汇交的规范化，满足大数据关联分析和深度挖掘需求，搭建生态监测大数据平台，通过公开发布、系统查询、数据接口等多样化方式，提高监测数据的共享共用。

（3）提升能力建设，加快新技术在监测中的应用。持续做好自然保护地、生态保护红线等重要生态空间监测人员的能力培养和人才引进工作，提高房屋场地、设施设备等基础硬件水平。加快人工智能、区块链、物联网等符合新质生产力发展要求的新技术充分应用，有序对各监测站点进行智能化改造，努力实现西南地区监测数据采集、传输、处理、分析及应用支撑基本实现全链条流程化。结合传统的生物多样性监测，探索和逐步普及高分辨率卫星遥感、无人机低空成像、eDNA、物种智能判别等新技术的应用，建立"天地人"一体的多维生态监测网络。

第四节 科技战略问题

一、战略性重大科技问题

（一）长江上游森林生态工程气候效应及其适应全球气候变化对策

1. 战略意义

长江上游是我国长江经济带和西部大开发的主战场，在国家和区域生态安全格局中具有重要地位。1998 年率先在长江上游实施的天然林保护工程和退耕还林工程（简称"森林生态工程"），对于遏制长江上游生态环境恶化，促进区域生态环境持续改善起到了重要作用，带来了良好的生态和社会效益。

2. 遴选依据

长江上游是森林生态工程的主体区，是国家生态安全屏障功能核心区域之一。森林生态工程启动 20 余年来，有效促进了区域生态环境持续改善，为长江上游乃至全国的生态安全筑起了绿色屏障。近年来，关于森林生态工程实施后森林资源、水源涵养、水土保持等的效果开展较多研究，而针对该区域内森林生态工程的气候效应及其应对全球气候变化对策方面缺乏专项研究，使得在"号脉长江"、把脉开方诊治"长江病"时，难以追根溯源、找准病根。亟待加强长江上游森林生态工程气候效应评估、预测及其在应对全球气候变化时的适应性管理对策的系统性和整体性研究。

3. 主要内涵

长江上游具有独特的生态战略地位，对国家生态安全格局构筑具有重要意义。面向国家保护长江和全国生态文明建设的重大需求，以服务"生态优先、绿色发展"为核心发展理念，以长江上游重大森林生态工程为典型案例，系统性开展工程实施的气候效应评估预测，从森林植被及其依附的社区生计等方面研究适应性对策，为"号脉长江"、诊治"长江病"提供基础数据，并对于诠释"绿水青山就是金山银山"理念与实现路径具有重要意义。

4. 阶段目标

2030 年，厘清长江上游 20 年来森林植被时空变化与演替进程，阐明森林生态工程和退耕还林工程所驱动的碳源/汇、区域气候、水文过程等气候效应。

2035 年，预测森林格局、气候特征等在未来 30 年的变化；辨识气候效应敏感区和固碳潜力优先区。

2050 年，揭示森林变化带来的山区生计韧性及适应能力变化，从森林和生计视角提出应对全球气候变化的适应性管理对策。

（二）云贵川渝生态屏障区自然保护地保护成效评估

1. 战略意义

云贵川渝生态屏障区地跨青藏高原、云贵高原、横断山区、川中丘陵和盆地等几大地貌单元。自然保护地在重要自然生态系统、自然景观、自然遗产和生物多样性保护中发挥着至关重要的作用。经过 60 多年的努力，我国已建立了数量众多、类型丰富、功能多样的各级各类自然保护地，保护建设取得明显成效。然而，目前云贵川渝生态屏障区内保护地体系存在不同类型保护地空间重叠、保护地连通性差等问题，使得区域内的自然保护地未能发挥最优化功能。

2. 遴选依据

保护地是生态建设的核心载体。党中央、国务院高度重视国家公园等自然保护地建设和野生动植物保护工作。自党的十八大以来，习近平总书记多次对建立以国家公园为主体的自然保护地体系、保护野生动植物作出重要指示批示。目前，我国以国家公园为主体的自然保护地体系建设已进入高质量发展阶段。云贵川渝生态屏障区内生物多样性丰富，是大熊猫的主要栖息地，区域内建设有大熊猫国家公园等重要保护地。近年来，依托大熊猫国家公园建设，四川盆地西缘的部分保护区得到有效整合，大熊猫国家公园在加强大熊猫及其"伞护"的生物多样性和典型生态脆弱区整体保护，打造国家重要生态屏障，维护国土生态安全等方面具有突出贡献；然而，由于经济发展、自然环境变化、人为干扰加剧等因素，云贵川渝生态屏障区内的保护地保护成效缺乏专项研究，难以优化保护地体系，限制了自然保护地在生态屏障建设中功能与作用的发挥。

3. 主要内涵

面向生物多样性保护与生态文明建设等国际战略需求，围绕国家公园等自然保护地建设及野生动植物保护重大工程建设，以保护自然、服务人民、促进人与自然和谐共生为宗旨，以大熊猫国家公园保护成效评估为典型案例，系统性开展保护地的生物多样性保护及其与生态系统服务功能之间的关系研究，从野生动植物多样性格局及其形成机制、生态系统服务功能、自然对人类的贡献等方面评估保护地的保护成效，为重要生态屏障区的建设提供基础数据，构建生物多样性保护新格局；为维护国家生态安全、建设美丽中国奠定生态根基。

4. 阶段目标

2030年，厘清区域内不同类型保护地的分布格局及野生动植物本底情况，解析生物多样性格局及形成机制；重点探明大熊猫国家公园自建立以来的多样性格局时空变化及驱动机制，阐明以国家公园为主体的保护地体系对野生动植物的涵养作用。

2035年，定量评估地形多样性、景观渗透性和连通性，遴选环境弹性高、适应能力强的区域；预测区域内野生动植物的变化趋势，识别生物多样性热点地区的时空变化格局，辨识全球气候变化敏感区及保护空缺。

2050年，揭示全球气候变化背景下区域内保护地网络的脆弱性及敏感性，阐明保护地网络中自然对人类的贡献，综合评估生态屏障区保护地的保护成效，提出保护空间优化对策。

（三）重大工程受损区局地微生境维持与生态系统耐扰损机制

1. 战略意义

云贵川渝生态屏障区建设是我国重大工程的一部分，旨在保护和恢复中国西南地区的生态环境。生态系统是一个复杂的动态系统，它能够通过自我调节和适应来应对外部干扰。局地微生境作为生态系统中的重要组成部分，在维持生态系统稳定性、实现生态系统功能和服务等方面具有重要作用。因此，探明生态系统适应扰损干扰机制、阐明局地微生境维持机制可为重大工程受损区生态修复技术研发、提升生态修复效果提供强力的理论基础。

2. 遴选依据

云贵川渝生态屏障区是我国生态安全屏障核心区之一，在全球生物多样性热点地区中占据着重要地位。然而，随着西部大开发的推进，该区域面临诸如川藏铁路、金沙江梯级电站和南水北调西线等重大工程建设任务。这些重大工程建设对当地生态系统造成严重干扰，当干扰超过生态系统的承受能力时，生态系统可能会发生不可逆的变化。局地微生境是生态系统中的重要组成部分，它们在生物多样性、生态功能和服务及维持生态系统稳定性等方面具有重要作用。重大工程建设在对生态系统造成干扰的同时，亦会导致局地微生境的破坏和退化。如何理解和利用生态系统的适应扰损干扰机制、维持和恢复这些局地微生境成为重大工程生态修复的关键性基础问题之一。

3. 主要内涵

云贵川渝地区是长江上游重要的生态屏障，对于维护国家生态安全、促进生态文明和社会可持续发展具有重要意义。面向国家西部大开发和全国生态文明建设的重大需求，以恢复受损区域生态系统的平衡与稳定为目标，以水电站、铁路建设等重大工程受损区为典型案例，系统性地开展表土重构与肥力维持、原生植被剥离与利用、乡土物种配置与管护等工程受损区生态修复技术研发，有助于提升国家生态安全、响应生态文明建设及促进社会和谐稳定。

4. 阶段目标

2030年，厘清局地微生境的物理环境、生物群落结构和功能及其相互作用，摸清导致局地微生境破坏或退化的影响因素。

2035年，探索局地微生境的自然恢复及人工恢复过程，阐明生态系统的物质循环、能量流动和信息传递等基本过程，以及这些过程在干扰下的调整和适应机制。

2050年，摸清生态系统的自然恢复过程，研究加速生态修复过程的人工干预措施。阐明影响生态系统的稳定性和韧性的因素，提出提高生态系统稳定性和韧性的生态工程和管理措施。

（四）西南地区外来入侵植物预警和防控技术

1. 战略意义

近年来，外来入侵植物在我国的种类数量和出现频率都呈持续增加的趋势，严重威胁我国生态安全。西南地区是我国"生物多样性宝库"和"长江上游生态屏障"建设的关键地段，其入侵植物数量居于全国之首，紫茎泽兰、飞机草、马缨丹等恶性入侵植物早已局部成灾，对当地生态系统、农林生产和人畜健康造成严重危害。目前，随着全球气候变化加剧、大型工程建设的增多及互联互通水平的大幅度提高，我国外来

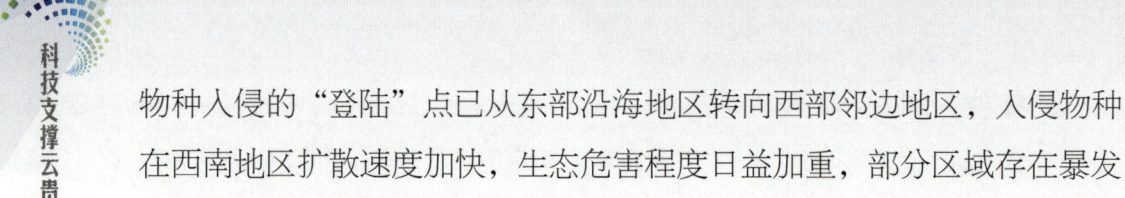

物种入侵的"登陆"点已从东部沿海地区转向西部邻边地区，入侵物种在西南地区扩散速度加快，生态危害程度日益加重，部分区域存在暴发风险，亟待对西南地区外来入侵物种开展综合治理。

2. 遴选依据

西南地区地形复杂，气候多样，加之毗邻国境线，外来入侵植物的种类和分布面积都居于全国前列。截至目前，该区域外来入侵植物的扩张趋势在总体上未得到根本遏制，尚无覆盖云贵川渝地区的外来入侵植物预警技术体系和综合信息平台，入侵植物的分布现状、危害程度、扩散路径缺少信息支撑，暴发物种和成灾地点缺乏区域联动和总体评判。现有防治技术成本投入大、复发率高，新发外来入侵植物缺少针对性的防控措施，严重制约了外来入侵植物的有效防控。亟待搭建区域尺度上的外来入侵植物大数据平台，共享监测网点和卫星遥感等监测数据，综合判断外来入侵植物在本地区的扩散路径和成灾地点，实现早期预警。同时，加快摸清重点外来入侵植物的生理生态特征和扩散传播机制，集成化学、物理和天敌防治技术，突破乡土植物体替代控制技术，建立"一种一策"的防控对策。

3. 主要内涵

西南地区位于长江上游，生态系统多样和生物多样性富集，对国家生态安全格局构筑具有重要意义。当前，外来植物入侵是该地区生态安全的主要威胁之一，其扩散还呈现继续上升趋势，并有经西南向我国内陆腹地扩展的风险。研发外来入侵植物预警技术和"一种一策"的防控对策对于西南区域生物多样性维持和生态功能稳定具有重要价值，也是贯彻国家安全观、落实《中华人民共和国生物安全法》的具体举措。

4. 阶段目标

2030年，基本摸清西南地区外来入侵植物组成特征、分布格局、高发区域等本底情况，厘清重点物种的入侵机制和生态效应。

2035年，构建西南地区外来入侵植物监测大数据平台，实现数据联通和深度分析，初步建立预警技术体系；探索综合防控技术示范研究，突破重点物种高效和低成本防控技术，遏制其扩散态势。

2050年，基本建立西南地区外来入侵植物预警平台，实现对外来入侵植物的自主风险评估和全阶段精准预警。熟化重点外来入侵植物的专项防控技术，形成相应技术规范，有效降低重大危害外来入侵物种扩散趋势和入侵风险。

(五) 重大工程区生态修复与生态屏障建设

1. 战略意义

云贵川渝地区是中国西南重要的生态屏障区域，具有丰富的生物多样性和独特的生态环境。然而，由于长期的资源开发和人类活动，该地区的生态环境受到了严重破坏，生态系统功能受损、生物多样性下降、土地退化严重、水源污染严重等问题日益突出。因此，重大建设工程生态修复对于维护和恢复云贵川渝地区的生态屏障意义重大。

2. 遴选依据

云贵川渝地区拥有丰富的生物资源和独特的生物多样性，但受到人类活动的影响，许多物种濒临灭绝。该区域气候条件多样、地质环境复杂，地质灾害频发，如地震、滑坡、泥石流等，给生态修复工程带来了巨大挑战。近年来随着资源开发，该地区存在大量的污染土壤和水源，严重影响了生态系统的健康。如何在生态修复工程中有效保护和恢复当地的生物多样性，确保生态系统的生物完整性，是一个迫切需要解决的战略性科技问题。

3. 主要内涵

云贵川渝地区是我国西南重要的生态屏障，承担着水源涵养、水土保持、生物多样性维护等重要生态功能，对于维护国家生态安全、促进生态文明和社会可持续发展具有重要意义。面向国家西部大开发和全国生态文明建设的重大需求，以恢复受损区域生态系统的平衡与稳定为目标，以水电站、铁路建设等重大工程受损区生态修复工程为典型案例，系统性地评估典型生态修复工程对区域生态屏障的影响与贡献，对维护国家生态安全、响应生态文明建设及促进社会和谐稳定具有重要意义。

4. 阶段目标

2030 年，调研区域内在建水电、高铁等重大工程分布情况，摸清典型区域生态系统特征与生态环境本底现状，分析典型工程生态受损对区域生态屏障的影响。

2035 年，定期定量评估工程受损区生态修复效果，评价生态修复对区域生态系统结构和功能的贡献。

2050 年，阐明生态修复提升区域生态屏障功能的生态学过程，从生态修复角度形成区域生态屏障功能提升的对策与方案。

二、关键性科技问题

（一）成渝地区双城经济圈城乡融合关键带生态功能提升

1. 战略意义

成渝城市群位于"一带一路"和长江经济带交汇处，是西部陆海新通道的起点，是长江上游最具活力、引领西部开发开放的国家级城市群。在新时代背景下，成渝城市群肩负着多重任务，既是全国主体功能区规划的重点开发区、经济增长的"第四极"，也是长江上游生态屏障建设的关口区，对于维系长江经济带生态安全格局具有十分重要的地位。近年来，铁路、公路、水利水电等基础设施建设以及工业化、城镇化等一系列人为活动在促进社会经济快速发展的同时，也严重破坏了区域内原本就十分脆弱的生态系统，导致区域内生态系统完整性受到严重损害，生态系统结构破坏、简化，生态系统服务功能下降，生物多样性丧失、水土流失、碳汇功能减低等问题日益凸显，严重影响了成渝地区双城经济圈生态文明建设和经济高质量发展。

2. 遴选依据

随着成渝地区工业化和城镇化进程不断加快，城乡发展处于深度融合时期，城乡交错带生态环境质量、生态用地、生物多样性保护等关键生态要素普遍压力较大。尤其是，城镇周围、城乡接合部、农村居民集中安置点绿化较为薄弱，城乡连续体生态空间保障不力，存在大面积的低效人工林系统。仅川中丘陵区就有人工林约340万公顷，导致成渝地区双城经济圈城乡生态系统生态服务功能低下，韧性不足，绿色治理相对滞后，难以支撑成渝城市群和城乡深度融合发展。因此，亟待在成渝地区双城经济圈高质量发展背景下，系统开展城乡融合交错带内典型生态系统韧性适应机制识别与服务功能提升技术攻关。

3. 主要内涵

成渝城市群在长江上游生态屏障建设中发挥着重要作用。与此同时，成渝地区人口聚集度高、经济活力强劲，资源开发潜力大，肩负着经济新增长极和保障国家生态安全的双重任务。针对成渝地区双城经济圈经济快速发展背景下城乡融合交错带生态质量不高、生态系统韧性不强、生态服务功能低下等突出问题，重点进行成渝地区双城经济圈内的城市森林公园群落构建与生物多样性提升关键技术，低效人工林质量和功能提升、城镇化快速发展导致的受损生态系统景观重建与生态修复协同增效技术，以及重要河流生态廊道生物多样性保育与提升技术研究，全面提升城乡融合发展的生态韧性，确保成渝地区双城经济圈高质量发展和筑牢绿色生态屏障建设。

4. 阶段目标

2030年，完成成渝地区双城经济圈城乡融合交错带植被功能提升技术构建。

2035年，为成渝地区双城经济圈城乡融合交错带功能提升提供理论与技术支撑，科技支撑成渝地区双城经济圈绿色生态屏障建设。

2050年，完善成渝地区双城经济圈城乡融合带生态功能提升的理论与技术体系。

（二）气候变化与人类活动耦合作用下的物种濒危机制

1. 战略意义

西南山地是全球生物多样性热点区域之一，具有丰富的野生生物种质资源，是生物多样性演化的"摇篮"，在全球生物多样性保护事业中举足轻重。气候变化与人类活动共同作用被认为是引起生物多样性下降的主要原因，野生动植物生存环境不断恶化成为区域发展与生态安全的重大威胁。因此，深入理解物种如何响应与适应全球气候变化，厘清气候变化与人类活动耦合作用下环境敏感物种的致危过程与濒危机理，是正确制定生物多样性保护对策的前提，也是生态屏障建设的关键性科技问题之一，问题溯源与解答方案可为西南山地生物多样性保护提供理论支持。

2. 遴选依据

西南山地生态屏障区，是中国生物多样性保护的重点与难点区域。目前，大多保护工作的研究局限于某一行政区，缺乏区域层面的系统整合；大多以单一种群或物种为研究对象，群落层级或者科级层面的系统性研究相对缺乏；大多数特有种几乎未开展相关工作，基础资料仍然极为缺乏，并且存在资料老旧杂乱、科研力量不足等问题。在特定物种或特定类群的保护方面，尤其是两栖爬行动物等环境敏感类群的濒危机制研究仍然较为匮乏，对于物种保护也缺少遗传层面上的深度理解。

3. 主要内涵

立足科技支撑生态屏障建设与应对气候变化的区域发展需求，面向生物多样性保护的全球科技前沿，针对气候变化与人为干扰下云贵川渝生物多样性保护面临的难题与瓶颈，突破研究地域和研究对象限制，重视物种间相互作用，研发群落与生态系统保护体系；在旗舰物种、珍稀濒危物种和极小种群保护中，重视遗传多样性，有效结合生态系统、物种、遗传三个层面，加强气候变化与人为活动内外动力耦合作用下物种濒危过程及机制认知，运用和开发基于各种自然、人为因素气候情景模式的多因素多尺度响应模型，揭示物种时空分布、种群动态、遗传变异与未来灭绝风险，评估自然保护地在全球气候变化趋势下的保护能效，进而研发物种保护和小种群复壮技术。

4. 阶段目标

2030年，构建西南山地区域宏观尺度受胁物种数据信息系统，量化人类活动数据，整合并采集遗传多样性数据，遴选气候变化与人类活动下的高度敏感类群。

2035年，以濒危两栖爬行动物为主体，完成高敏感物种的全球气候变化生态适应模型构建、群落内物种间相互作用机理解析以及敏感类群地理空间投影，明确物种和类群濒危的关键薄弱环节以及生物多样性极度脆弱区域。

2050年，根据已解析的濒危机制，模拟并评估全球气候变化背景下物种未来的生存状况，并对比评估区域内自然保护地的生态服务功能和风险防控能力，形成适应于全球气候变化的物种保护管理对策，应用于保护地体系建设。

（三）西南地区社会-生态系统脆弱性研究

1. 战略意义

人类社会与周围的自然环境之间存在着复杂的相互依赖和相互作用关系，而传统的管理方式往往更重视经济效益而忽视了生态系统的平衡和可持续发展。因此，需要探索出一种基于社会－生态系统（social-ecological system，SES）理论的管理方式，以反映人与自然之间耦合的复杂适应性系统。人类社会经济发展给我国西南地区自然生态系统重要价值的实现以及生态屏障建设带来各种挑战。加之由于西南地区区域分异性的特点，其结构与功能将适应不同地理单元系统的自然属性以及社会经济系统的生态要求，不同的区域生态系统也存在不同的质量变化情况。更为重要的是，社会和生态的脆弱性往往不是独立存在的，而且社会脆弱性对生态脆弱性的作用正由弱变强。因此，开展西南地区社会－生态系统脆弱性研究，对于该区的生态屏障建设和完善具有重要战略意义。

2. 遴选依据

在我国西南地区，生态脆弱地带和经济欠发达地区在地理分布上呈现较高的一致性，这使得生态脆弱地区的居民往往也具有生计脆弱性，从而加剧了该区农户因自然灾害和气候变化引起的返贫风险。因此，社会－生态系统脆弱性是西南地区生态屏障建设与完善过程中不容忽视的重大障碍。目前尽管学术界围绕社会－生态系统脆弱性评估与预测已经开展了大量研究，然而针对西南地区的尚不多见，加之社会、生态系统之间的耦合、联动机制复杂，关于其对全球气候变化、人为活动的响应与反馈机制的认识仍非常有限，导致难以支撑该区自然生态系统经营管理路径的准确选择。

3. 主要内涵

从社会－生态视角开展西南地区的脆弱性评估，揭示其空间分异特征与成因机理，并深入剖析影响脆弱性的关键驱动因子；多尺度、多维度深入解析该区社会－生态过程之间的耦合关联；根据划分的脆弱性类型，优化生态屏障格局；正确处理好保护与发展、保护与民生的关系，形成西南地区生态保护和高质量发展的空间格局，稳固该区生产发展、生活富裕、生态文明的发展道路。

4. 阶段目标

2030 年，明确西南地区 1990 年以来社会－生态系统评估指标的时空演变规律，阐明二者的耦合关系。

2035 年，预测西南地区社会－生态系统评估指标的演变趋势，并辨识脆弱性敏感区。

2050 年，揭示西南地区社会－生态脆弱性中各组分的耦合机制，进而从生态和社会发展的角度提出适应性管理对策。

（四）西南山地生态屏障建设技术研究与示范

1. 战略意义

西南山区自然环境十分脆弱，山地面积占全区总面积的 85.4%，土地贫瘠、退化严重，自然灾害频发，山区人们面临着生态退化和生活贫困的双重压力，严重制约生态与人类系统的稳态转换，影响本地与外地的关联效益。近年来，党和政府一直致力于改善西南山区生态环境与民生福祉，同时积极与联合国粮食及农业组织和世界银行配合，解决脆弱山区的保护与发展问题。尽管当前生态屏障建设已取得一定成效，改善了生态环境，但联合国教科文组织发布的关键数据表明，由世界银行资助的项目仅有 16% 达到了预期的经济社会目标。由于当前的建设侧重于人民基本生计和生态环境改善，忽视了生态系统服务供需关联及传输过程，故未能有效地将"绿水青山"转换成"金山银山"。因此，探究生态屏障供需传输机制，构建"源－汇－终"的生态屏障建设理论技术体系，对保障长江流域城市群及成渝地区双城经济圈的生态安全，维系地区经济社会可持续发展，具有重大的战略意义。

2. 遴选依据

西南山区生态屏障建设主要采用植被保护、恢复及重建技术和生态农业技术，修复退化区域的生态系统，构筑整体生态安全体系，维持本地生态功能的稳态输出。然而，以往的屏障建设忽略了生态系统服务"源－汇－终"的传输过程，导致源头供给不清、轨迹传输不明、终端需求不准，无法准确判断屏障建设对受益人群的实际影响，及基于影响反馈的屏障建设空间优化管控。因此，有必要开展关联生态与人类复合系统的西南山地生态屏障建设理论与技术研究，研发基于供需匹配的生态屏障建设关键区及核心网络识别技术，以及构建生态屏障建设成效精准评估技术体系，明晰现有生态屏障建设的本地与外地关联生态效益，并诊断问题节点，提出区域尺度上西南山地生态屏障建设成效提升的有效路径。

3. 主要内涵

（1）西南山地生态屏障建设理论与技术研究。基于生态系统服务"源－汇－终"的传输理念与生态学理论方法，揭示西南山地生态屏障建设的生态系统服务供需传输机制（传输过程和网络结构），明确传输方向、速度、流量、损耗等指标的计算步骤与方法；应用GIS平台，自主研发适用于西南山区的生态系统服务供需传输动力模型，并整合空间分析与空间统计，提出基于供需匹配的西南山地生态屏障建设关键区域及核心传输网络的精准识别技术；构建兼顾生态系统服务供给与生态系统服务需求的多目标西南山地生态屏障建设空间优化决策模型，构建不同尺度生态屏障建设成效精准评估技术体系；阐明现有生态屏障建设的本地与外地关联生态效益，明确西南山地生态屏障建设的生态功能辐射范围，同时诊断供需传输问题节点，探究西南山地生态屏障建设功能提升的最优方案，实现生态屏障"共建共享"跨地区协同治理新途径。

（2）西南山地生态屏障区山水林田湖草沙一体化修复技术与示范。以空间大尺度的视角，运用生态系统服务供需传输动力模型诊断当前西南山地生态屏障区建设的传输网络互通不畅问题，识别关键斑块、节点与廊道。基于识别的关键生态区，精准制定小区域山水林田湖草沙一体化的修复方案，打通区域结构与功能的时空错位问题；揭示西南山地生态屏障区山水林田湖草沙要素间生态耦合与功能稳定维持的影响机制，研发西南山地生态屏障区典型山水林田湖草沙石矿一体化生态修复技术和模式。

（3）西南山地生态屏障区自然保护地保护成效提升与空间优化。开展西南山地生态屏障区自然保护地保护成效评估；关联西南山地气候变化与人类干扰影响分析，研发生态屏障生物多样性保护关键区域识别模型；明晰西南山地生态屏障内生物多样性与生态系统服务的相互作用关系，构建兼顾生物多样性与生态系统服务等多目标的生态屏障自然保护地空间优化决策模型，并提出典型区域空间优化方案。

（4）西南山地生态屏障区生态产品价值实现机制与生态补偿制度研究。研究西南山地生态屏障区不同生态系统类型生态效益形成的过程和机制，获取不同区域与生态系统类型效益评估的准确参数，研发西南山地不同生态系统类型生态效益评估关键核心技术，制定评估的技术标准；研发西南山地生态屏障区生态产品价值核算的技术方法，制定生态产品价值核算标准，探讨生态产品市场化交易途径和基于生态产品价值化的高质量发展模式。

4. 阶段目标

2030 年，完成西南山地生态屏障建设理论与技术研究，以及生态产品价值实现机制与生态补偿制度研究。

2035 年，开展山水林田湖草沙一体化修复技术研究与示范，成渝地区双城经济圈生态功能提升与生态安全格局构建。

2050 年，完成西南山地生态屏障区自然保护地保护成效提升与空间优化，以及成渝地区双城经济圈生态功能提升与生态安全格局构建。

（五）若尔盖高原泥炭地碳汇功能及调控技术体系

1. 战略意义

位于青藏高原东缘的若尔盖高原泥炭地是世界上面积最大的高原泥

炭地，属于典型脆弱生态系统，对全球气候变化响应敏感。若尔盖高原泥炭地具有极其重要的生态功能，其中作为我国重要的碳汇系统，在实现"碳中和"与减缓全球气候变暖方面发挥着重要作用，同时也是青藏高原生态屏障的重要组成部分。在全球气候变化背景下，若尔盖高原泥炭地土壤碳库呈现出不稳定性趋势，其碳汇功能不断减弱，甚至转变为碳源，从而造成严重的环境和气候问题。因此，明晰气候变化背景下若尔盖高原泥炭地有机碳的积累和演变过程，并建立其碳汇功能提升技术体系，对青藏高原生态屏障保护、提升高原泥炭地碳汇功能及川西区域经济社会可持续发展具有关键性的战略意义。

2. 遴选依据

若尔盖高原泥炭地碳积累过程与机制尚不明确，源汇在何种条件下发生转换及其驱动机理，以及对气候变化的响应缺乏系统性阐释，严重制约着泥炭地恢复理论体系的构建与完善进程。选择典型高原泥炭地开展系统研究，评估泥炭地碳库稳定性及其与全球气候变化的关系，明晰泥炭地碳汇功能的演变机制，定量泥炭地碳源汇转化的生态阈值，为全球气候变化背景下泥炭地保育与碳汇管理提供科学依据与理论支撑，同时为国家"碳中和"的实现提供自然解决方案。

3. 主要内涵

运用野外调查、原位监测、土壤深剖面模拟增温试验和室内培养实验等研究手段，解析全球气候变化背景下若尔盖高原泥炭地碳积累过程，明确关键生态因子对泥炭地碳汇功能的作用机制；通过泥炭地碳源汇动态观测与模拟，界定源汇转换的关键阈值；针对泥炭地碳素生物地球化学关键过程，阐明碳循环关键过程对气候变化的响应特征，揭示高原泥炭地碳汇机制及源汇转换的驱动机理；基于植被恢复和水文修复手段，研发退化泥炭地碳汇与生态系统多功能恢复提升技术体系，提出若尔盖高原泥炭地碳汇生态价值实现发展模式。

4. 阶段目标

2030年，解析若尔盖高原泥炭地碳源汇转化生物地球化学过程及机制，界定源汇转换的关键阈值。

2035年，揭示高原泥炭地碳汇机制及源汇转换的驱动机理，建立若尔盖高原泥炭地碳汇功能提升与保育管理技术体系。

2050年，引领全球高原泥炭地固碳增汇及对"碳中和"贡献研究，提出若尔盖高原泥炭地碳汇生态价值实现发展模式。

（六）川西高寒草地生态系统碳增汇技术研究与示范

1. 战略意义

目前对我国最大的陆地生态系统——草地碳汇功能的重视不足。我国草地面积约4亿公顷，占国土总面积的41.7%（生态环境部，2020）。草地总碳储量为289.5亿吨，其中植被碳储量为18.2亿吨，土壤有机碳碳储量为271.3亿吨（白永飞和陈世苹，2018）。高寒草地土壤碳储量约占全国草地土壤碳储量的49%（Shang et al.，2016），拥有最高的有机碳密度，而且高达94%的碳储存在土壤中（Song et al.，2018），稳定性更高。按我国天然草地每年固碳1~2吨/公顷计算，年总固碳量约为6亿吨，约占全国年固碳量的1/2。因此，草地生态系统碳收支对我国碳汇功能发挥着不可替代的作用。我国90%的天然草地发生了不同程度的退化，其中60%以上为中度和重度退化（白永飞等，2016），固碳潜力巨大。

2. 遴选依据

针对川西草地的固碳潜力巨大，但碳储量现状不清、退化草地固碳机制不明、草地固碳增汇技术匮乏的现实问题，有必要开展川西草地碳储量现状及固碳潜力调查，研发适用于不同生境的退化草地土壤碳增汇技术，并进行试验示范。这将为提升自然生态系统碳汇以及实现"双碳"目标提供可复制的技术和典型案例，为高寒草地生态保护恢复提供新的技术模式。

3. 主要内涵

构建科学的、可核查的川西草地生态系统碳清查数据库，建立川西草地生态系统碳储量及其空间分布图集，科学评估草地类型、利用历史、恢复工程、管理措施等对川西草地碳储量的影响；阐明退化草地恢复过程中土壤有机碳库的分子组成、来源、周转、稳定机制及其影响因素，揭示退化草地生态系统多功能提升与碳增汇过程的耦合关系；筛选碳汇草种、优良促生菌种、稳定生物质炭等，研发适用于不同生境的草地碳增汇技术体系；提出以生态系统碳增汇为目标的草地生态恢复新模式，开展川西草地生态系统多功能提升恢复示范工程，服务于区域生态保护和可持续发展。

4. 阶段目标

2030年，研发和集成高寒草地碳增汇技术体系，提出以生态系统碳增汇为目标的草地生态恢复新模式。

（七）金沙江流域清洁能源工程的生态环境效应研究

1. 战略意义

金沙江流域位于青藏高原向云贵高原及四川盆地过渡的地带，地形落差巨大，水能资源丰富，是中国当前和未来水电开发的主要区域，同时该区也是我国西南重要的生态环境保护区域，在西南民族经济和区域可持续发展等方面都具有十分重要的战略意义。但该区自然本底状况较差，生态系统极其脆弱，导致其生态系统在受到工程扰动后极易造成退化且恢复困难。因此，充分结合金沙江流域水/风/光电开发的实际需求，以生态灾害防治和修复等关键技术为重点，明晰区域内重大能源工程开发对区域生态环境的影响，为能源工程的建设和运维提供高质量的技术支撑，具有重要意义。

2. 遴选依据

金沙江流域目前已建设有叶巴滩、拉哇、巴塘、苏洼龙、乌东德、白鹤滩、溪洛渡、向家坝等多个水电站，以及多个风电、光伏基地。面向该区生态环境相对脆弱、经济欠发达的地区，开展水/风/光新能源基地开发造成的水土流失、植被覆盖和生产力、外来物种入侵状况、气象气候及生物多样性等调查，聚焦重大能源工程开展生态环境调查，综合评估重大能源工程的生态环境承载潜力，研究提出支撑环境友好型重大能源工程建设的对策与建议，探索实现科技支撑金沙江流域生态保护与高质量发展的新路径。

3. 主要内涵

金沙江流域的水、风、光资源丰富，但是地形复杂多变，地貌起伏大，山峰交错，且生态资源丰富，重大能源工程建设和运行需同时兼顾经济、社会和生态效益。以金沙江流域水/风/光开发基地的生态灾害防治、生态修复、生态系统功能提升关键技术示范应用为指导方向，结合现实需求，通过野外监测与调查、现场测试、数值模拟仿真等方法手段，在重大能源工程生态环境影响和生态修复效益评估的基础上，合理规划生态修复体系以及优化相关技术，最终凝练出一套能为金沙江流域能源开发基地建设、运营、养护提供指导的设计方案。

4. 阶段目标

2030 年，厘清金沙江流域近 40 年气候、植被、水土流失、生态系统服务功能等指标的时空变化特征，阐明能源工程开发的生态环境短期效应，并提出相应的生态修复技术。

2035 年，预测金沙江流域相关生态环境指标在未来 30 年的变化；辨识工程效应敏感区、开发优先区；评估生态修复效果。

2050 年，揭示金沙江流域水/风/光重大能源工程处于生命周期中段时对区域生态环境的长期影响，进而根据评估结果，从经济和生态角度提出各能源工程的适应性管理对策。

(八) 金沙江下游巨型梯级电站群消落带生态恢复

1. 战略意义

金沙江下游水力资源富集，目前已建成白鹤滩等四座巨型梯级水电站，装机容量两倍于"三峡工程"，是我国乃至世界上最大的绿色能源工程基地。该区域生物多样性富集，生态功能突出，是进入长江经济带的"咽喉之地"。同时，河谷内峡谷深切、干旱缺水、水土流失严重，生态本底十分脆弱。根据流域生态学理论，上游的生态要素对于下游具有明显的传导和放大效应，因而金沙江下游巨型梯级电站群库区对长江上游的生态环境有着重要的控制作用。目前，金沙江下游巨型梯级电站群形成了近250平方千米的大面积消落带，原有生境的多数植物种群逐步消亡，消落带生态系统结构与功能严重受损，水土流失、面源污染、库岸崩塌等现象普遍存在，以植被恢复为主导的消落带生态修复是目前金沙江下游巨型梯级电站群后续生态保护和建设工作的首要任务。

2. 遴选依据

消落带长时间淹水导致原有多年生植物因不适应新环境难以继续存活，生态功能明显下降。我国库区消落带研究成果主要集中在三峡库区，围绕该区域消落带植被演替动态变化规律、植被恢复物种筛选、植被恢复实践示范等已有大量研究成果，这对金沙江下游巨型梯级电站群消落带生态修复具有极大的参考价值。但也要注意到，金沙江下游巨型梯级电站群消落带地处干热河谷区，干热气候以及对植物生存极其不利的水位消涨节律将造成消落带环境条件的极端变化，相比三峡库区，其消落带生态状况更加恶劣，能长时间忍受深水淹没和干旱双重胁迫的植物种类更少。如何遴选出水位消涨节律和适应干热河谷生境的适宜植物，以及综合考虑气候、水文、土壤和植被特点建立消落带植被配置模式是现阶段金沙江下游巨型梯级电站群消落带生态恢复的瓶颈问题。

3. 主要内涵

2021年，金沙江下游巨型梯级电站群消落带形成后，进一步破坏原有植被系统，加剧水土流失，甚至引发库岸坍塌，导致流域尺度上生态环境恶化，威胁库区乃至长江经济带生态安全。因其失衡的水热条件，金沙江下游巨型梯级电站群消落带生态恢复面临适生植物资源匮乏、生态修复技术缺乏等难度与挑战，其治理与生态恢复治理一直被称为"世界级生态难题"。突破消落带区域植被恢复乃至生态重建技术，是金沙江下游库区管理的迫切需求，具有重要的现实意义。同时，也可为干热河谷大型基建工程的生态恢复提供典型示范和技术储备。

4. 阶段目标

2030年，调研金沙江下游巨型梯级电站群消落带植被演替趋势，初步筛选出适宜物种，研发出消落带植被快速定植技术。

2035年，形成消落带植被恢复体系，基本解决成活率的瓶颈问题，根据淹水时间不同提出物种搭配模式，形成重要示范区域。

2050年，完善金沙江下游巨型梯级电站群消落带植被恢复的理论体系，全面完成流域尺度上的消落带植被重建。

（九）云贵川渝地区重大工程生态修复技术

1. 战略意义

长江上游生态屏障建设是保护和修复我国生态环境的重大工程，土壤侵蚀和水土流失防治、生态水文过程研究、生态环境修复技术、环境污染治理技术和基础设施建设与生态保护融合等方面是重大生态修复的核心，也是生态屏障建设的主要内容，解决这些问题需要进行科学研究和技术创新，结合政策和法规的制定和实施，实现云贵川渝生态屏障区的可持续发展。

2. 遴选依据

云贵川渝地区是我国重要的交通枢纽和经济发展区域，国家进行了大量的基础设施建设，如公路、铁路和水电站等。然而，该区域土壤侵蚀和水土流失等问题严重破坏了当地生态环境，区域水资源短缺和水文灾害频发更是增加了当地生态屏障建设的难度。因此，需要将基础设施建设和生态保护融合起来，采用环境友好型建设方式和技术，减少生态环境破坏，保护生态屏障的完整性和功能，是重大工程生态修复和保障长江上游生态屏障建设的关键。

3. 主要内涵

云贵川渝地区是长江上游重要的生态屏障，对于维护国家生态安全、促进生态文明和社会可持续发展具有重要意义。面向国家西部大开发和全国生态文明建设的重大需求，以恢复受损区域生态系统的平衡与稳定为目标，系统性地开展局地微生境维持机制、生态系统适应扰损干扰机制及生物多样性保护机制研究，有助于保护长江上游生态系统的完整性和稳定性，维护区域内的生态安全。

4. 阶段目标

2030 年，了解重大建设工程扰动及生态修复过程中降水的分布和变化规律、水文循环和物质迁移过程等，建立合理的水资源管理和调配模型。

2035 年，基本识别区域内典型工程受损区生态修复限制因子，从土壤团聚体结构形成与稳定性等角度，阐明受损区表土形成机制。构建云贵川渝地区乡土物种资源数据库，以耐寒、抗旱、耐贫瘠等多抗性乡土物种筛选与繁育为重点，以适应性强、抗逆性好、根系发达等特性为导向，筛选多抗性乡土物种。

2050 年，研发工程受损区生态修复技术体系，综合评估生态修复效果，融合基础设施建设和生态保护技术，形成重大工程受损区生态修复技术对策与方案。

三、基础性科技问题

（一）长江上游重大森林生态保护工程成效综合评估

1. 战略意义

长江上游地区重要的地理位置、特殊的地质地貌特征和脆弱的生态与环境，赋予了该区对长江中下游地区特殊的环境服务功能。长江上游地区素有天然屏障之称，是长江流域的根基和源泉，更是中下游地区的生态屏障。长江上游地区社会经济发展和自然因素引起了该区域的水文、水资源、水环境、大气环境质量、生物多样性、矿产资源以及水土流失状况等的变化，这些变化都会对中下游地区产生影响。由于自然生态系统自身的脆弱性和长期不合理开发等人为因素的影响，加上全球气候变化的影响，长江上游许多地区的生态和环境退化普遍，呈现出气候变化异常、自然灾害频发、森林资源锐减、草地退化严重、水土流失加剧、荒漠化和石漠化加快、生物多样性受损或丧失等一系列生态和环境恶化问题，导致长江上游环境服务功能下降，这已成为长江上游地区乃至长江中下游地区社会经济发展的重要制约因素。

2. 遴选依据

近二十几年来，尤其是 1998 年之后，我国在长江上游地区实施了一系列具有国际影响力的重大生态治理工程，对于遏制长江上游生态环境恶化，促进区域生态环境持续改善起到了重要作用，带来了良好的生态和社会效益。这一系列工程中，尤以森林生态工程最具有代表性，是新中国成立以来投资力度最强、实施规模最大、影响范围最广的生态建设工程。这一生态建设工程在长江上游地区的生态建设过程中的作用举足轻重。从选择区域与投资力度来看，森林生态工程集中在长江上游地区，旨在建立长江上游生态屏障，改善过度干扰导致的森林资源破坏、

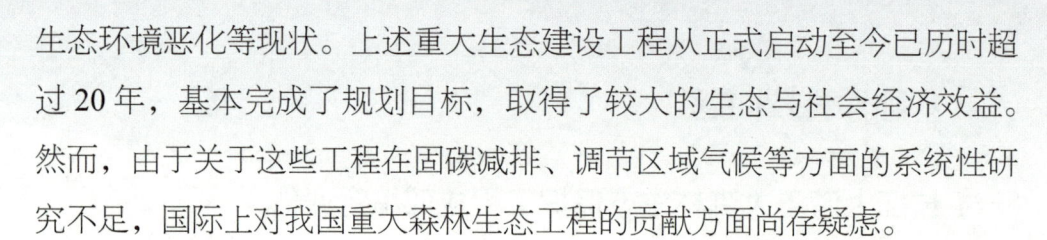

生态环境恶化等现状。上述重大生态建设工程从正式启动至今已历时超过20年，基本完成了规划目标，取得了较大的生态与社会经济效益。然而，由于关于这些工程在固碳减排、调节区域气候等方面的系统性研究不足，国际上对我国重大森林生态工程的贡献方面尚存疑虑。

3. 主要内涵

在建立重大生态工程生态效益综合监测评估的指标体系和方法的基础上，主要基于已发表文献以及相关部门正式发布的报告、年鉴、统计资料等数据，在构建长江上游森林生态系统生态环境综合数据库的基础上，采用基于生态系统结构–服务功能动态过程趋势分析的重大生态工程生态成效综合评估技术方法框架，开展生态系统结构、主要服务功能及其变化趋势分析，综合评估长江上游地区近30年重大森林生态工程在固碳减排、调节气候、水源涵养、生物多样性保护、防灾减灾等方面的贡献，以及对区域减贫、社会经济发展与产业转型等方面的间接成效，为国家重大生态工程后续政策和管理措施的调整提出对策与措施建议。

4. 阶段目标

2030年，探明森林生态工程实施以来长江上游地区林地面积、覆盖率、生态系统服务功能的增量动态，揭示工程实施对森林植被格局动态和演变趋势的影响。

2035年，阐明长江上游工程实施区典型森林变化的驱动因素，辨识气候效应敏感区和固碳潜力优先区，揭示工程实施对当地生计发展模式的间接效应。

2050年，针对性提出森林应对气候变化的空间优化与适应性管理对策；以山区生计发展适应性变化与韧性指标为导向，开展山区生计发展的适应力提升与社区能力建设研究。

（二）云贵川渝地区重大建设工程受损地生态环境综合调查

1. 战略意义

云贵川渝生态屏障区是国家生态安全屏障重要核心区之一，也是全球生物多样性的热点区；同时，随着西部大开发的深入推进，该区域成为道路建设（川藏铁路）、水电工程建设（金沙江梯级电站）、南水北调（西线）等重大工程建设的高密度区。在全球气候变化背景下的脆弱环境区，重大工程建设将对区域内生态环境产生重大而深远的影响。当前针对这些重大工程建设区域的生态环境不同尺度影响的认知极度缺乏，亟须系统了解其受损地与修复地生态环境基础资料，科技支撑重大工程建设与生态屏障建设。

2. 遴选依据

云贵川渝生态屏障区包括横断山区和川西高原，地势高亢、地貌形态和气候类型复杂多样，河网密布。同时，该区域是我国重要的生物多样性和水源涵养生态功能区，也是我国青藏高原、黄土高原－川滇两大生态屏障区的重要组成部分。伴随气候变化和人类活动强度持续增大，以道路建设、水电工程建设等为代表的重大工程建设密集分布在该区域，导致区域生态与环境出现较大变化。然而，目前关于这些工程建设对区域生态环境及其生态屏障功能产生多大影响的专门研究较少，十分缺乏系统性和整体性调查研究，极大地制约了对长江上游生态屏障建设的科技支撑。

3. 主要内涵

聚焦云贵川渝生态屏障区重大工程受损地与修复区，结合前期基础资料，采用空天地一体化技术方法，从宏观尺度的植被时空分布格局、生物多样性受损、生物入侵状况、生态系统结构和功能（生产力、碳汇、水源涵养、土壤保持、防风固沙等）、重大工程影响敏感区识别等方面，全面开展云贵川渝生态屏障区受损生态系统结构、格局与功能的演变特征、驱动因素与机理，以期为客观准确地掌握重大工程建设区域的生态环境变化特征，为长江上游生态屏障筑牢与生态文明建设规划，以及为成渝地区双城经济圈绿色发展等提供科学依据。

4. 阶段目标

2030 年，构建重大工程建设生态受损状况调查指标体系和技术标准；基本完成区域宏观尺度的植被受损分布格局变化数据收集。

2035 年，完成重大工程受损区生物多样性、生物入侵、生态系统结构和功能变化特征本底资料和数据收集。

2050 年，完成重大工程影响敏感区空间分布格局识别；完成重大工程建设生态受损状况综合评估与管理对策建议。

（三）生态屏障区自然保护地空间与功能优化预测平台

1. 战略意义

云贵川渝生态屏障区生物多样性高度富集，生态脆弱且敏感，面临着气候变化与人为活动的双重威胁。区域内虽然存在超大型自然保护区群，但是保护地体系空间布局仍不合理，关键生物多样性区域被保护比例不高，一些基础调查薄弱区域成为保护规划的模糊地带，存在大量保护空缺。此外，保护资源投入不平衡，部分物种和区域保护资源过剩而一些地区和类群关注显著不足，资源综合利用率较低；保护过程中未充分考虑物种习性和自然规律，保护效力不高。目前，保护地空间优化平台和功能集成系统的匮乏，使得自然保护地体系建设的系统性、整体性、协同性不强，难以充分发挥自然保护地在生态安全屏障建设中的核心引领作用，阻碍了国家生态安全战略的稳步推进。

2. 遴选依据

西南山地区域内的自然保护地众多，但对其的建设缺少总体规划，布局合理性不足，存在空间重叠、边界不清，以及功能模糊、空缺较大等问题，部分地区生物多样性保护空间网络的整体性和连通性不足，保护区域生态孤岛趋势明显，不利于物种迁徙和物质循环，整体性、系统性不足，极大地限制了生物多样性保护成效的提升。因此，如何从生态系统整体性出发，建立自然保护地空间与功能优化平台，提升保护能效，是当前亟待解决的基础性科技问题。

3. 主要内涵

依托生物多样性及生态系统监测网络，搭建自然保护地生物资源与自然环境信息集成分析平台；建立自然保护地间物种关联网络；构建多情景的物种未来分布模拟体系；构建自然保护地生态系统服务功能评估体系；建立多目标多尺度的保护地空间优化与功能部署方法；构建保护地生境连通网络和迁徙路径高精度智能化识别技术体系，为自然保护地立体化监管提供解决方案。

4. 阶段目标

2030年，完善自然保护地生物资源、空间功能的本底调查，推进建立生物物种资源数据库和信息系统，建立初始数据集，明确自然保护地工作的交叉面及空缺点，推进功能和空间保护空缺识别技术的标准化和规范化，完成空间功能优化的路径设置与目标厘定。

2035年，完成物种分布和迁徙通道模拟，发展生态廊道识别技术，推进自然保护地景观连通度提升，构建生态系统功能评估体系，完成空间优化布局和保护功能部署的支撑方案，建立相对稳定的生物多样性保护空间格局优化体系。

2050年，整合自然保护地、生态保护红线、生态屏障，构建集物种动态监测、空间格局模拟、生态服务功能预测、资源分配决策与管理保护效能评估为一体的协同预测平台，形成点－线－面相结合的生物多样性保护网络工具，应用于自然保护地立体化监管，建立统一有序的保护格局。

（四）自然保护地体系生态监测评估与适宜性管理

1. 战略意义

自然保护地是生态建设的核心载体、美丽中国的重要象征，在维护国家生态安全中居于首要地位。以中国生态系统研究网络（CERN）台站和大熊猫国家公园野外监测站为支撑，融合多源遥感、地理信息系统、智能监测等先进技术手段，构建面向西南自然保护地生态环境大数据共享平台与网络，开展自然保护地基于植被恢复演替的生态系统服务权衡研究，以及保护成效评估与优化研究，评估和预警生态风险，可服务于自然保护地体系建设重大需求，并为自然保护地健康、稳定、高效的生态系统建设提供理论基础与技术支撑。

2. 遴选依据

西南自然保护地的空天地立体监测网络和信息化平台建设滞后，监测数据共享存在极大的困难，自然生态系统原真性、整体性、系统性及其内在规律认识不充分，自然保护地生态保护和修复系统性、整体性不足，自然保护地一体化系统修复和综合治理的理念尚未落实。

3. 主要内涵

聚焦西南自然保护地，持续监测自然保护地植被生长、气候变化、动物种群动态等，开展自然保护地空天地一体化多目标生态监测与生态价值评估核算；通过自然保护地不同植物多样性水平下不同功能昆虫的共现机制研究，以及珍稀濒危动物家域与生境的相关性研究，开展自然保护地动植物协同保护与生态系统健康评估，探讨自然植被恢复保育与重点保护野生动物栖息地原真性、完整性与连通性的耦联关系；通过乡土植物筛选、适应性研究、模式构建与技术集成，开展自然保护地生态廊道和重要栖息地食物源补给与功能改善研究；探索保护地社区原住民转型与原住民替代生计，发展山区乡土资源植物和特色生态产业，集成创新重要生态功能区"两山"路径转化模式。

4. 阶段目标

2030年，构建以生态站和大熊猫国家公园野外监测站为主体的西南自然保护地空天地一体化监测体系，为自然保护地健康、稳定、高效的生态系统建设提供重要科技支撑。

2035年，建成西南自然保护地生态系统动态大数据共享平台，运用云计算、物联网等信息化手段，加强自然保护地监测数据集成分析和综合应用。

2050年，建成西南自然保护地数据集成和分析中心，及时评估和预警生态风险，为国家和社会提供自然保护地生态环境状况实时数据和综合评估报告。

（五）成渝地区双城经济圈适宜乡土绿化树种资源综合调查和评估

1. 战略意义

成渝地区双城经济圈是我国西南乃至西部人口最密集、城镇化程度最高、产业基础最雄厚的地区，在国家发展大局中具有独特而重要的战略地位。绿地是城市生态改善的直接载体和人居环境提升的关键手段，对于城市生物多样性维持也有至关重要的作用。当前，成渝地区双城经济圈中外来绿化树种量逐年增大，以及本土绿化树种更新换代缓慢、数量种类急剧减少等问题突出，引发了城市绿地生态系统的稳定性下降、生物多样性衰退、外来物种入侵风险增加、视觉景观同质化、城市文化传承割裂等一系列生态和社会问题。成渝地区双城经济圈及周边的乡土树种长期缺乏数据整合，部分关键地段的木本植物调查存在空白，木本植物的生境特征也没有系统认知，亟须系统了解成渝地区双城经济圈及周边区域木本植物本底情况，从而为区域乡土绿化树种选育奠定基础。

2. 遴选依据

成渝地区双城经济圈所在的四川盆地及周边低山、亚高山地区孕育了丰富的生物资源，是我国木本植物数量最为丰富的地区之一，为区域乡土绿化树种的选育应用提供了得天独厚的基础条件，具有极大的市场开发潜力。植物资源本底资料是其有效利用的前提条件和重要基础。然而，目前关于成渝地区双城经济圈及周边区域的木本植物的专项调查缺乏，区域木本植物用于城市绿化树种的适宜性评估尚未开展，极大地制约了乡土绿化树种资源的科学开发与利用。

3. 主要内涵

结合历史调查数据，针对成渝地区双城经济圈所在的盆地内部及周边低山丘陵区开展乡土木本植物资源专项调查，完善乡土树种本底资料，协调和建立物种资源数据库和信息系统；针对潜力绿化野生种群开展动态定期观测，收集保存优良乡土树种种质资源；加强自然生境与城市绿地在气候、土壤等生态环境因子的比对，评估潜力树种对城市栽培的适宜性，遴选出适宜不同绿化功能要求的绿化树种，开展人工繁育和栽培技术研发，为成渝地区双城经济圈适宜乡土绿化树种的开发提供基础数据。

4. 阶段目标

2030 年，构建成渝地区双城经济圈适宜乡土绿化树种筛选指标体系，基本完成盆地内部及周边低山丘陵区乡土木本植物本底调查。

2035 年，整合分析相关数据，完成乡土木本植物的绿化潜力评估，筛选出适宜的绿化树种。

2050 年，形成成渝地区双城经济圈乡土绿化树种数据库，完成绿化树种引种、栽培对策建议。

第五节 科技任务组织实施

一、国家科技任务组织实施

综合考虑战略地位和辐射效应，将云贵川渝生态屏障区面临的最突出的气候变化效应、生态系统保护与安全、水资源保护和利用、环境污染、生物多样性保护、灾害防治等问题，纳入国家科技中长期规划及优先支持的领域和方向，在国家实验室体系重组、野外观测台站规划布局、重大科技专项设置、产学研联合研发中心建设方面给予持续的关注和支持。

二、中国科学院科技任务组织实施

中国科学院相关院所建立科技创新协同推进机制；实施创新激励与成果转化促进机制；完善科技创新投入机制。紧扣国家在云贵川渝生态屏障区的重大需求，通过先导科技专项，为解决一些重大问题储备队伍、积累前期基础，争取国家重大任务。建立有效工作机制，加强中国科学院与国家部委和地方政府的有效对接。

三、云南、贵州、四川、重庆四省份任务组织实施

优化中国科学院科技任务计划布局，基于中国科学院在云贵川渝生态屏障区生物多样性研究的优势，加强抢占科技制高点、先导等重大任

169

务设计，整合相关科技力量开展多学科联合攻关和大协作。强化与国家任务计划的衔接，整合全国研究优势，提升西南地区研究的国家战略地位，加强与科学技术部、生态环境部等部委的对接与合作，通过重大任务设计，将科技布局与国家布局有机契合。

多类科技力量协同开展。优化中国科学院科研机构布局。重点布局云贵川渝生态屏障区资源环境全国重点实验室群建设。加强跨机构跨部门协作，整合中国科学院、部委和地方现有各类监测站点和监测样地，构建生态和生物多样性长期监测网络。

四、国家及地方科技力量协同

（1）国家及地方科技力量的机制保障。积极推进国家与云南、贵州、四川、重庆四省份的组织机制协同合作。重点创新科技工作组织实施机制及管理模式，建立科技创新协同推进机制，实施创新激励与成果转化促进机制，完善科技创新投入机制。

（2）国家及地方科技力量的平台协同。将重大任务纳入国家战略，共同构建水资源安全保障网络信息化体系，推进水资源领域科技创新平台建设，加强原位观测和基础实验站网建设，推动重大实验装置平台研建，进一步强化国家与地方数据共享。

（3）国家及地方科技力量的人才协同。加强对高端人才的引进和培养，实施云贵川渝生态屏障建设的科技人才区域联合，加强多学科交叉综合型人才培养，加大海外和东部发达地区高层次人才引进力度。

第六章
云贵川渝生态屏障区环境污染防治

第一节　科技支撑总体要求

坚持以习近平生态文明思想为指引，贯彻新发展理念，构建新发展格局，协同推进经济高质量发展和生态环境高水平保护。努力践行"绿水青山就是金山银山"理念，坚持尊重自然、顺应自然、保护自然，坚持节约优先、保护优先、自然恢复为主，紧扣全国生态文明建设战略目标；以实现减污降碳协同增效作为导向，以改善生态环境质量为核心，以高水平生态环境保护促进经济社会高质量跨越式发展为主线，以深化生态文明体制改革为动力，以生态环境治理体系和治理能力现代化为支撑，突出精准治污、科学治污、依法治污，统筹科技进步和制度创新，推进"提气、降碳、强生态，增水、固土、防风险"。针对云贵川渝地区特殊的地理位置和复杂的生态系统特征，要求加强区域间的联防联控，特别是在水体、大气、土壤等跨界污染问题上，推动建立和完善跨区域、跨部门的环境保护协作机制，深入打好污染防治攻坚战，促进经济社会发展绿色转型，减少污染物排放，加强新污染物管控与生态系统健康评估，持续推进生态环境质量改善，有效防控环境风险，维护生态环境安全，为筑牢西南生态屏障奠定坚实的环境基础。深刻理解和把握2023年习近平总书记在全国生态环境保护大会上强调的"五个重大关系"（黄润秋，2023），持续运用党的创新理论提供新时代环境污染治理与生态文明建设的科技支撑。

第一，正确处理高质量发展和高水平保护的关系。这居于管总和引领的地位。高水平保护是高质量发展的重要支撑，体现高质量发展的要求。高质量发展反映高水平保护的成效，离开绿色环保的发展，既不符合新发展理念，更谈不上高质量。必须深刻把握二者之间的辩证统一关系，牢固树立"绿水青山就是金山银山"的理念，坚定不移走生态优先、绿色发展之路，通过高水平环境保护，不断塑造发展的新动能、新优势，持续增强发展的潜力和后劲，不断培育发展新质生产力，以高品质生态环境支撑高质量发展。

第二，正确处理重点攻坚和协同治理的关系。生态环境的不可分割性和关联要素的多元性决定了生态环境治理必须坚持系统观念、协同治理，既要抓住主要矛盾和矛盾的主要方面，以重点突破带动全局工作提升，又要注重统筹兼顾、协同推进，不断增强各项工作的系统性、整体性、协同性。必须采取有力措施治理突出生态环境问题，协同推进降碳、减污、扩绿、增长，多措并举全面推进生态文明建设。

第三，正确处理自然恢复和人工修复的关系。自然生态系统是一个有机生命体，有自身发展演化的客观规律，具有自我调节、自我净化、自我恢复的能力。在处理人与自然关系的实践中，既要尊重自然、顺应自然，给予大自然足够的休养生息的时间空间，还要充分发挥人的主观能动性，采取科学合理的人工修复措施，加快生态系统恢复进程。推进山水林田湖草沙一体化保护和系统治理，必须遵循自然规律，综合运用自然恢复和人工修复两种手段，因地因时制宜、分区分类施策，努力找到生态保护修复的最佳解决方案。

第四，正确处理外部约束和内生动力的关系。内因是事物发展的动力源泉，外因是事物发展的必要条件，外因通过内因对事物发展发挥作用。在生态文明建设中，既离不开强有力的外部约束，也要激发全社会共同呵护生态环境的内生动力。必须坚持用最严格的制度、最严密的法治保护生态环境，让制度成为不可触碰的高压线。同时，不断创新体制机制，让保护者、贡献者得到实惠，让绿色低碳生活方式成风化俗，把建设美丽中国转化为全体人民的自觉行动。

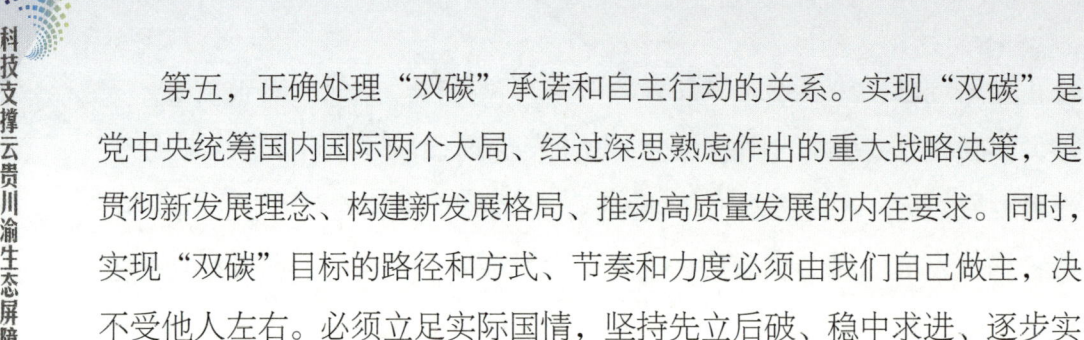

第五，正确处理"双碳"承诺和自主行动的关系。实现"双碳"是党中央统筹国内国际两个大局、经过深思熟虑作出的重大战略决策，是贯彻新发展理念、构建新发展格局、推动高质量发展的内在要求。同时，实现"双碳"目标的路径和方式、节奏和力度必须由我们自己做主，决不受他人左右。必须立足实际国情，坚持先立后破、稳中求进、逐步实现，积极参与全球气候治理，争取战略主动和于我有利的国际环境。

第二节　科技支撑阶段目标

一、2030年（近期）目标

贯彻落实党的二十大决策部署，瞄准未来5~6年美丽中国建设目标，以更高站位、更宽视野、更大力度谋划和推动美丽中国建设，奋力谱写新时代生态文明建设科技支撑新篇章。保持力度、延伸深度、拓宽广度，以改善生态环境质量为核心，持续支撑打好蓝天、碧水、净土保卫战，以细颗粒物控制为主攻方向，强化多污染物协同管控和区域（流域）污染协同治理，统筹推进水资源、水环境、水生态治理，强化土壤污染风险管控，加强矿山生态修复，推动污染防治在重点区域、重要流域、关键指标上实现新突破。重点推动西南山地水土环境演变与流域综合治理的科技布局，基本完成成渝城市群水、土环境安全与绿色协同保障技术体系，突破水土流失、石漠化防治和废弃矿山生态修复关键技术，遴选环境综合观测野外台站，提升已有野外观测台站监测能力，初步建成区域数据综合分析中心，强调科技创新的引领作用，通过先进的环境监测技术、大数据分析、云计算等手段，实现对污染源的精准识别、污染过程的精细解析和污染趋势的准确预测，为长江上游流域水土环境治理、生态屏障建设和西南山地生态系统固碳潜力提升提供数据、技术和示范模式支撑。

二、2035 年（中期）目标

为持续推动绿色低碳高质量发展、着力提升生态系统质量和稳定性以及基本实现美丽中国提供科技支撑。系统开展西南山地水土环境演变与流域综合治理的任务，构建成渝都市圈水环境安全与绿色协同保障体系，建成西南山地流域山水林田湖草沙一体化生态治理科技示范区 2~3 个。积极响应并实施《中华人民共和国长江保护法》，加强对长江流域生态系统修复和环境治理，全面提升长江上游水、土、气、植物、岩石综合观测与流域观测能力，建成区域数据中心并不断提升环境管理的智能化水平，完善大数据、大模型及人工智能技术在生态系统演变与管控的应用，推动云贵川渝地区大气、水土环境持续改善，为实现长江干流达到 II 类水、保障水生态安全提供强有力的科技支撑，为实现区域土壤、地下水环境质量稳中向好和建设人与自然和谐的美丽中国目标提供科技示范样板。

三、2050 年（远期）目标

科技支撑筑牢绿色低碳高质量发展和美丽中国建设生态安全根基。实施云贵川渝生态环境科技创新重大行动，深化人工智能等数字技术应用。全面完成野外台站监测能力提升和数据中心建设，加快构建云贵川渝现代化生态环境监测体系，提高生态环境监测、评估和管理效能。整体提升中国科学院在云贵川渝地区的环境污染防治科技支撑能力，通过结合地方性法规、规划以及跨区域合作等方式，不断推进区域生态环境质量的提升和可持续发展路径的探索，为云南、贵州、四川、重庆四省份大气、水、土壤环境生态治理和长江上游生态屏障建设的决策和实施提供科技服务，为推动云贵川渝地区的生态环境质量改善和西南秀美山地建设作出重大科技贡献。

第三节　科技支撑战略布局体系

一、科技管理体制

鉴于西南山地在国家西部生态安全屏障建设中具有举足轻重的战略地位、需要解决的科技瓶颈问题很多的实际，科技支撑云贵川渝地区生态文明、生态屏障建设的管理体制需要多层面、多维度的策略，既要注重科技研发及应用，也要强化政策法规的支撑，同时促进区域联动机制、区域内外的合作与交流。从科技创新体系、政策法规支持、区域联动机制、信息化管理平台、生态文明试点示范等方面形成一个全方位、高效能的管理体系。建立和完善以科技创新为核心，集科研机构、高校、企业及地方政府为一体的协同创新体系，通过跨学科、跨领域的研究，发展适用于云贵川渝地区复杂地理环境的生态环境监测、评估、管理信息系统和污染治理、生态建设、保护与修复技术体系。同时将西南山地在国家西部生态安全屏障建设中最突出的环境污染问题，纳入国家科技战略优先支持的区域，对国家实验室和重点野外观测台站的布局、重大科技专项设置、产学研联合研发中心建设给予持续的关注和支持。

二、重点领域方向

我国生态文明建设已进入新时代以降碳增效、绿色发展为重点战略方向、推动减污降碳协同增效、促进经济社会高质量发展全面绿色转型、实现生态环境质量改善由量变到质变的关键时期。云贵川渝地区（西南山地）地处长江上游，作为我国重要的战略性矿产与稀有金属资源基地、清洁能源基地、生物多样性保护基地和粮食生产基地，对于长江流域具有全局性、战略性影响，对照"双碳"总体目标，在环境效益、经济效益、社会效益等多重目标中寻求"最优解"，污染防治、环境治理领域的布局在云贵川渝地区尤为重要，应重点考虑水、土、气、生四要素及其相互关系，科技领域布局应突出以流域水环境保护为核心的重点方向，兼顾大气、土壤的环境保护和生态固碳，布局以下几个重点方向。

（一）水环境保护方向

1. 重点河湖水生态修复与水环境治理

以长江上游生态屏障建设、流域水环境保护为核心领域，突出水土流失和农业面源污染防治的重点，并重点关注成渝大型城市群的流域治理和云贵高原湖泊的水环境保护。研究重点河流（如长江、乌江、赤水河等）和高原湖泊（如滇池、洱海）的水质保护与污染控制，包括农业面源污染、工业废水排放、生活污水治理等。探索高效污水处理技术、流域综合管理策略及水生态修复技术，确保饮用水安全和水生态健康。同时由于云贵川渝地区河流多为跨界水体，需要研究跨界污染的监测、预警、责任划分和协同治理机制，加强跨区域合作，共同应对水环境污染问题。

2. 新污染物管控与水生态安全

在开展生活污水与工业废水等传统水污染治理的同时，依据《新污染物治理行动方案（征求意见稿）》与《重点管控新污染物清单（2023年版）》，开展新污染物监测调查与污染防治研究，推动形成和完善新污染物治理体系，通过源头管控、过程控制、末端治理等手段，全面降低新污染物的环境风险。在此基础上，依据新的《水生态健康评价技术指南》（GB/T 43476—2023）及相应国家标准，开展水生态健康评价工作，逐步形成适用于云贵川渝地区重要河湖的水生态评估体系框架，通过科学的水生态系统管理，支撑水污染控制、水生态修复及水资源开发，从而为水环境长期保护与可持续利用奠定基础。

（二）大气环境保护方向

重点关注大型城市群雾霾的成因与防控措施，特别关注城市空气质量改善和区域联防联控机制的建立。针对地区可能存在的酸雨、$PM_{2.5}$、臭氧等大气污染问题，研究污染物来源解析、扩散模型预测、燃煤污染控制、机动车尾气减排、工业废气治理等技术与政策；全面推动"双碳"目标实施，实施污染减排、节能增效和生态固碳科技创新行动计划，为全面实现国家"双碳"目标提供科技支撑。

（三）土壤环境保护方向

重点关注重金属污染土壤的生物修复、安全利用与风险管控；持续开展农业面源污染治理，综合开展重金属、农药残留、有机污染物、新污染物等土壤污染状况监测调查，研发适合本地条件的土壤污染修复技术和方法，探索建立土壤环境质量监测网络和污染土地安全利用机制，同时研究如何优化施肥结构、推广生态农业模式，以减少农业面源污染。

（四）生态系统碳汇方向

云贵川渝（西南山地）地区生态系统类型多样，水热资源丰富，碳库容量远未达到饱和，在生态系统碳汇提升方面潜力巨大。在稳定现有森林、草原、湿地等生态系统碳汇的基础上，应结合国家生态保护修复重大工程，探索开展基于自然解决方案的废弃矿山生态修复与国土空间绿化行动，提升山地土壤固碳增汇潜力和生态系统碳汇能力。同时开展西南山地主要生态系统碳汇计量核算、监测工作与典型生态系统固碳、增汇和减排机制研究，探索区域水－热－光－土资源耦合互配的碳汇技术研发示范。

（五）领域交叉方向

突出水、土、气环境的一体化治理和山地"岩－土"二元结构的特点，将"大气－土壤（植物）－水体－岩石"作为地球关键带的整体，以水分运动为纽带，系统理解"大气－土壤（植物）－水体－岩石"的水分－能量耦合传输的界面过程及其垂直分异规律，明晰山地生态系统演化过程、形成机制与未来演变趋势；揭示复杂山地水文地理和生物气候条件下的水文－土壤侵蚀、河流泥沙与生源要素输移转化过程及其动力学机制，在空天地一体化监测、数据耦合与智能技术支持下，构建复杂山地"大气－土壤（植物）－水体－岩石"界面过程耦合模型。

上述重点方向的科技创新，为云贵川渝地区制定更加科学、精准的污染防治与环境治理策略提供坚实基础，推动区域生态环境质量持续改善。此外，上述领域研究同时还包含或涉及固体废物管理、环境监测与信息化建设、公众参与及环境教育等支撑领域，未来可进一步向生态系统质量改善、气候变化适应、生态屏障维护及生态经济学等领域拓展。

三、重点任务计划

基于长江上游生态屏障建设的战略意义和对长江流域全局的影响，加之西南水土环境的敏感性和相互影响，区域科技任务应突出水土环境演变与流域治理的重点，重点科技任务布局如下。

（一）西南山地水土环境演变与流域综合治理

重点任务包括：①山地土壤－水分－植物界面过程、驱动机制。系统剖析复杂圈层的多介质、多界面过程及其生态系统演变规律，构建复杂山地系统多界面过程耦合模型。②典型高原湖泊、长江上游重要水源地的污染物源解析、归趋及其环境生态效应。阐明重要水域的生源要素与新污染物的来源、迁移转化尺度效应及其对流域水环境的影响，构建流域生态水文－径流泥沙－污染物迁移转化耦合模型。③全球气候变化背景下山地生态系统响应适应机制与调控机理。研究气候变化条件下山地垂直带关键生态过程和生态功能的动态变化规律，阐释生态要素的耦合关系，突破山地垂直带生态功能权衡及协同作用的理论认知，构建复杂山地生态系统模型，预测垂直带生态结构与功能的演变特征。④水土环境生态修复与生态清洁小流域建设。以流域水土环境为核心，建立基于自然（近自然）解决方案与人工强化的"减源、增汇、截获、循环"的流域全程生态调控技术体系。

（二）成渝大型城市群水环境安全与绿色发展协同

重点任务包括：①成渝大型城市群环境容量研究。针对快速城镇化与水环境安全的尖锐矛盾，系统解析典型污染物、新污染物来源与行为、趋向与环境容量。②山区城市－农村人地关系及生态经济功能提升。科学认识低山丘陵区城市、农村系统的"生产、生活、生态"空间格局、人地关系与功能提升机理，突破农村–城市绿色发展与环境安全协同保障机制与关键技术。③流域水环境质量与水生态安全的绿色发展协同保障机制。城市–农村复杂地理格局的环境缓冲与保障体系构建；基于绿色发展的生产–生活–生态耦合结构重构与水环境协同保障机制。④基于山水林田湖草沙的水环境综合治理技术。

（三）云贵川渝生态环境空天地系统监测评估体系

重点任务包括：依托现有各类生态环境监测站点和监测样地（线），构建生态环境变化监测网络；建立反映生态环境质量变化的指标清单，开展长期定位监测和区域生态环境评估工作；结合区域、流域的定期调查和遥感监测，建立西南山地生态环境数据库和管理信息平台，结合国家生态环境调查评估要求，构建西南山地生态环境的空天地系统监测评估体系，每5年发布一次西南山地生态环境综合评估报告。

四、科技力量组织

面向云贵川渝生态屏障建设的科技支撑需求，提出优化或强化相关科技力量布局的方案，突出建制化与任务型科技力量相结合、中国科学院院内机构与院外高校、科研院所共同支撑的特点，考虑国家重点实验室等国家级平台载体的力量布局。以中国科学院在西南地区的资源环境领域的7个研究所为核心力量，汇集四川大学、四川农业大学、重庆大学、西南大学、贵州大学、云南大学、昆明理工大学等知名高校的优势科研力量与团队，以国家重点实验室体系重组为契机，以天府实验室及省市级重点实验室建设为抓手，联合打造面向西南山地生态屏障建设需求、集聚西南顶级高端人才、开展生态屏障建设攻关的多层级的科技力量组织体系。

五、科技资源布置

围绕科技支撑云贵川渝生态屏障建设的任务，提出科研人员、科技资金、科学装备设施等科技资源的优化配置和统筹布局方案，尤其是整合中央与地方、中国科学院院内与院外、中国科学院院内各机构等不同来源的科技资源，实现资源共享和高效利用。通过科技攻关突破生态屏障建设的瓶颈问题，研发城市与乡村环境质量系统提升的环境治理与资源多级循环利用技术，示范推广重点产业的链式循环高质生态技术和绿色发展模式。

六、监测平台体系

（1）通过加大基础设施投入、加强人才培养与团队建设、促进跨学科与国际交流合作、保障长期观测与数据管理（杨萍等，2020），稳定支持中国科学院在长江上游的野外观测台站，依托中国生态系统研究网络台站和国家野外生态站，提升支撑能力，强化大气、水、土、岩石和流域水环境综合监测功能。

（2）选择生态系统敏感、环境影响重大的流域或重要节点，包括生物多样性热点区域、水源地保护区、污染排放密集区等代表性与典型性区域，新建环境综合观测站，构建典型污染物监测、新污染物监测及生态参数监测等在线综合观测能力，监测环境变化、评估污染状况、预警潜在风险，以及制定有效保护和治理措施。

（3）筹建云贵川渝跨区域监测数据管理与分析数据中心（彭祥萍，2022），综合水体、大气、土壤、生态等观测数据与信息，通过云计算、大数据技术，实现跨区域、跨领域集成及多源数据融合分析，为环境管理决策提供科学依据，为长江上游生态屏障建设提供数据支撑。

第四节 科技战略问题

一、战略性重大科技问题

(一)长江上游水土环境演变规律与流域防控技术体系

1. 战略意义

长江上游丰富、优质的水资源(多为Ⅰ、Ⅱ类水)滋育了整个长江流域。同时,长江上游地区矿产资源丰富,有色金属、黑色金属、非金属和稀土等矿产种类齐全,储量大,其中钒钛矿储量世界第一;磷、铁、铜、铅、锌矿等资源相对富集,在全国占据重要地位(孙鸿烈,2008)。此外,长江上游耕地资源紧缺,不足全流域的30%,且以坡耕地为主,集中了全流域85%以上的坡耕地;而长江上游省份的猪、牛、羊等畜牧产品总量位居全国前列,其中四川一直是国家重要的生猪生产基地,年出栏数全国第一;因独特、丰富多样的气候条件和土壤类型,林果、蔬菜和中药材等特色农产品供应全国。因此,长江上游地区为国家经济发展发挥了水资源、矿产资源和农产品的供给优势。同时,长江上游地区地处我国一、二级阶梯的过渡地带,居高临下,其重要的地理位置、特殊的地质地貌特征和脆弱的生态与环境,赋予了长江上游对中下游特殊的环境服务功能,素有天然屏障之称。由于生态系统自身的脆弱性和长期不合理开发等人为因素的影响,长江上游地区的环境退化普遍,高地质背景与矿业开发加剧了土壤污染态势,影响区域粮食安全;水土流失形势依然严峻,面源污染已成为水环境的主要矛盾(朱波等,2021),荒漠化和石漠化未得到根本抑制等一系列生态和环境恶化问题,导致长江

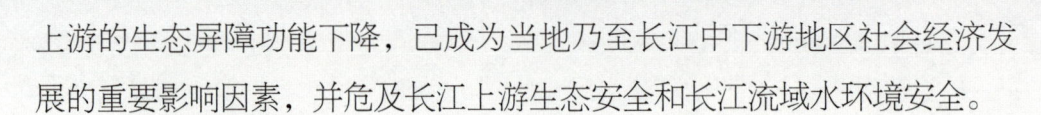

上游的生态屏障功能下降，已成为当地乃至长江中下游地区社会经济发展的重要影响因素，并危及长江上游生态安全和长江流域水环境安全。

2. 遴选依据

长江上游水土环境类型复杂，受气候变化与人类活动影响敏感，是地球表层相对活跃与脆弱的区域，对整个长江流域的生态与环境安全具有战略和全局效应；山地高地质背景、独特的水文节律、强烈的人类活动和气候变化等多重因素影响下的生态环境演变研究具有前沿性，开展该领域的系统研究可揭示复杂陆地表生过程规律。

3. 主要内涵

面向国家保护长江和西南山地生态文明建设的重大需求，服务"生态优先、绿色发展"的核心发展理念，针对长江上游山地水土环境敏感以及污染物来源与致污机制不清等问题，系统研究坡面土壤－水分－植物界面过程与驱动机制，解析典型污染物、新污染物来源及其多界面、多圈层耦合迁移机理，科学认识水源涵养、水体自净等生态功能对气候变化、生态与水利工程的响应机制，建立生态水文－径流泥沙－污染物迁移转化耦合模型，揭示山地水土环境演变过程和环境敏感物质迁移、输移的时空规律，突破污染物源头防控、过程阻截、末端消纳的全过程流域控制关键技术，构建生态清洁小流域技术体系与示范模式。

4. 阶段目标

2030 年，建成流域水土环境演变观测网络，系统揭示西南山地土壤－水分－植物生态水文界面过程与驱动机理。

2035 年，查明长江上游流域污染物来源与效应，系统评估山地生态功能。

2050 年，构建流域生态水文－径流泥沙－污染物迁移－水环境耦合模型，建立流域水土环境综合整治与生态清洁示范流域。

(二)新污染物格局、迁移转化及其生态效应评估

1. 战略意义

云贵川渝地区地处长江上游，地区地理环境复杂，生态系统丰富多样，既是中国的战略腹地，又是中国重要的水源涵养区和生态屏障，其水资源量与质的稳定性直接关系到长江流域乃至中华民族的持续发展。在西部大开发与全球环境变化的双重影响下，大量人类活动带来的新污染物种类与来源复杂，而对新污染物的来源、迁移转化、生态效应的科学认知有限，亟须系统了解新污染物的来源、行为、时空格局及其对长江上游脆弱生态系统和人类健康的影响，这将有助于新污染物的溯源与管控，保护长江上游生态系统的完整性和稳定性，维护区域、流域的生态安全。2021年，《中共中央 国务院关于深入打好污染防治攻坚战的意见》就加强新污染物治理工作作出部署："加强新污染物治理。制定实施新污染物治理行动方案。针对持久性有机污染物、内分泌干扰物等新污染物，实施调查监测和环境风险评估，建立健全有毒有害化学物质环境风险管理制度，强化源头准入，动态发布重点管控新污染物清单及其禁止、限制、限排等环境风险管控措施。"

2. 遴选依据

长江上游拥有得天独厚的地理优势和丰富的生态系统资源，被视为中国战略腹地和生态文明建设的重要战略支撑区。近年来，党中央、国务院及相关部委相继出台了一系列关于生态文明建设、生态屏障等方面的政策文件和规划，强调了保护云贵川渝生态屏障区的重要性，提出了加强生态环境保护和修复的具体措施。同时，云南、贵州、四川、重庆四省份在"十五五"、2035年和2050年等不同阶段目标中，也明确了生态文明建设中新污染物防治目标。但关于新污染物在云贵川渝地区的来源、污染程度、对区域内生态系统健康的影响等方面缺乏系统性研究，

导致长江上游新污染物的管控与防治的科技支撑不足。因此，加强对新污染物的调查，以及污染物来源、行为规律的科学认知，提升对新污染物环境风险的监测、预警能力是长江上游地区保护生态环境、建设生态文明高地的迫切任务之一。

3. 主要内涵

针对新污染物来源不清、迁移转化过程不明、生态效应不明确等问题，开展持久性有机污染物、抗生素、微塑料等新污染物的调查监测与环境风险评估技术的研究；深入认识新污染物在水体、土壤和大气中的赋存形态、迁移转化过程路径和扩散速度及其进入生物体的机制；系统评估新污染物对生态系统整体性、稳定性和功能的影响；研发以源头管控为主、兼顾过程减排和末端治理，以及大气、水、土壤等多介质协同综合管控的技术体系；建立新污染物治理的跨部门协调机制，发布重点管控新污染物清单，构建涵盖调查监测、环境风险评估、危害识别、环境风险管控的新污染物综合治理体系。

4. 阶段目标

2030年，研发新污染物监测、评估的新方法、新技术，调研、监测新污染物在区域内的分布情况，包括其种类、来源、浓度分布以及季节变化等特征，识别新污染物的危害，建立重点管控新污染物清单。

2035年，研究新污染物在生态系统中的行为、归趋和生物吸收机制及其关键影响因子与驱动，系统评估新污染物对生态系统功能的潜在影响与环境风险；构建新污染物源头管控、过程减排和末端治理等综合防治技术体系。

2050年，完善新污染物监测、评估与预警体系，建立新污染物治理的跨部门协调与综合管控机制体系。

二、关键性科技问题

(一) 西南山地大气-土壤-植物-水体-岩石复杂界面过程与模拟

1. 战略意义

西南山地因造山运动地势隆升造成岩石出露，岩性土广泛分布，具有代表性，如石灰岩土、紫色土、石灰岩黄壤等，这些土壤具有明显的岩-土二元结构，土层浅薄，生态脆弱，是最典型的脆弱山地表层系统，具有独特的岩石-土壤-植物界面过程，对于地球表生作用具有深远影响，其界面过程对于理解脆弱生态系统的结构、破解脆弱生态系统的修复难题具有重要意义。

2. 遴选依据

山地岩性土的岩-土二元结构具有代表性，独特的山地表层结构是生态系统结构与功能演变、山地水文与生物地球化学过程的关键，该界面过程缺乏深入研究。

3. 主要内涵

突出生态屏障建设的全局性和代表性，科学认知西南山地岩性土的关键界面过程、功能与适应机制；突破大气-土壤-植物-水体-岩石界面过程的物质和能量传输过程、机制与建模。

4. 阶段目标

2030年，选择流域水土环境脆弱（或对全球气候变化敏感）的典型区域，建设流域水土环境观测台站，提升台站系统监测能力，构建西南山地流域生态水文观测网络体系。

2035年，查明西南山地流域典型污染物来源、归趋与效应及其时空演变规律。

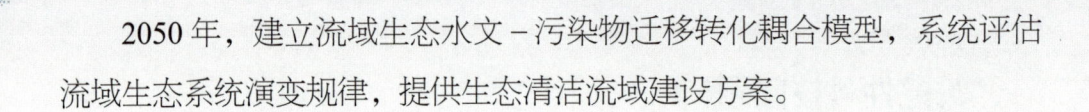

2050年，建立流域生态水文-污染物迁移转化耦合模型，系统评估流域生态系统演变规律，提供生态清洁流域建设方案。

（二）成渝大型城市群水环境安全与绿色发展协同保障

1. 战略意义

成渝地区双城经济圈是推动高质量发展，打造西部重要经济增长极的关键。而成渝地区地处四川盆地腹心和长江上游生态屏障的最前沿，同时成渝都市圈孕育发展了除成都、重庆超大城市外一系列中型城市群和大量小型城镇，高质量发展面临的生态屏障建设挑战巨大，长江上游水源地水环境安全的高要求与高速城市化的矛盾尖锐。因此，成渝地区的水环境安全与绿色发展的协同将为西部地区高质量发展提供样板和示范，全面促进西部生态屏障区经济社会可持续发展，保障一江"优"水浩荡东流。

2. 遴选依据

四川盆地中部人口密度大，长江主要支流如沱江、嘉陵江流域中下游水环境承载能力不足，水环境质量改善成效不稳固，城镇污染高排放与农业面源污染叠加，环境激素、抗生素、持久性有机污染物、微塑料等新污染物负荷高，基础研究及管控能力不足。成渝地区距离构建以Ⅱ类水为主体，实现长江流域70%以上国控断面的水质达到Ⅱ类、干流水质稳定达到Ⅱ类的规划目标还有较大差距。

3. 主要内涵

针对快速城镇化与水环境安全的尖锐矛盾，研究典型污染物、新污染物的来源、归趋与环境生态效应，系统阐明生产、生活、生态的结构、功能与人类活动影响下的生态功能耦合提升机制，突破农村-城市高质发展与环境安全协同提升瓶颈技术。

4. 阶段目标

2030 年，科学评估成渝大型城市群的发展潜力、环境容量与环境生态效应。

2035 年，科学认识城市–农村复合格局对污染物负荷时空规律及都市圈生态功能调控的原理和提升机制。

2050 年，构建成渝大型城市群流域水环境安全与绿色发展协同保障机制与关键技术体系，建成典型示范区。

（三）云贵川渝矿区重金属污染防治

1. 战略意义

云贵川渝地区是我国重要的矿产资源基地，大规模的矿产开发、加工及其高地质背景导致土壤重金属尤其是镉、汞、铜、砷等污染严重，加之矿区耕地资源奇缺，受污染土地农用普遍，可能导致重金属进入食物链，危害人体健康。因此，开展云贵川渝矿区环境污染机制与治理修复研究，可为减少或消除因矿产开发导致的生态破坏、环境污染，以及生态保护导致的各种社会矛盾提供理论指导和技术支撑，对云贵川渝地区生态环境质量提升具有重要意义。

2. 遴选依据

高地质背景（尤其是喀斯特地区）叠加大规模矿业开发活动，导致云贵川渝地区土壤重金属（镉、汞等）污染严重，直接威胁区域粮食和农产品安全；大宗固废（磷石膏、赤泥、锰渣、煤矸石等）密集分布，引发乌江、鱼洞河等严重污染，被列为中央环保督察重点督办对象，急需有效的固废无害化、资源化和减量化技术支撑；土壤和水重金属污染是云贵川渝矿区最受关注的环境问题，对重要矿区水圈–土圈层展开重金属污染过程机制与修复策略研究，创建矿区"社会–经济–生态"和谐的可持续发展模式和实践范式，既是地球系统科学发展的需求，也是保障云贵川渝地区可持续发展的重大科技需求。

3. 主要内涵

云贵川渝地区面临矿区土壤与水环境相互胁迫的生态挑战，应尽快开展岩-土-水-生等过程重金属污染物运移规律与调控技术等科学研究。立足于建设具有地区特色的生态文明建设模式，开展云贵川渝地区高地质背景农田污染防控机理、重金属土-水污染与调控机制研究；开展高地质背景区重金属风险评估、污染成因与防控技术体系研发；开展矿区水-岩相互作用及污染物输移规律、污染物模型和监测体系等研究。

4. 阶段目标

2030年，构建矿区重金属污染物监测体系，完成高地质背景区重金属风险评估、污染成因研究，初步构建矿区重金属污染综合防控技术体系。

2035年，建设完善的典型矿区重金属污染修复技术体系，并开展试验示范。

2050年，云贵川渝生态屏障区重金属污染得到较大改善，基本消除安全利用类耕地，消除严格管控类耕地。

（四）新污染物监测、评估与管控提升

1. 战略意义

提升监测和评估技术可以帮助及时发现和识别新污染物的存在和分布情况，特别是对于那些在传统监测手段下不易察觉的污染物。这种技术提升有助于加强对生态系统健康的监测和保护，从而及时应对污染事件，采取有效的措施遏制污染扩散，最大限度减少对生态环境的不利影响。科学的评估方法使得我们能够准确评估污染物对环境和生态系统的潜在风险，有助于预警可能存在的生态安全风险，并为相关政策制定和管理决策提供科学依据。政府部门可以根据这些监测数据采取针对性的措施，制定更加有效的环境保护政策，以确保生态环境的持续改善。此

外，新技术的引入还能推动企业和产业转型升级，促使其采用更清洁、更环保的生产技术和工艺。这有助于推动经济向绿色低碳方向发展，实现经济增长与环境保护的良性循环。公开透明的监测数据和评估结果有助于提高公众对环境污染和生态系统健康的关注度，并促进公众积极参与环境保护和生态建设。这种公众参与不仅可以增强其社会责任感，还可以促进环保意识的普及和推广。因此，提升新污染物监测和评估技术不仅能有效保护生态环境和维护生态系统健康，还能推动绿色发展和可持续发展，增强公众环保意识，实现经济社会的可持续发展目标。

2. 遴选依据

在新污染物监测和评估技术提升时，需要考虑技术的准确性和精度，即新技术应能准确检测和识别各类污染物以确保结果可靠；实时性和连续性，即新技术需实时监测污染物变化并提供连续数据以应对污染事件；多样性和综合性，即新技术应能监测多种污染物类型，全面了解其分布和影响；成本效益，即新技术需在合理成本内提供可靠结果以确保效益最大化；适用性和通用性，即新新技术应适用于不同环境和行业需求；数据共享和开放性，即新技术应提供开放的数据接口和标准化格式以促进信息共享和加强监测结果的可信度。综合考虑这些因素可选择最适合实际需求的技术，并为环境保护和生态建设提供可靠依据。

3. 主要内涵

首先，新技术的研发和应用将提高监测和评估的准确性和精度。通过引入先进的传感器、仪器和分析方法，更准确地检测和识别污染物的种类、浓度和来源，从而为环境保护和生态修复提供更可靠的数据支持。其次，新技术将实现对污染物的实时监测，并能够持续提供数据。这有助于及时发现污染事件和变化趋势，为政府部门和环保组织提供及时、准确的决策支持，以保障生态环境和公众健康。再次，新技术的应用将提高监测和评估的成本效益。随着技术的进步和成本的下降，更多地区和单位能够承担得起高质量的监测和评估服务的费用，从而实现更广泛的监测覆盖，取得更好的监测效果。最后，新技术将智能化和自动化应用于监测和评估过程。通过人工智能、大数据和物联网技术，实现数据的自动收集、处理和分析，提高监测和评估的效率和精度，为环境保护和生态建设提供更强有力的技术支持。

4. 阶段目标

2030 年，实现新污染物监测技术的普及和全面应用，覆盖主要污染物种类及其来源；推动新污染物评估技术的发展，确立更精准的评估指标和标准，为政府决策和环境管理提供科学依据。

2035 年，持续提升监测技术的智能化和自动化水平，实现数据的实时共享和互联互通；深化新污染物评估方法的研究，建立更全面、更科学的评估体系，综合考虑污染物的生态风险和社会影响。

2050 年，实现新污染物监测和评估技术的国际标准化和通用化，促进全球污染治理的协同合作和共建共享；推动新技术在环境保护领域的深度应用，实现环境质量的持续改善和生态文明建设的新突破。

三、基础性科技问题

基础性科技问题为云贵川渝生态屏障建设中亟须解决的共性、基础性科技问题，侧重于各类基础设施、数据中心、监测－观测－预测－预警平台、数据集成共享平台、区域合作平台等。

新污染物监测技术研发及流域水环境综合监测网络

1. 战略意义

自 2022 年《国务院办公厅关于印发新污染物治理行动方案的通知》（国办发〔2022〕15 号）发布及各省级行政区的新污染物治理相关政策

相继发布以来，新污染物（持久性有机污染物、内分泌干扰物、抗生素、全氟化合物、微塑料等纳米颗粒）监测技术研究及方法标准体系建设是《生态环境监测规划纲要（2020—2035年）》及云南、贵州、四川、重庆"十四五"生态环境保护规划的重要内容（生态环境部，2021，2022）。云贵川渝地区人口基数大，也是我国重要畜禽（特别是猪、鸡）和水产养殖基地，抗生素、内分泌干扰物等使用量大，可能对流域水环境造成严重后果。开展新污染物监测技术及设备研究应用是促进长江上游生态环境保护的基础和科技战略需求。在新兴监测技术研发基础上，构建长江上游重点流域环境综合监测网络，摸清云贵川渝地区新污染物的赋存底数，支撑国家发布重点管控的新污染物补充清单、制定针对性区域管控策略。

2. 遴选依据

川渝两地在全国率先建立了新污染物环境风险的省际联防联控机制，不仅涉及开展联合调查，还包括动态更新重点管控新污染物补充清单，以及探索建立长江经济带区域内有毒有害化学物质的跨区域环境风险预警制度。2023年《关于建立川渝新污染物环境风险联防联控机制协议》的签署以及《新污染物川渝联合调查工作方案》的发布实施标志着川渝两地共同优化长江经济带生态安全屏障迈入新领域，是落实污染防治攻坚战的有力举措。云贵川渝地区地处长江上游，生态环境脆弱，对整个长江流域具有重要的生态屏障功能，且该地区水源地和支流较多，对长江流域水环境具有重要影响。云贵川渝地区社会经济发展不平衡，畜禽、渔业等养殖业已成为重要支柱产业，城市人口密集且大都位于长江干流或重要支流流域。城镇污染高排放与农业养殖污染、农业面源污染叠加，环境激素、抗生素、持久性有机污染物、微塑料等新污染物负荷高，对水环境可能产生威胁，且影响流域水生态健康，但针对新污染物的基础研究不足，特别是新污染物检测与自动监控技术不足，流域高精度、自

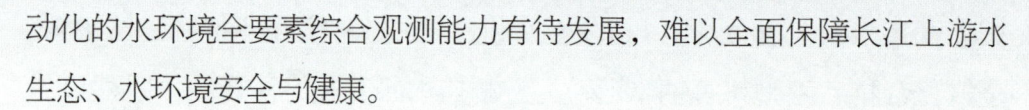

动化的水环境全要素综合观测能力有待发展，难以全面保障长江上游水生态、水环境安全与健康。

3. 主要内涵

开展新污染物分析方法、监测设备研发，建立包括流域径流、泥沙、水环境要素的新污染物监测技术体系；构建水环境要素空天地一体化和流域水环境全要素自动监测网络，提升云贵川渝地区新污染物环境危害筛查和风险评估科技支撑能力。

4. 阶段目标

2030年，重要新污染物的监测技术及设备研究取得较大进展，初步建立典型流域新污染物与水环境综合监测网络。

2035年，新污染物监测技术及设备实现应用示范，基本建成涵盖新污染物在线监测的长江上游流域水环境综合监测网络，实现提升生态环境现代化监测水平。

2050年，主要新污染物指标监测设备实现国产化与应用，建成涵盖新污染物在线监测的长江上游流域水环境综合监测网络，支撑我国新时代生态环境监测体系，在区域层面上，通过信息共享、风险预警和协同管控等手段支撑新污染物综合治理。

第五节　科技任务组织实施

一、国家科技任务组织实施

云贵川渝地区是"长江流域生态大保护"的主战场之一，成渝地区双城经济圈建设、打造高质量发展重要增长极是国家重大决策部署。但在未来相当长的时间里，云贵川渝地区水、土、气环境质量局部好转、整体恶化的趋势仍将继续。在科技支撑方面，与习近平总书记提出的"绿水青山就是金山银山"的理念和美丽中国建设等国家战略需求还存在差距。面向国家重大需求，立足云贵川渝地区经济社会发展和环境保护需求，建议中央科技委员会启动云贵川渝地区环境污染与治理国家重大科技专项，提高云贵川渝地区环境污染协同治理能力；建议针对关键环境科技问题，设立国家基础研发计划项目，齐集云南、贵州、四川、重庆科技力量揭榜挂帅，协力解决云贵川渝地区环境污染治理的基础科学问题。在平台建设方面，建议升级云贵川渝地区国家重点野外观测网络建设。在人才方面，建议相关人才项目体系倾斜支持云贵川渝地区，在国家层面形成重大专项–重大任务–高端人才立体支持体系，攻坚水土气污染与综合治理关键核心技术，形成系统解决方案，支撑云贵川渝地区环境污染治理，为"长江流域生态大保护"破解环境污染治理中的"卡脖子"问题。

二、中国科学院科技任务组织实施

中国科学院是云贵川渝地区环境污染治理研究的主力军。先后在云贵川渝地区的生态环境敏感区建立了12个森林、草地、农田、湿地等生态环境野外观测试验站，其中进入国家重点野外科学观测站系列的有5个。建议中国科学院充分发挥国家战略科技力量主力军作用，紧扣国家"长江流域生态大保护"和云贵川渝地区高质量发展重大需求，结合云贵川渝地区环境保护重大需求，科学布局中国科学院战略性先导科技专项、基础研究前沿与人才项目、国际合作项目（如澜沧江—湄公河合作）等，整合全院相关科技力量开展环境污染治理多学科联合攻关和大协作。在重大科研任务方面，建议面向重大基础科学问题与科技前沿设立B类先导专项，面向关键核心技术问题设立A类先导专项，破解长江上游生态大保护和环境污染治理难题。在科研平台建设方面，聚焦重点流域（金沙江、澜沧江、雅砻江、嘉陵江、岷江），建设云贵川渝生态屏障建设与环境污染综合治理的科技支撑点。在人才培养方面，通过设立国内相关项目和国际合作项目，提高"西部之光"支持力度，集聚生态环境保护和环境污染治理领域的领军性科技人才和青年人才，培育长江上游环境污染治理的一流科技人才队伍。

三、云南、贵州、四川、重庆四省份任务组织实施

云南、贵州、四川、重庆四省份在开展生态屏障建设中，各自依据自身的地理、生态特点及国家战略定位，协同推进一系列重要任务和项目，旨在加强区域生态环境保护，促进生态文明建设，关键的组织实施措施包括：①政策规划协同。云南、贵州、四川、重庆四省份政府加强沟通协调，依据国家生态文明建设和长江经济带发展战略，协同制定区域生态保护与环境污染治理的总体方案和专项规划，明确各自的职责与目标，确保政策的一致性和互补性。②跨区域合作机制。建立和完善跨省份的协调合作机制，如定期召开联席会议，设立联合工作小组等，加强信息共享、技术交流和项目协作，共同应对跨界环境污染治理问题。③污染防治联动。加强对跨界水体、大气污染的联防联控，制定统一的排放标准和监测体系，加强跨界河流的联合治理，实施严格的水资源管理制度，协同防治长江上游流域的水污染，保障水质安全。④绿色发展转型。推动云南、贵州、四川、重庆四省份产业结构和能源结构的绿色转型，发展循环经济，推广清洁能源，限制高耗能、高污染行业发展，支持绿色技术创新和生态农业、生态旅游等绿色产业发展。⑤科技支撑与信息共享。云南、贵州、四川、重庆四省份加大国家自然科学基金区

域创新发展联合基金的支持力度，突破解决各地环境污染治理领域的关键科学问题和核心技术研发；利用大数据、人工智能等现代信息技术提升生态监测能力和管理效率，实现生态环境数据的共享与交流。

四、国家及地方科技力量协同

立足服务国家战略需求和支撑本区域环境污染治理涉及的关键学科发展，围绕建设国家重点实验室、产学研合作联盟等方面，通过以下几个方面措施可以有效整合国家与地方的科技力量，共同推进云贵川渝地区环境污染治理建设：①建立协调机制。构建由国家相关部委、地方政府及科研机构共同参与的协调机制，确保政策指导、资源配置和信息共享的有效性。通过定期召开联席会议，协调各方资源，统一规划和部署，形成上下联动、左右协同的工作格局。同时应加强政策引导与资金支持，通过国家层面出台更多激励政策，鼓励科技创新和成果转化，为环境污染治理提供稳定的财政支持和政策保障。②科技项目联合攻关。围绕环境污染治理的关键技术难题，组织国家和地方科研机构、高校进行联合科技攻关。利用国家科技计划项目和地方科技专项，支持跨区域、跨学科的合作研究。③平台与基地共建共享。构建生态科研平台和野外监测网络，包括生态观测站、实验基地等，实现国家级平台与地方平台的资源共享和数据互通，推动科技资源开放共享，为科学研究提供支撑。同时，促进科研成果的快速转化应用，推动地方生态治理能力的提升。④人才培养与交流。加强环境污染治理领域的人才队伍建设，通过国家和地方合作培养、互派交流、联合培训等方式，提升地方技术人员的专业水平。利用国家高层次人才引进计划，吸引国内外顶尖环境污染治理科学家参与到云贵川渝地区的环境污染治理中来。

第七章

云贵川渝生态屏障区气候变化应对与石漠化治理

第一节　科技支撑总体要求

坚持以习近平生态文明思想为指导，全面贯彻党的十九大、党的二十大及二十届历次全会精神，牢固树立和践行"绿水青山就是金山银山"理念，站在人与自然和谐共生的高度谋划发展。为此，坚持尊重自然、顺应自然、保护自然，坚持节约优先、保护优先、自然恢复为主，紧扣全国生态文明建设排头兵战略目标，以改善生态环境质量为导向，以实现石漠化治理提质增效与绿色发展为核心，以高水平生态环境保护促进经济社会高质量跨越式发展为主线，以深化生态文明体制改革为动力，以喀斯特气候变化应对与石漠化治理为支撑，突出精准石漠化治理、科学石漠化治理、依法石漠化治理，采取科学、合理的工程技术措施和生态修复手段，切实做好防范石漠化返变的工作，为云贵川渝生态屏障区宏观决策提供科学可靠的依据。尽快修订基于碳酸盐岩风化成土速率的喀斯特地区土壤侵蚀风险评价标准；制定并构建基于成土速率、适用于该地区的土壤侵蚀分类分级标准和风险评价方法；建成喀斯特水资源防漏与高效利用技术体系，充分利用喀斯特山区丰富的大气降水和暗藏地下水来解决环境工程性缺水问题；摸清气候变化规律，深入认识石漠化对气候变化的响应，深入认识气候变化和重大工程对喀斯特流域物质循环和生态环境叠加规律的影响。喀斯特"叠加区"对气候变化响应敏感，生态环境退化与修复问题特殊，迫切需要在研究中揭示气候变化背景下喀斯特生态环境的退化过程、驱动机制和弹性阈值，创建基于喀斯特独特水文生物地球化学过程的"叠加区"气候变化适应性理论，构建流域生态修复与重大工程安全协同提升的技术体系，提高喀斯特地区气候风险防范和抵御能力；构建石漠化解译模型和生物多样性综合指数，量化石漠化治理项目的效益及其对生物多样性的有效性，为石漠化精准防治及生物多样性保护提供重要的决策支撑；为争当全国生态文明建设排头兵、筑牢西南生态安全屏障奠定坚实的生态环境基础，有效支撑全国生态安全，特别是长江中下游生态安全。

第二节　科技支撑阶段目标

一、2030 年（近期）目标

发起的可持续发展国际合作科学计划促进与"一带一路"共建国家和地区的合作，针对全球喀斯特地区的可持续发展提出中国创新方案。该计划通过创新喀斯特地球关键带科学与人地系统耦合理论，揭示喀斯特地球关键带的形成演化机制和地表层圈物质循环规律，同时在石漠化治理技术上取得突破，提出生态系统保护、修复与固碳增汇的协同解决方案。此外，开发喀斯特山地复合流域蓄水保土扩绿增汇和水利工程安全协同提升的关键技术，并对喀斯特地质背景区湖库富营养化进行评估，开发西南喀斯特工业固废"无害化－资源化－减量化"技术体系。攻克喀斯特地区石漠化治理的关键核心技术，发展喀斯特区岩溶碳汇技术体系，创建全球喀斯特地区"社会－生态"和谐的可持续发展模式和实践范式，服务联合国可持续发展目标，为"联合国生态系统恢复十年"行动计划提供典型范例。持续推动喀斯特地区生态安全屏障的建立，增强生物多样性保护研究的国际影响力，使该地区成为全球生态环境保护的重要力量，成为美丽中国的样板，提升当地群众的生活质量。

二、2035年（中期）目标

喀斯特系统科学国际研究高地的建设将推动喀斯特系统科学与可持续发展理论的发展，并引领国际喀斯特系统科学的进步。在服务美丽中国建设、乡村振兴战略与"双碳"目标的过程中，将突破系统性石漠化可持续治理技术体系（水－岩－土－气－生－人修复体系），提出喀斯特生态系统保护、修复与固碳增汇协同的系统解决方案，构建喀斯特特色资源保护与利用模式，建设喀斯特地区乡村振兴特色范式，为政府决策提供咨询报告，支撑区域可持续发展的技术需求。组建高水平人才队伍，建成喀斯特生态环境科学领域人才聚集的高地，并形成中国西南生态环境研究的战略核心力量。西南喀斯特地区的气候和重大工程适应性将得到提升，保持喀斯特生态环境的良好稳定。同时，将形成西南喀斯特区域固废资源化处置与产业发展的协调模式，建立喀斯特湖库水污染修复技术体系，保障喀斯特地区湖库饮用水水源环境的安全。建设世界一流的喀斯特系统生态修复研究队伍，使其成为中国生态环境保护的战略核心力量。

三、2050年（远期）目标

喀斯特系统科学研究将引领创新，发展喀斯特地球关键带科学与人地系统耦合理论，阐明喀斯特地球关键带的形成演化机制，揭示地表层圈物质循环规律，发展碳酸盐岩碳汇学说，提升对喀斯特生态系统脆弱性、可恢复性和稳定性演变的认识，并建立理论框架，使该研究进入国际同类研究前列。同时，将建成国际一流的喀斯特系统科学人才队伍与平台，围绕地球系统科学，引进、培养和稳定高水平的多学科融合研究和系统综合管理人才。从根本上破解保护与发展的矛盾，实现西南喀斯

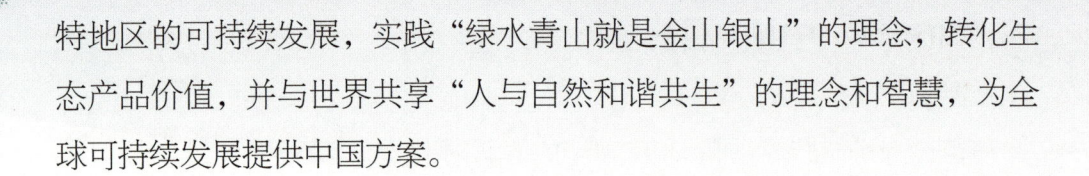

特地区的可持续发展，实践"绿水青山就是金山银山"的理念，转化生态产品价值，并与世界共享"人与自然和谐共生"的理念和智慧，为全球可持续发展提供中国方案。

第三节 科技支撑战略布局体系

一、科研管理体制

深化气候变化应对与石漠化治理科研管理体制机制改革，促进学科交叉融合，是发展喀斯特系统科学和解决系统性、交叉综合性科学难题的本质需求。构建跨学科交叉融合研究平台，进行科研管理的体制机制改革。首先，构建新型的学科交叉融合研究范式。应成立由来自自然科学和社会科学多个一级学科的科学家、政府、社会利益相关者共同构成的"气候变化应对与石漠化治理研究战略和学术咨询委员会"，指导和参与全国重点实验室重大研究项目或研究计划的顶层设计、咨询以及实施过程中的评估；突出研究项目或计划的系统顶层设计。科学家、政府、社会利益相关者共同设计科学目标和需要解决的社会需求目标，以及科学问题和实施方案，揭榜挂帅确定项目或计划首席科学家；突出自然科学和社会科学领域多个一级学科的交叉融合研究，研究成果应该同时具有多学科甚至跨自然科学和社会科学领域科学家之间合作的贡献。其次，进行新型科研管理体制机制保障，从而实现跨部门和跨学科交叉融合研究。喀斯特系统科学研究需要构建跨学科（地质学、生态学、地理学、管理科学、社会学等）的研究团队，需要通过政策和制度保证来自不同部门和学科背景的科学家之间的协同合作研究，实验室人员的人事行政管理由原单位负责，主要科研活动受全国重点实验室管理，原单位和全国重点实验室共同评估和肯定科研人员的贡献；科研项目资助、组织、过程跟踪和目标管理（评估机制）需要明确并突出项目和学术带头人的稳定支持，加强研究项目布局的顶层设计，突出总体目标实现的过程管理；组建多学科交叉研究的知识、科研信息和数据共享的学术交流平台或组织，促进不同学科背景的科学家之间的思想交流，发现共同的学科交叉研究问题，激发对涉及多学科交叉融合研究的兴趣和共同挑战复杂性、非线性和综合性的系统科学问题的协同合作精神。

二、重点领域方向

面向云贵川渝地区乃至西南地区气候变化应对与石漠化治理重大需求，未来重点发展以下前沿领域方向。

（一）建立喀斯特系统科学理论框架

喀斯特系统科学研究。创新喀斯特地球关键带科学与人地系统耦合理论，阐明喀斯特地球关键带形成演化机制，揭示气候变化规律，提升对喀斯特气候变化应对与石漠化治理的认识，发展碳酸盐岩碳汇学说，建立喀斯特系统科学理论框架。突出地球系统科学思想，将"水－岩－土－气－生－人"作为地球关键带的整体开展协同研究，发展地球系统科学。

（二）构建石漠化治理应对气候变化的多维机制

喀斯特系统多圈层、多尺度、多维度相互作用机制研究。通过多圈层、多尺度、多维度相互作用机制的研究，揭示生态系统内部与气候变化间的相互关系，为石漠化治理应对气候变化提供科学依据。

（三）重点河湖水环境治理与水生态修复

重点河湖水环境治理与水生态修复研究。聚焦长江、珠江和黄河上游生态屏障建设，以流域重点河湖水环境与水生态保护为核心，突出气候变化（快速变暖、极端干旱、极端降雨）的响应与应对，重点关注大型集中式饮用水源地的流域治理和高原湖泊的生态环境保护修复。

（四）协同提升喀斯特脆弱生态系统服务功能

西南喀斯特地区生态系统功能维持和提升，包括喀斯特脆弱生态系统完整性评估与预测、重大工程与气候变化叠加影响下的保护修复以及西南喀斯特地区生态服务功能的协同提升。

三、重点任务计划

喀斯特石漠化治理取得了显著的成效，但是目前仍面临着一些严峻挑战。从云贵川渝生态屏障区气候变化应对与石漠化治理，以及西南水土环境的敏感性和相互影响方面考虑，科技任务应突出气候变化与石漠化治理的重点，重点科技任务布局如下。

（一）厘清喀斯特地区气候变化过程与未来趋势风险

深入揭示喀斯特地区的气候变化过程及其主要驱动因素；准确预测喀斯特地区未来的气候变化趋势和风险；提出针对性的应对策略和政策建议，为防范化解气候灾害风险提供科学依据。

（二）制定喀斯特石漠化地区靶向性－系统性治理方案

针对石漠化地区的具体问题和需求，制定针对性的治理措施；综合考虑石漠化地区的自然环境、社会经济条件和人类活动等因素，制定系统性的治理方案；依托科学研究和先进技术，制定科学合理的治理措施和方案；确保治理措施的长期有效性和可持续性，避免短期行为带来的负面影响。

（三）构建喀斯特地区水土流失综合治理与绿色发展途径

显著减少喀斯特地区的水土流失现象，恢复和增强土地的生产力；推动喀斯特地区的绿色产业发展，实现经济增长与环境保护的双赢。

（四）研发岩溶地质碳汇精准计量与固碳增汇技术

建立岩溶地质碳汇监测网络，覆盖不同岩溶类型和区域；采用先进的地质、水文、生态等监测手段，获取岩溶地质碳汇的实时数据；建立岩溶地质碳汇数据库，实现数据的整合、分析和共享；研发岩溶地质碳汇计量模型，提高计量的准确性和可靠性。

（五）喀斯特生物多样性与生态系统服务形成机理

揭示喀斯特生物多样性的形成机理和生态系统服务的形成机理；阐明喀斯特生物多样性与生态系统服务之间的相互作用关系；提出针对喀斯特地区的生态保护、资源利用和可持续发展的策略建议；为国内外相关领域的研究提供新的思路和方法；为喀斯特地区的生态保护、资源利用和可持续发展提供科学依据和决策支持。

（六）气候变化对喀斯特生态系统的正负影响

针对全球气候变化的挑战，建立一个关于喀斯特生态系统的特有且全面的理论体系和技术框架，专注于喀斯特植被的降温效应、土壤干化问题以及生态绿化研究，以形成一套系统的研究成果。这一体系将深化对气候变化影响喀斯特生态系统的正负效应机制的理解，并在此基础上，打造一个国际领先的研究基地，为生态保护和可持续发展提供坚实的科学依据和技术支撑。同时，引领喀斯特生态系统在气候变化背景下的响应与适应机制研究，推动相关技术在全球的应用，确保为国家和区域经济社会发展提供强有力的生态保障。

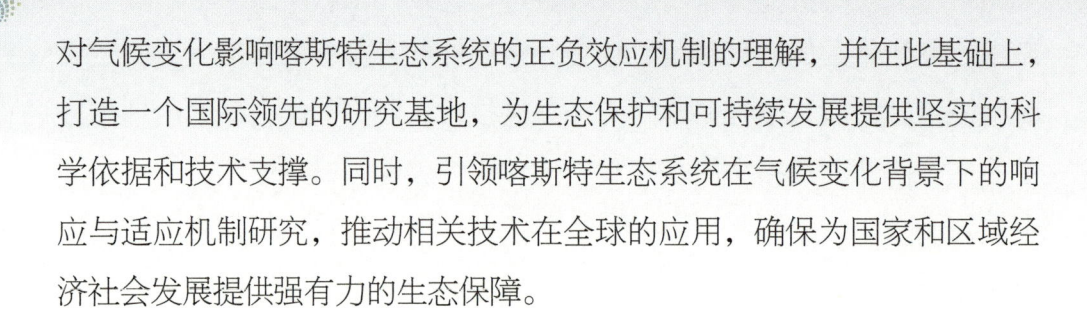

（七）气候变化下喀斯特生态脆弱和重大工程区保护修复

针对西南喀斯特地区生态环境脆弱、重大工程开发强度大、气候变化敏感性强等问题，开展"叠加区"气候变化适应性保护修复研究。解析喀斯特流域水－沙－养分输移机制，建立重大工程扰动下水－沙－养分物质耦合循环模型，创建"叠加区"气候变化适应性理论；突破适应极端气候的水土保持、水源涵养和养分调控技术，构建蓄水保土－扩绿增汇－水质改善链式协同提升技术体系，创新适应气候变化的生态空间格局优化调控技术；研发"叠加区"情景模拟器，建立适应和应对气候变化的智慧决策系统，提出对气候变化的适应性调控策略。

（八）喀斯特脆弱生态环境保护与可持续发展的系统解决方案

发挥地球化学学科优势，融合生态学、环境科学、大数据等新兴交叉学科，系统布局科研任务，创立和发展喀斯特系统科学理论，突破喀斯特脆弱生态环境保护、修复与治理和生物资源可持续利用的关键核心技术，打造喀斯特系统科学原始创新策源地，为系统解决上述问题提供科技支撑。

（九）科技支撑喀斯特地区的乡村振兴和美丽中国建设

开展喀斯特地区石漠化治理研究，研发有效的石漠化治理技术，促进生态恢复；加强水土保持和生态修复技术研发，防止水土流失，保护生态环境；推广智能农业技术，运用物联网、大数据等现代信息技术，提升农业信息化水平，实现精准农业管理。

（十）科学应对气候变化对喀斯特地区可持续发展的影响

建立喀斯特地区气候变化监测站网，实时监测气候变化趋势和特征；加强气候预测和预警技术研究，提高预测精度和预警时效性；加强喀斯特地区生态系统保护，防止过度开发和破坏。

四、科技力量组织

面向喀斯特地区气候变化应对与石漠化治理面临的基础科学问题和关键核心问题，以中国科学院地球化学研究所为核心力量，汇集西南大学、贵州大学、贵州师范大学、中国地质科学院岩溶地质研究所等知名高校和科研院所的优势科研力量与团队，以全国重点实验室体系重组为契机，以西部科学城及省市级重点实验室建设为抓手，联合打造面向喀斯特石漠化治理的国家重大需求，集聚西南顶级高端人才，开展气候变化应对与石漠化治理的多层级的科技力量组织体系；依托中国科学院现有的监测站点和样地（线），进行整体规划和高层设计，在国家和省份两个层面上扩展现有的监测站点、网络和系统，以构建一个全面的石漠化监测网络，并在西南喀斯特地区建立一个监测和研究的框架。同时，响应国家的需求，通过协调各方面资源，建立一个喀斯特地理信息的知识创新和可持续发展的大数据中心，以实现原始观测数据的共享，推动生态屏障研究的快速进步。

五、科技资源布置

（一）以国家重点实验室体系重组为契机，组建喀斯特系统科学与区域发展全国重点实验室

云贵川渝生态屏障区是我国典型生态脆弱区：①水土流失和石漠化问题突出；②土壤重金属背景值高，地质成因导致土壤重金属污染问题突出；③喀斯特地下结构特殊复杂，雨水－地表水－地下水"三水"转换频繁，水污染治理难度大；④气候变化加剧了本已脆弱的生态系统健康风险和生物多样性保护难度。组建我国喀斯特领域全国重点实验室，以喀斯特地表系统特征及形成演化规律为基础，从水－岩－土－气－生－人等多层圈相互作用角度开展喀斯特地表系统过程研究，发展喀斯特系统科学理论，攻克喀斯特地区水/土、农作物和生态安全以及可持续发展的关键核心技术，创建喀斯特地区"社会－经济－生态"和谐的可持续发展模式和实践范式。组建后的喀斯特系统科学与区域发展全国重点实验室，在生态环境领域具有鲜明特色和不可替代性，成为喀斯特系统科学理论原始创新策源地，提供喀斯特生态环境保护和可持续发展关键核心技术，为喀斯特脆弱生态保护及特色资源高效利用提供系统的科技解决方案，服务喀斯特地区美丽中国建设和乡村振兴战略实施。创建的可持续发展模式和实践范式可为全球特别是"一带一路"共建国家和地区喀斯特生态环境保护及经济社会高质量发展提供中国方案，服务联合国可持续发展目标。

（二）建立喀斯特地理信息知识创新与可持续发展大数据中心

云贵川渝生态屏障区位于世界上最大的连片裸露型喀斯特分布中心，也是全球喀斯特发育最典型、最复杂、景观类型最丰富的东亚片区中心，所以必须建设喀斯特大数据中心，而且必须建在云贵川渝生态屏障区。

（三）设立国家重点研发计划，科技支撑气候变化应对与石漠化治理

国家重点研发计划能够集中资源，促进跨部门、跨学科的协作，形成治理合力。这不仅有助于解决石漠化问题，还能推动相关学科和技术的发展，因此，设立国家重点研发计划，科技支撑石漠化治理，是保障生态环境、促进可持续发展的重要举措。

（四）设立重大专项，科技支撑生态屏障建设

云贵川渝生态屏障区肩负着经济社会高质量发展和生态环境高水平保护的双"高"重任。因此，设立科技重大专项，解决科学难题与技术瓶颈，为更好地建设川滇生态屏障提供有效科技支撑尤为重要。统筹山水林田湖草沙系统治理，优化国土空间规划，协同推进成渝地区双城经济圈生态保护修复，强化绿色低碳发展，为创建全国绿色发展示范区奠定坚实的科学基础与技术储备。

重大专项建议目标：①针对西南喀斯特地区生态环境脆弱、重大工程开发强度大、气候变化敏感性强等问题，开展气候变化适应性保护修复研究，创建云贵川渝生态屏障区气候变化适应性理论，突破适应极端气候的水土保持、水源涵养和养分调控技术，构建蓄水保土－扩绿增汇－水质改善链式协同提升技术体系。②开展喀斯特地区地表水－地下水物质多尺度迁移转化动力学理论研究，阐明喀斯特地区地表水－地下水循环过程，揭示水文生物地球化学动力学耦合机制，实现小尺度机理与大尺度流域预测模型衔接，最终揭示喀斯特地区水－物质循环的生态环境效应与调控机制。③研发喀斯特地区大宗固废（磷石膏、赤泥、锰渣、煤矸石）绿色、低成本、高附加值的资源化利用关键技术及装备，开展技术集成示范和推广应用，科技支撑云贵川渝生态屏障区矿产开发与生态环境协调发展。

六、监测平台体系

通过监测的规范化、部门合作及信息共享，在云贵川渝生态屏障区建成一个多层次、多类型的生态监测网络；稳定支持中国科学院在长江、珠江和黄河上游的野外观测台站和喀斯特地区野外台站，依托中国生态系统研究网络台站，提升支撑能力，强化大气、水、土、岩石和流域环境综合监测功能；研发喀斯特生态综合监测–观测–预警平台网络，构建西南山地生态环境大数据共享平台与网络，推动原始观测数据共享，促进生态屏障研究跨越式发展；建立岩溶地质碳汇与"碳中和"大数据系统，实现岩溶地质碳汇的实时监测、数据共享和综合分析，为岩溶地质碳汇的研究、保护和管理提供有力支撑；筹建喀斯特大数据与区域可持续发展平台，构建喀斯特山地生态环境大数据共享平台与网络，推动原始观测数据的共享，从而促进喀斯特生态安全研究的跨越式发展；建设喀斯特流域地表水–地下水生态系统国家野外科学观测研究站；研发高精度、高密度、长周期监测技术，建设和完善监测–观测–预测–预警平台体系。

第四节　科技战略问题

一、战略性重大科技问题

（一）喀斯特地区乡村振兴和美丽中国建设

1. 战略意义

喀斯特地貌是我国主要地貌类型之一，喀斯特地区是乡村发展与美丽中国建设的重要阵地。然而由于喀斯特环境的独特脆弱性和长期以来的无序开发，喀斯特地区普遍面临环境退化的问题。复杂的地质条件和过度的资源开采加剧了土壤侵蚀与污染，对当地生产构成严重威胁。山体滑坡、水土流失等自然灾害频发，成为区域生态保护和经济社会发展的瓶颈。面源污染问题日益凸显，水土流失和石漠化等生态恶化现象未得到有效遏制，给喀斯特地区的乡村振兴和美丽中国建设带来了严峻挑战。

2. 遴选依据

喀斯特地区地貌独特，地形起伏多变，导致乡村发展环境复杂多样，对气候变化与人类活动具有高度敏感性。喀斯特环境不仅是地球表层脆弱而珍贵的生态系统，也是当地居民和生物赖以生存的基础。在喀斯特地区，山地地形变化、高地质背景、独特的水文循环、强烈的人类活动以及气候变化等多重因素交织影响，阻碍了喀斯特地区的乡村振兴和美丽中国建设。科技作为推动乡村振兴和美丽中国建设的重要支撑，能够针对喀斯特地区的特殊环境和发展需求，提供有效的解决方案和创新路径。通过科技创新，可以规避气候变化风险，提升石漠化治理效率，保护喀斯特地区的生态环境，促进乡村经济的可持续发展。能够助力旅游业发展，打造具有喀斯特特色的旅游品牌，推动乡村经济的多元化发展。要充分发挥科技引领作用，推动喀斯特地区乡村振兴和美丽中国建设的全面发展，实现人与自然和谐共生的美好愿景。

3. 主要内涵

面向国家推动喀斯特地区乡村振兴与生态文明建设的重大需求，以服务"绿色发展、生态宜居"为核心发展理念，针对喀斯特地区生态环境脆弱、资源开发利用不合理及石漠化突出等问题，系统研究喀斯特地貌下的土地利用－水资源－生物多样性－社会经济发展多要素耦合机制；科学认识喀斯特生态系统服务功能的提升机制及其对气候变化、人类活动的响应规律；深入探索喀斯特地区特色农业、生态旅游等产业的可持续发展模式；建立科技创新驱动的产业转型升级路径；突破喀斯特地区农业节水灌溉、生态修复、灾害防治等关键技术；形成一套适应喀斯特地区特色的乡村振兴技术体系；构建喀斯特美丽乡村建设与生态环境保护相结合的示范模式；促进喀斯特地区乡村经济、社会、生态的全面协调发展，实现乡村振兴与美丽中国建设的有机融合。

4. 阶段目标

2030 年，完成喀斯特生态安全现状评估与风险识别，构建初步的生态安全防护体系框架。深化对喀斯特生态系统脆弱性的理解，研究并制定针对性的保护措施，确保喀斯特地区生态安全的基本稳定。建立生态监测与预警系统，初步形成乡村振兴科技支撑体系。

2035 年，形成系统科学的喀斯特地区乡村振兴与美丽中国建设的发展模式，构建科技创新驱动的喀斯特地区生态环境保护与产业可持续发展的耦合机制，实现科技支撑下的乡村经济、社会、生态全面协调发展。

2050 年，建立完善的科技支撑体系，实现喀斯特地区乡村振兴与美丽中国建设的深度融合与持续发展，形成可复制、可推广的乡村振兴与生态文明建设的成功案例，并为全国乃至全球类似地区提供借鉴与参考。

（二）喀斯特地区可持续发展对气候变化的科学应对

1. 战略意义

气候变化导致降雨模式改变、温度升高，以及极端天气事件的频发，对喀斯特地区的水资源、土壤保持、生物多样性等方面产生了深远的影响，加剧了喀斯特生态系统的脆弱性，对喀斯特地区的生产生活和社会经济发展构成了严重威胁，关系到整个长江、珠江和黄河流域乃至国家的生态安全和可持续发展。

2. 遴选依据

对气候变化如何影响喀斯特地区生态环境及其可持续发展尚缺乏深

入、系统的研究。喀斯特地区由于其特殊的地理和生态条件，对气候变化的响应尤为敏感和复杂。同时，许多现有的发展模式和产业实践在应对气候变化方面缺乏适应性和可持续性，如石漠化治理、水资源利用、生态系统保护等，在一定程度上限制了喀斯特地区在气候变化背景下的可持续发展能力。难以支撑西南喀斯特地区乡村振兴、美丽中国建设和"双碳"目标实现。

3. 主要内涵

基于喀斯特地区独特的地表系统特征及其响应气候变化的机制，深入发展针对喀斯特地区的气候变化科学理论。从水文循环、岩石风化、土壤保持、生态系统服务以及人类活动等多个维度综合研究，揭示气候变化对喀斯特地区水－岩－土－气－生－人等要素间相互作用的影响。评估气候变化对喀斯特地区碳汇能力的影响，并发展相应的计量技术，以量化其对我国"碳中和"目标的贡献。阐明气候变化背景下喀斯特地区人地系统的耦合机理，攻克喀斯特地区水资源管理、土壤保持、生态保护以及经济社会可持续发展的关键技术。构建一套适应气候变化、促进喀斯特地区"社会－经济－生态"和谐共生的可持续发展模式和实践范式，这既是应对全球气候变化挑战的重要战略，也是确保喀斯特地区长期可持续发展的迫切科技需求。

4. 阶段目标

2030年，阐明气候变化对喀斯特地区石漠化、水文循环、土壤侵蚀和生物多样性的影响机制，揭示气候变化与喀斯特生态系统间的相互作用关系，评估其对区域可持续发展的潜在影响。

2035年，形成系统科学的气候变化对喀斯特地区水资源、农业生产和生态旅游等关键领域影响的认知，构建气候变化响应与适应策略模型，为区域可持续发展提供科学依据。

2050年，在科学应对气候变化对喀斯特地区可持续发展影响方面，制定有效策略且建立一套全面有效的方案，并广泛推广应用于政策制定、产业规划和社会管理中，确保喀斯特地区在气候变化背景下的长期可持续发展。

（三）喀斯特脆弱生态和重大工程"叠加区"气候变化适应性保护技术体系

1. 战略意义

西南喀斯特地区是我国典型生态脆弱和重大工程"叠加区"，对气候变化响应敏感，生态环境退化与修复问题特殊，开展西南喀斯特生态脆弱区和重大工程区气候变化适应性保护修复研究，可为提高喀斯特地区气候风险防范和抵御能力提供理论指导和技术支撑。

2. 遴选依据

极端气候和重大工程对喀斯特流域物质循环过程和生态环境质量产生了显著而深刻的影响，创建喀斯特区域气候变化适应性理论，构建流域生态修复与重大工程安全协同提升技术体系，既是地球系统科学发展的需求，也是保障西南喀斯特地区可持续发展的重大科技需求，能够为实现喀斯特生态保护与重大工程建设一体化规划建设提供有力支撑。

3. 主要内涵

西南喀斯特地区面临生态环境脆弱、气候变化响应敏感、重大工程干扰强烈等生态挑战。因此，应当开展喀斯特生态脆弱和重大工程"叠加区"气候变化适应性保护修复研究。在基础理论层面，创建喀斯特"叠加区"气候变化适应性理论；在关键技术发展层面，致力于构建一个综合性的技术体系，该体系旨在实现水资源保持与土壤保育、绿色空间扩展与碳汇增加，以及水质综合改善的链式协同效应，并在此基础上，研发创新性技术以优化生态空间格局，使之能够适应气候变化带来的挑战；在管理决策层面，着力打造一个智能化的决策支持平台，该平台将为应对气候变化提供科学决策依据，并制定出一系列适应性管理策略，以确保在气候变化影响下的生态环境管理和资源配置能够更加精准和高效。

4. 阶段目标

2030年，开展气候变化和重大工程影响下喀斯特流域水-养分耦合循环机制研究，构建喀斯特山地复合流域蓄水保土-扩绿增汇和水利工程安全协同提升关键技术体系。

2035年，建立喀斯特复杂过程的辨识、模拟、诊断及智慧决策技术，形成喀斯特气候变化适应性保护修复技术创新策源地。

2050年，提升西南喀斯特地区气候和重大工程适应性，保持喀斯特良好稳定的生态环境，建成世界一流的喀斯特系统生态修复研究队伍，形成我国生态环境保护的战略核心力量。

二、关键性科技问题

喀斯特地区是美丽中国建设的重点和难点区域之一，该地区的生态建设成效事关美丽中国建设的整体水平。尽管前期生态建设取得了显著的成效，但是目前仍面临着一些严峻挑战。结合区域岩石圈、土壤圈、水圈、生物圈和智慧圈的特点，总结了喀斯特地区生态建设目前所面临的8个关键性科技问题（图7-1），并详细阐述这些问题的战略意义、遴选依据、主要内涵及阶段目标，为推动喀斯特生态建设甚至是美丽中国建设的实现提供科技支撑。

（一）西南喀斯特地区气候变化过程与未来趋势风险

1. 战略意义

随着全球气温升高、极端气候事件频发，气候变化对人类社会、经济发展和生态环境造成了严重影响（Carleton and Hsiang，2016）。开展

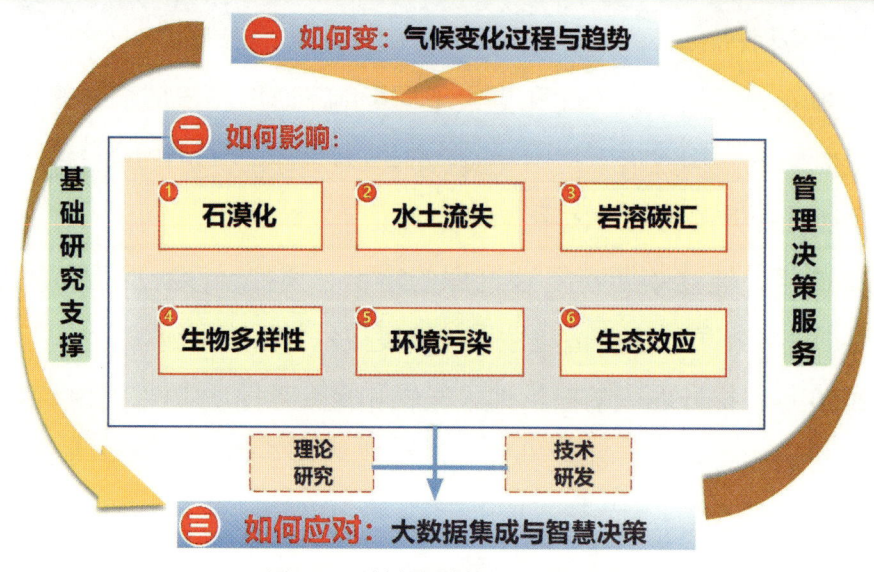

图 7-1 关键性科技问题概述图

西南喀斯特地区气候变化过程与趋势研究，有助于深入理解气候变化的本质、原因和潜在影响，为制定有效的应对策略提供科学依据。研究成果还能为中国在国际气候谈判、政策制定和资源配置等方面提供重要参考，促进全球气候治理体系的完善和发展，共同应对气候变化的挑战。

2. 遴选依据

气候变化已成为影响全球生态环境和人类发展最严重的环境问题之一，其导致了全球范围的温度、降水、蒸发等关键气候指标的显著改变，以及干旱、洪涝及凝冻等极端气候事件的频发。我国西南地区作为典型的气候变化敏感区，其年平均气温自 1998 年以来发生了显著突变，总体以 0.26℃/10 年的速率呈显著性上升趋势。这种趋势加剧了该地区极端气候事件的发生频率和强度。极端气候事件的成因复杂多样，应对气候变化过程进行深入研究，以揭示其背后的物理机制和动力过程。深入理解气候变化的本质和规律，为制定有效的应对策略提供科学依据，对于保障我国生态环境和社会的可持续发展具有重要意义。

3. 主要内涵

开展基于线性趋势分析的测算研究，采用多源气候背景资料如地面观测站资料、表面温度数据及其组合方案，研究西南历史气候变化过程；通过传统的干旱、洪涝等指数，综合考虑相关极端天气现象，提出新的指数，探讨其空间格局和未来演变趋势；探讨现有极端天气模型标准在喀斯特地区的适用性，利用气温变化数据、西南喀斯特地形数据、季风数据等，构建喀斯特极端天气精准预测新方案。

4. 阶段目标

2030年，建立西南气候变化监测与评估体系，深入研究气候变化的主要驱动因素、过程机制及其对喀斯特地区生态系统和社会经济的影响，提出针对性的防控和适应策略；开展区域气候变化的模拟和预测，为制定地区性应对政策提供科学依据。

2035年，组建全球气候变化研究中心，汇聚国际一流的气候变化研究团队，形成全国气候变化研究的创新高地；推动跨学科、跨领域的合作与交流，共同应对全球气候变化带来的挑战。

2050年，全面理解气候变化的长期趋势和潜在影响，形成系统、完整的气候变化研究体系；建立有效的气候变化应对和适应机制，保障全球生态系统的稳定性和人类社会的可持续发展；形成我国在全球气候变化研究领域的领先地位，为世界气候治理提供中国智慧和中国方案。

（二）喀斯特石漠化靶向性－系统性治理与提质增效路径

1. 战略意义

喀斯特地区以其独特的岩溶地貌和脆弱的生态环境在我国乃至全球范围内都具有特殊的生态地位。由于自然因素和人类活动的影响，喀斯特地区面临着严重的石漠化问题，这不仅导致了土地资源的退化，还加剧了生态环境的恶化，对当地的生态安全和可持续发展构成了严重威胁。通过深入研究形成可持续石漠化治理模式，探究石漠化系统治理，形成提质增效关键技术，有助于评估治理效果，优化治理方案，实现生态环境的持续改善。为其他类似地区提供借鉴和参考，推动中国生态环境的保护和可持续发展。

2. 遴选依据

中国西南地区石漠化分布十分广泛，截至2016年，岩溶地区石漠化面积约1007万公顷，约占土地总面积的9.4%（国家林业和草原局，2018）。气候变化是石漠化扩展的一个重要因素（罗旭玲等，2021）。气候变化影响地表水量平衡及土壤的入渗与蒸发过程，使得土壤持水能力、渗透特性等水力性能下降，侵蚀加剧，土壤水中的养分不能正常迁移，动植物所需水分及养分难以维系，生态系统退化，从而形成不同的石漠化景观。过去50年，西南地区气候整体呈现"暖干化"趋势，极端气候事件发生频率和强度显著增加，地表水热环境的改变给喀斯特石漠化治理带来新的挑战。

3. 主要内涵

厘清西南石漠化时空演变过程，模拟预测其未来发展状况，助力石漠化治理。揭示石漠化演变对各气候因子的响应，为国家应对气候变化对石漠化治理的影响提供数据支撑。从生物措施、工程措施、耕作措施、政策制度4个主要治理方向着眼，研究各种治理措施与气候因子对石漠化治理的影响。构建石漠化治理与气候变化适应性模型，加强极端气候对石漠化治理影响的预防。加强学科交叉，将石漠化治理作为一个耦合系统进行研究。

4. 阶段目标

2030年，深入研究并明确西南喀斯特地区典型喀斯特石漠化区域的石漠化成因和演变机制。针对这些区域，研发有效的石漠化治理技术，并验证其可行性。建立喀斯特石漠化治理示范区，展示治理效果和技术应用。

2035年，扩大研究范围，探明生态脆弱区内石漠化的成因和演变机制。针对每个石漠化区域，研发相应的治理技术和策略，形成一套完整的治理技术体系。对这些区域内受石漠化影响严重的生态系统进行生态修复，恢复其生态功能。

2050年，在西南生态脆弱区，喀斯特石漠化治理取得显著成效，石漠化面积大幅减少，生态环境明显改善。研究团队在喀斯特石漠化治理与提质增效关键技术方面形成国际领先的科研成果和技术实力，成为国际顶尖的喀斯特生态修复研究队伍。形成的治理技术和模式能够推广到全国乃至全球类似地区，成为全球喀斯特石漠化治理和生态环境保护的范式。

（三）喀斯特地区水土流失综合治理与绿色发展途径

1. 战略意义

西南喀斯特地区水土流失问题严重，土地贫瘠与生态退化现象频发，极大地影响了生态系统的稳定性，削弱了其功能，降低了其应对环境变化的能力。深入探索水土流失综合治理的技术途径，明确土壤侵蚀的源汇机制，建立以"植被恢复–土壤改良–水土保持"为核心的提质增效技术体系，形成系统集成的水土流失综合治理与提质增效核心技术，对确保西南地区生态环境质量，提升区域水资源利用效率，促进生态经济协同发展，推动西南乡村振兴，具有极其重要的战略意义（白晓永等，2023b），不仅有助于改善当地生态环境，还能为周边地区乃至全国的水土保持工作提供可借鉴的经验和模式，对实现国家生态文明建设目标具有重要意义。

2. 遴选依据

西南喀斯特生态屏障以往的建设缺乏对水土流失综合治理与提质增效技术的系统性考虑，特别是对土壤侵蚀"源–传输–沉积"的全过程

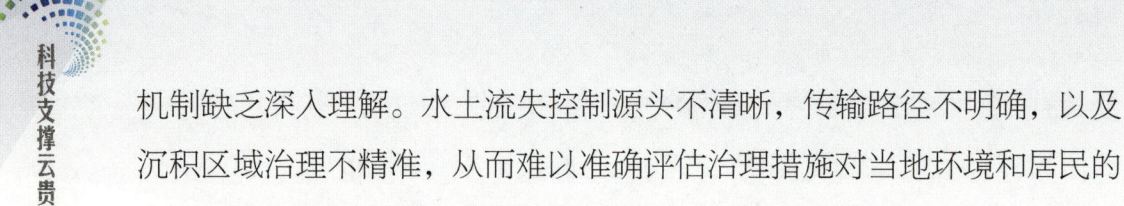

机制缺乏深入理解。水土流失控制源头不清晰，传输路径不明确，以及沉积区域治理不精准，从而难以准确评估治理措施对当地环境和居民的实际影响，严重阻碍了西南乡村振兴和可持续发展。

3. 主要内涵

以水土流失综合治理的全过程为核心，研发基于源区识别与汇流控制的水土流失综合治理及提质增效关键技术。从水土流失的源头控制、传输过程减缓以及沉积区域治理的角度，开展水土流失关键区域的综合治理与修复过程研究，包括植被恢复、土壤改良、水土保持措施等一体化技术应用。阐明水土流失综合治理对生态系统稳定性提升、水资源保护、农业生产条件改善等多方面的关联效益机理。创建水土流失综合治理"综合施策、持续监测、精准评估"的跨地区协同治理模式和实践范式，以推动区域生态环境的持续改善与经济社会可持续发展。

4. 阶段目标

2030年，完成水土流失综合治理核心技术的研发，并在关键区域开展水土流失综合治理与提质增效的技术示范，实现水土流失源头控制、传输过程减缓及沉积区域治理的一体化技术应用。

2035年，为水土流失综合治理与提质增效的成效提升与区域空间优化提供坚实的理论与技术支撑，助力构建健康稳定的生态环境和可持续发展的土地利用格局。

2050年，完善水土流失综合治理与提质增效核心技术的科学体系，实现技术的持续创新与应用，为区域生态环境的长远保护和可持续发展提供坚实保障。

（四）岩溶地质碳汇精准计量与固碳增汇

1. 战略意义

实现"双碳"是党中央基于当前时代发展背景提出的重大战略决策，

并且党中央基于此作出了一系列重要指示批示。以贵州为主体的西南地区作为中国乃至全世界岩溶分布最广、最集中的区域之一，在应对气候变化方面岩石风化碳汇发挥着不可估量的作用（Bai et al., 2023）。科学认知岩石风化碳汇资源本底与时空动态，夯实碳汇核算方法技术，将岩石风化碳汇纳入碳贸易范畴，真正实现绿水青山向金山银山的转变，为巩固岩溶地区的脱贫攻坚成果和乡村振兴提供新的途径。

2. 遴选依据

我国郑重宣布"双碳"目标，然而全球碳收支无法得到平衡的估算，一直存在10%～20%的碳不知去向（即"碳失汇"）。岩石风化在长时间尺度都存在着碳汇，特别是在具有特殊地质背景的喀斯特地区，这也是全球遗失碳汇难题一直未解决的原因。我国碳酸盐岩面积巨大，具有极大的碳汇潜力，因此岩溶碳增汇是实现我国"碳中和"的关键路径之一（Li et al., 2022）。摸清我国碳库、碳排放和碳收支的家底，阐明碳库之间的转化过程与机理，从更深层次上揭示岩石地球化学循环及其对气候响应的内在机制，对于国家应对碳减排，实现"双碳"目标具有重要的意义。

3. 主要内涵

研发岩溶无机碳汇空间动态测算模型，构建不同尺度的岩溶无机碳汇空间数据平台，为我国及时准确地制定碳汇管理策略提供数据支撑；阐明不同尺度岩石风化碳汇空间格局、时空演变规律、响应分析及未来情景模拟预测，为岩石风化碳汇估算研究提供了新思路和技术支撑，促进全球遗失碳汇问题的研究进程；气候变化对碳循环的驱动机制的研究，无机碳与有机碳循环的内在耦合关系的解析，喀斯特地区的碳循环模式的建立，对于指导我国西南喀斯特区未来的生态综合治理工作具有重要的理论和现实意义。

4. 阶段目标

2030年，解析岩溶地质碳汇的形成、转化及储存的生物地球化学过程，明确岩溶碳汇的主要机制；界定岩溶地质碳汇能力的关键影响因素和阈值，为碳汇功能的评估和提升提供理论基础。

2035 年，深入揭示岩溶地质碳汇的驱动机理及其与环境变化之间的相互作用关系；建立岩溶地质碳汇功能提升与调控的技术体系，包括岩溶地质碳汇监测、评估、保护和增强等技术方法。

2050 年，在全球范围内引领岩溶地质碳汇功能研究，特别是在固碳增汇和"碳中和"方面的贡献；提出岩溶地质碳汇生态价值实现的发展模式，为岩溶地区的生态保护和可持续发展提供科学依据和技术支持。

（五）喀斯特地区生物多样性时空变化诊断与维持提升

1. 战略意义

喀斯特地区以其独特的地理环境和生态条件，孕育了丰富多样的生物种群，包括珍稀濒危物种、特有物种，以及众多具有生态、经济和文化价值的生物资源。这些生物资源不仅构成了喀斯特地区生态系统的基石，还为区域的生物多样性保护、生态系统稳定以及可持续发展提供了重要支撑。通过喀斯特生物多样性诊断及优先保护区识别研究，能够全面、系统地了解喀斯特地区的生物多样性现状、分布规律以及面临的威胁和挑战，有助于科学评估生物多样性的保护价值，明确保护的重点和优先区域，为制定有效的生物多样性保护策略提供科学依据。保护和合理利用喀斯特地区的生物资源，可以促进区域特色农业、生态旅游等产业的发展，提高当地居民的生活水平，推动区域经济的可持续发展；还有助于加强对喀斯特生态系统功能和价值的认识，提升公众对生物多样性保护的意识，促进生态文明和社会可持续发展。

2. 遴选依据

喀斯特地区的生物多样性是维护区域生态平衡、保障水资源安全的要素，对于国家生态安全具有重大意义。该地区的生物多样性不仅承载着丰富的物种资源，还是特色生态产业发展的基础，以及未来生物多样性保护策略制定的重要参考。保护生物多样性也是实现绿水青山向金山银山转化的重要桥梁和关键环节。目前对于喀斯特地区生物多样性的诊断和研究尚缺乏系统性，优先保护区的识别工作也面临诸多挑战。因此，开展喀斯特地区生物多样性诊断及优先保护区识别研究，对于深入了解喀斯特地区生物多样性的现状、揭示其分布规律和演化机制、明确保护的重点和优先区域，以及为制定科学的生物多样性保护策略提供科学依据，具有迫切的现实需求和重要的战略意义。该项研究还有助于推动生物多样性保护领域的科技创新和人才培养，提升我国在生物多样性保护领域的国际影响力，对于促进区域可持续发展、保障国家生态安全具有重要意义。

3. 主要内涵

研究将深入探索喀斯特生态系统的动植物和微生物资源，开展生物多样性现状评估、优先保护区识别，以及物种保护与发展动态监测。通过深化生物多样性保护策略的制定和实施，维护喀斯特地区的生态平衡，确保生态系统的稳定性和健康。研究将着重于揭示喀斯特生物多样性的形成机制、演化规律和生态功能，为科学保护和管理生物多样性提供理论支持。通过发展先进的生物多样性监测和评估技术，建立生物多样性动态监测网络，实时掌握生物多样性的变化趋势和威胁因素。在优先保护区识别方面，研究将综合考虑生物多样性的丰富度、珍稀濒危物种的分布、生态系统的完整性和稳定性等因素，确定需要重点保护的区域，并制定相应的保护管理措施。研究还将关注生物多样性保护与经济社会发展的协同关系，探索生物多样性保护和可持续利用的有效途径。最终，构建一个集生物多样性监测、评估、保护、管理和利用于一体的综合体系。

4. 阶段目标

2030年，建立喀斯特生物多样性诊断的指标体系和技术方法，形成一套科学有效的生物多样性评估体系；初步识别出喀斯特地区生物多样性优先保护区，为保护区的划定提供科学依据。

2035年，深化喀斯特生物多样性诊断研究，揭示生物多样性变化的机理和趋势，为生物多样性保护提供更为精准的指导；建成喀斯特生物多样性优先保护区识别的原始创新策源地和国际研究高地，提升我国在生物多样性保护领域的国际影响力。

2050年，引领喀斯特生物多样性保护与可持续利用的系统科学研究，推动生物多样性保护与生态文明建设深度融合；大力推动喀斯特地区生物多样性优先保护区的有效管理和合理利用，促进区域生态、经济和社会的可持续发展。

（六）全球气候变化下水源地湖库适应性保护修复

1. 战略意义

喀斯特地区湖库是地球表面水资源利用的重要组成部分，是人类生产和生活的主要水源。近年来，全球极端天气频发，加速了地表水污染，进而影响了区域水资源的分布格局。根据我国最近的研究，喀斯特湖库水体富营养化问题逐步加剧。气候变暖以及长时间降雨和干旱等极端事件频率和强度的增加，给水资源管理带来了巨大挑战。因此，研究气候变化影响水体富营养化加剧的过程与成因，对水资源利用、生态环境建设和可持续发展具有重要意义。

2. 遴选依据

喀斯特地区水资源时空分布不均匀，造成工程性缺水、季节性缺水，全球变暖进一步加剧这一现象。此外，气温升高后，藻类形成的有机质降解增加，内源磷对藻类生长的贡献也会增加，导致藻类暴发风险增加。因此，气候变化除了对水资源有影响外，对水生态、水环境都有直接影响。

3. 主要内涵

喀斯特地区水资源、水环境和水生态显著区别于其他地区。第一，喀斯特地区岩溶高度发育，雨水、地下水、地表水转换频繁，污染物的迁移路径复杂，因而污染物溯源难。第二，喀斯特地区多分布碳酸盐类型的岩石，在风化过程中形成溶解无机碳，对藻类的生长形成施肥效应。因而喀斯特地区水生态和水环境对氮磷污染物更敏感，藻类暴发风险更大，水环境治理难度更大。研究全球气候变化背景下喀斯特地区湖库水环境水生态演变规律，阐明喀斯特地质背景（地表－地下快速交互、高碱度、高碳酸氢根）对藻类水华的驱动机制，揭示内源污染机理及控制因素，构建喀斯特地区湖库富营养化防控理论，为水资源管理和保护修复提供理论依据。

4. 阶段目标

2030年，开展喀斯特地质背景区湖库富营养化程度评估、污染成因和驱动因素等理论建设，开展水资源预警－溯源－应急防控技术和管理方案等任务研究。

2035年，制定水环境质量达标方案，选择适宜的修复技术，开展水污染修复试点，形成一批可复制、可推广的技术模式。

2050年，成立喀斯特地区湖库水污染修复技术专业研究团队，保障喀斯特地区湖库饮用水水源环境安全。

（七）喀斯特地区大宗固废污染治理与资源化利用

1. 战略意义

我国是世界上喀斯特分布面积最大的国家，西南地区是我国喀斯特分布的主要地区，又是我国重要的天然矿产开采基地，采矿尾渣和工业冶炼固废深刻影响着西南地区的自然环境，开展喀斯特地区大宗固废污染治理方法及其资源化利用技术研究，可以为消除环境污染、恢复生态活力和促进绿色发展提供理论支撑和技术指导。

2. 遴选依据

大宗工业固废的污染治理及其资源化利用是西南喀斯特地区最受关注的热点问题之一，对磷石膏、赤泥、电解锰渣、煤矸石等工业固废开展污染治理方法及资源化利用技术研究，创建喀斯特"固废绿色高值利用"技术体系和实践范式，既是环境科学发展的需求，也是保障西南喀斯特地区可持续发展的重大科技需求。

3. 主要内涵

西南喀斯特地区主要面临工业固废高污染和高存量问题。因此，应当开展磷石膏、赤泥、电解锰渣、煤矸石等典型固废的污染物迁移运输规律、污染物截留固化方法和高值资源化利用技术的研究，创建新型喀斯特地区工业固废绿色可循环利用新模式。立足于喀斯特地貌区的特殊地质构造所致的地下孔洞大量发育现象，喀斯特区域工业固废污染防治及其资源化工作应划分为两大研究方向：其一，开展工业固废基础污染物普查、扩散风险评估、污染成因和防控技术研究；其二，开展工业固废绿色高值资源化利用技术研究。

4. 阶段目标

2030年，完成西南喀斯特地区固废普查和评估工作，开展污染物溯源防控方法及高值资源化利用技术研究，建立工业固废"无害化－资源化－减量化"技术体系。

2035年，组建喀斯特系统科学国家重点实验室，建成喀斯特系统科学原始创新策源地。

2050年，解决西南喀斯特地区的固废处置问题，建成世界一流的喀斯特系统生态修复研究队伍，形成我国生态环境研究的战略核心力量。

（八）气候变化对喀斯特生态系统的影响及优化调控

1. 战略意义

喀斯特地区作为独特的地理生态单元，其植被覆盖和土壤状况对气候变化响应敏感。在全球气候变暖的趋势下，研究喀斯特植被降温、土壤干化及绿化等效应对生态的正负贡献，对于维护区域生态平衡、促进生态系统健康具有重要意义（白晓永等，2023a）。这不仅有助于深入理解喀斯特生态系统对气候变化的响应机制，还能为制定适应气候变化的生态保护策略提供科学依据。此外，研究成果对于推动喀斯特地区绿色发展、实现区域可持续发展目标具有重要的战略与经济价值。

2. 遴选依据

喀斯特植被降温、土壤干化及绿化等生态效应是评估气候变化对喀斯特地区生态系统影响的关键指标，也是制定适应气候变化策略的重要科学依据。目前对于喀斯特地区植被如何响应气候变化并产生降温效应、土壤干化及绿化等效应对生态的正负贡献的研究尚显不足，缺乏系统性的理论支撑和验证。喀斯特地区特殊地理生态效应机制和机理也需进一步突破和创新。

3. 主要内涵

针对气候变化对喀斯特植被降温、土壤干化及绿化等生态效应的影响，开展深入的气候变化趋势与生态响应分析，研究喀斯特地区植被如何适应和缓解气候变暖，评估植被降温效应及其对区域气候的调节作用。探讨气候变化导致的土壤干化趋势及其对植被生长和土壤生态功能的影响，分析土壤干化对喀斯特生态系统稳定性和可持续性的挑战。研究绿化对喀斯特生态效应的积极作用，包括提升植被覆盖率、增强土壤保水能力和生态服务功能等。结合实地观测、遥感监测和数值模拟等手段，构建喀斯特植被降温、土壤干化及绿化等生态效应的综合评估体系，揭示其响应气候变化的机制与规律。深入探索气候变化背景下喀斯特生态系统的适应与调控机制，开发适用于喀斯特地区的生态监测、预测与调控技术，促进喀斯特地区生态保护和可持续发展产业的形成与发展。

4. 阶段目标

2030 年，构建气候变化背景下喀斯特植被降温、土壤干化及绿化等生态效应研究的理论体系和技术框架，形成初步的研究成果。

2035 年，深化气候变化对喀斯特生态系统影响机制的研究，建立国际领先的喀斯特植被降温、土壤干化及绿化等生态效应研究基地，为生态保护和可持续发展提供科学依据和技术支撑。

2050 年，引领气候变化背景下喀斯特生态系统响应与适应机制的系统科学研究，推动相关技术在全球范围内的应用，为国家和区域的经济社会发展提供强大的生态保障。

三、基础性科技问题

（一）喀斯特生态综合观测－监测－预警平台网络

1. 战略意义

云贵川渝生态屏障区内山地众多，自然生态良好，利用中国科学院现有的监测站点和样地（线），以国家和省份层面为依托，扩展原有监测站点和网络，构建西南山地生态监测网络，并建立区域监测与研究体系。此举对于增强生态监测能力、促进科学研究、支持政策制定、推动数据共享、加速知识创新、促进区域协调发展、提升公众环保意识以及支持可持续发展具有重大意义，旨在为生态屏障区的长期生态安全和经济社会发展提供坚实的科学支撑和决策依据。

2. 遴选依据

参与建设的部门和单位众多导致监测数据的共享存在显著障碍，数据信息的集成和分析尚不充分。生态保护与修复的监测工作缺乏统一的规划和协调，导致监测活动出现重复或遗漏，影响了监测效果的全面性和系统性。空天地一体化的立体监测网络和信息化平台的建设进展缓慢，亟须加强建设以提升监测的效率和质量。

3. 主要内涵

空天地一体化和高精度智能化的水系统综合观测网络；山区流域水灾害与水环境综合观测–监测–预警平台；西南山区水源涵养保护与水灾害防治综合观测研究站网；西南诸河水生态系统调查；干热河谷水–生态–经济协调发展研究站；长江上游数字孪生流域建设。

4. 阶段目标

2030年，完善生态屏障区生态系统和生物多样性调查监测技术标准体系，推进生物多样性监测工作的标准化和规范化，构建生态定位站点等监测网络。

2035年，建立物种资源监测预警体系，以便及时掌握物种资源动态变化，同时建立和调整生物物种资源数据库和信息系统。

2050年，构建生态安全屏障区气候变化、水资源、生态安全、生物多样性等在线监控、信息传输、数据分析、业务管理、资源共享、信息发布等为一体的信息共享平台。

（二）岩溶地质碳汇与"碳中和"大数据系统

1. 战略意义

岩溶地质碳汇在全球碳循环和应对气候变化中扮演着重要角色。随着全球气候变暖的严峻挑战，岩溶地质碳汇的监测、评估与管理变得尤为关键。《巴黎协定》等国际协议为应对气候变化提供了方向，而岩溶地质碳汇的研究与利用成为实现这些目标的重要一环。通过岩溶地质碳汇大数据服务平台，能够全面系统地开展岩溶地质碳汇的普查，构建空天

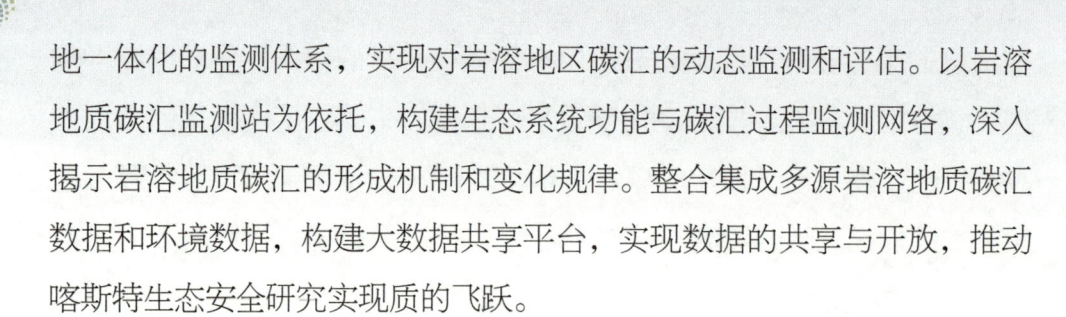

地一体化的监测体系，实现对岩溶地区碳汇的动态监测和评估。以岩溶地质碳汇监测站为依托，构建生态系统功能与碳汇过程监测网络，深入揭示岩溶地质碳汇的形成机制和变化规律。整合集成多源岩溶地质碳汇数据和环境数据，构建大数据共享平台，实现数据的共享与开放，推动喀斯特生态安全研究实现质的飞跃。

2. 遴选依据

当前对岩溶地质碳汇的研究和监测存在诸多不足。岩溶地质碳汇的研究缺乏对整个岩溶区域的顶层设计和系统构建；长期监测和实时数据缺失；对岩溶地质碳汇与气候变化、大气系统等其他因素的相互作用和反馈机制还知之甚少；岩溶地质碳汇的观测站点相对较少，且分布不均，难以实现对岩溶地质碳汇的全面、有效监测。为了推动岩溶地质碳汇的研究和监测工作，需要构建一个岩溶地质碳汇大数据服务平台。平台将整合多源数据，实现岩溶地质碳汇的实时监测、数据共享和综合分析，为岩溶地质碳汇的研究、保护和管理提供有力支撑。

3. 主要内涵

完善岩溶地质碳汇监测技术标准体系，构建以岩溶地质监测站为核心、覆盖岩溶区域主要地段的碳汇监测网络和区域风险评估体系，建立岩溶地质碳汇功能的综合观测平台，实施长期、连续的监测与评估，并组建岩溶地质碳汇大数据共享平台。

4. 阶段目标

2030年，构建以岩溶地质监测站为主体的空天地一体化岩溶地质碳汇监测体系，制定岩溶地质碳汇调查和监测的初步规范和标准体系，确保数据的准确性和可靠性。

2035年，完善岩溶地质碳汇综合联网观测体系，全面评估岩溶地质碳汇的储存能力和动态变化，揭示其调控机制。建成岩溶地质碳汇大数据共享平台，实现数据的实时共享和广泛应用。

2050年，建成岩溶地质碳汇数据集成和分析中心，成为国内外岩溶地质碳汇研究的权威机构。该中心将能够实时提供岩溶地质碳汇数据，并发布综合评估报告，为国家和社会提供决策支持，推动岩溶地区生态保护和可持续发展的实现。

（三）喀斯特大数据与区域可持续发展平台

1. 战略意义

在喀斯特地貌广泛分布的区域内，地形独特，资源丰富，为区域可持续发展提供了广阔的空间。依托现有的大数据技术和资源，构建喀斯特大数据与区域可持续发展平台。平台将以大数据为基础，整合区域内各类数据资源，通过科学分析和精准预测，为区域可持续发展提供有力支撑。在国家层面和区域层面，平台将进行统筹规划、顶层设计，构建覆盖喀斯特地区的可持续发展监测网络，形成全面的数据收集、分析和应用体系。面向国家发展战略和区域发展需求，平台将积极发挥大数据的优势，推动数据资源共享和开放，促进政产学研用各方的紧密合作，共同探索喀斯特地区可持续发展的新模式、新路径。通过大数据的分析和应用，平台将为区域规划、政策制定、生态保护、产业发展等提供科学依据和决策支持，推动喀斯特地区经济、社会和环境的协调发展。

2. 遴选依据

鉴于喀斯特地区发展部门与机构的多样性，实现大数据的整合与共享面临显著挑战，导致数据信息的综合应用与分析不足。在推动区域可持续发展的过程中，由于缺乏统一的大数据平台支撑，存在数据资源的分散和碎片化问题，同时，跨领域、跨部门的数据共享与协同机制尚未健全。此外，喀斯特地区在大数据技术应用方面仍存在滞后，未能充分利用大数据技术的优势，推动区域可持续发展的创新实践。空天地大数据融合应用、数据挖掘与分析等方面还有待加强，以满足区域可持续发展在规划、决策、监测与评估等方面的数据需求。

3. 主要内涵

构建全面覆盖喀斯特地区的大数据集成与分析平台；搭建喀斯特地区资源环境和社会经济综合评估与决策支持系统；形成喀斯特地区特色产业发展与生态环境保护协同研究网络；开展喀斯特地区多源数据融合与数据挖掘分析，揭示区域可持续发展潜力与瓶颈；建设喀斯特地区气候变化与生态环境响应研究站，为应对气候变化提供科学依据；构建喀斯特区域可持续发展数字孪生模拟平台，辅助制定区域发展战略；运用大数据分析、云计算等技术，优化集成喀斯特地区自然资源、社会经济等多维度数据库；整合多源数据，形成适用于喀斯特地区不同层面的可持续发展指标体系数据库；基于大数据驱动的模型与算法，构建喀斯特地区资源环境承载力、生态安全等评估数据集；针对区域可持续发展目标、政策实施效果等关键指标，采用数据分析与预测方法对喀斯特地区可持续发展态势进行监测与评估，为区域可持续发展提供数据支撑与决策参考。

4. 阶段目标

2030年，建立健全喀斯特地区资源、环境、社会、经济等多维度数据的收集、整合与分析标准体系，确保数据的准确性和可比性；全面推进区域可持续发展相关数据的标准化和规范化处理，构建覆盖关键发展领域和敏感区域的数据分析节点网络；初步构建喀斯特地区可持续发展指标体系，为区域发展规划和政策制定提供科学依据。

2035年，建成完善的喀斯特地区资源、环境、社会、经济等多维度数据的大数据分析与预警体系，实现对这些关键发展要素的实时监测和预警；建立区域可持续发展数据库和信息系统，实现数据的全面收集、深度整合和高效共享，为区域管理和决策提供有力支持；提升区域可持续发展评估能力，为制定科学的区域发展策略和可持续发展规划提供支撑。

2050年，构建集成喀斯特地区资源、环境、社会、经济、生物多样性、生态系统服务等多领域数据的综合大数据与区域可持续发展平台；该平台将具备在线监控、数据分析、决策支持、资源共享、信息发布等功能，实现数据资源的实时共享和高效利用。

（四）喀斯特自然与人文学科亟待交叉融合

1. 战略意义

随着全球环境挑战和社会问题的日益严峻，解决自然与人文融合性的科学问题成为当前及未来发展的重要课题。国际社会对可持续发展的共同追求和关注，为解决这些科学问题提供了方向和动力。自然与人文融合性科学问题的研究，能够深化我们对自然规律和人类社会发展规律的认识，促进自然科学和人文科学的交叉融合。通过综合研究，可以更好地理解自然环境与人类社会的相互作用关系，揭示自然与人文融合发展的内在机制，为制定科学的政策和管理措施提供依据。

2. 遴选依据

当前对自然与人文融合性科学问题的研究和探索还存在明显的不足。自然与人文融合性科学问题的研究缺乏跨学科的综合分析框架和系统性研究；对自然与人文因素相互作用的深层次机制和影响路径尚缺乏深入了解；现有的研究方法和技术手段难以全面揭示自然与人文融合性科学问题的复杂性和多样性。针对这些问题的研究和实践案例相对较少，且分散于不同领域和地区，难以形成统一的研究共识和解决方案。

3. 主要内涵

完善自然与人文融合性科学问题的研究框架，构建以跨学科研究团队为核心、覆盖自然与人文主要领域的综合性研究网络，建立自然与人文融合性科学问题的综合分析平台，实施深入、系统的研究与探索，并组建自然与人文融合性科学问题大数据共享平台。构建覆盖广泛领域的

综合性研究网络，深入分析和探索自然与人文之间的相互关系和作用机制。建立大数据共享平台，促进数据的共享和交流，为自然与人文融合性科学问题的研究和解决提供有力支持。

4. 阶段目标

2030年，构建以跨学科研究团队为主体的自然与人文融合性科学问题综合研究框架，明确研究目标和方向，制定初步的研究规范和标准体系，确保研究工作的系统性和科学性。

2035年，完善自然与人文融合性科学问题的研究网络，全面分析自然与人文因素之间的相互作用和影响，揭示其内在机制。建成自然与人文融合性科学问题大数据共享平台，实现数据的实时共享和跨学科交流，促进研究成果的广泛应用。

2050年，建成自然与人文融合性科学问题研究中心，使其成为国内外该领域的权威机构，实时发布自然与人文融合性科学问题的研究成果，提供综合评估报告和政策建议，为国家和社会在环境保护、文化传承、社会治理等方面提供决策支持，推动自然与人文和谐发展的实现。

第五节　科技任务组织实施

一、国家科技任务组织实施

在设立气候变化应对与石漠化治理重点研发计划及重大重点基金等项目时，要以生态优先、绿色发展为导向，以实现"双碳"为目标，在充分考虑喀斯特地区特殊地质特征的基础上，建立健全全面系统的喀斯特生态脆弱和重大工程"叠加区"气候变化适应性保护技术体系，为有效维护喀斯特生态安全和实现"碳中和"目标提供科学依据,为统筹生态建设、改善民生、实施乡村振兴战略与建设美丽中国提供科学支撑。

二、中国科学院科技任务组织实施

优化喀斯特地区气候变化应对与石漠化治理科技计划布局。西南地区科研机构在石漠化治理、水污染、土壤侵蚀监测及岩溶碳汇评估等领域拥有坚实的基础。科研院所的科技任务规划将紧密结合国家重大战略需求和地方区域发展规划,优化喀斯特地区气候变化应对与石漠化治理科技计划布局,如石漠化治理、土壤侵蚀控制、岩溶碳汇增强、喀斯特生物多样性保护以及区域可持续发展等。整合地区科技资源,开展跨学科的合作研究,共同应对石漠化、土壤侵蚀、水环境污染和遗失碳汇等环境问题,为促进生态环境保护和区域可持续发展提供强有力的科技支撑。布局我国典型脆弱生态系统保护修复战略性先导科技专项,开展气候变化应对与石漠化治理战略性先导科技专项研究,将喀斯特地区气候变化、石漠化和水土流失、岩溶碳汇、生物多样性、环境污染及生态效应等作为典型脆弱生态系统的重要组成部分纳入总体布局。

三、云南、贵州、四川、重庆四省份任务组织实施

构建我国西南地区科技创新网络,将云南、贵州、四川、重庆四省份的生态与资源研究机构作为核心节点,纳入整个科研体系的重要版图。整合云南、贵州、四川、重庆四省份内的科研力量,形成优势互补、协同创新的科研新格局,重点加强在生态保护、资源利用、灾害防治等领域的科研实力,推动云南、贵州、四川、重庆四省份在科技创新和可持续发展方面取得新的突破和进展。开展云南、贵州、四川、重庆分区性

协作专项研究，整合四川、重庆现有的科技资源和平台，拉动贵州、云南区域研究协同，分工合作研究，合理利用资源，构建平衡的资源平台。加强云南、贵州、四川、重庆四省份之间的科研合作与交流，共同研究制定适合各自区域特点的生态保护与修复策略，形成协同联动、互利共赢的协作机制。

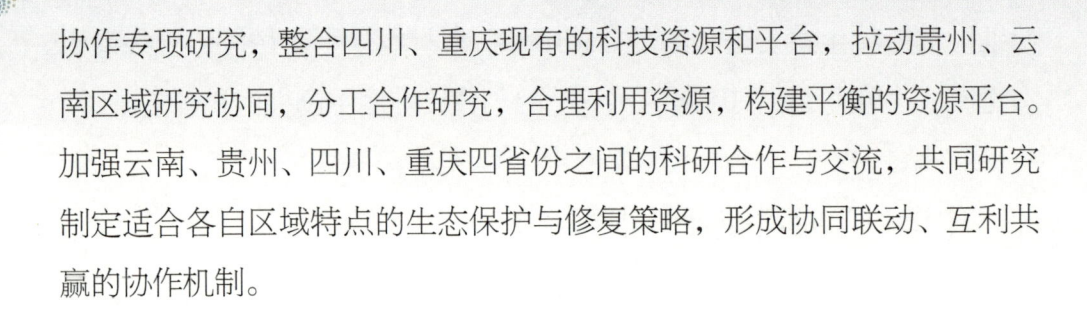

四、国家及地方科技力量协同

布局西南喀斯特地区资源环境全国重点实验室群建设。聚焦资源环境领域，形成一批高水平、有特色的实验室。围绕石漠化治理、水资源保护、土壤侵蚀治理、生物多样性维护等关键领域展开研究，探索适合西南地区的生态保护与修复策略。通过分工合作，实现资源共享，提高科研效率，形成一批具有地方特色的科研成果。为西南喀斯特地区的资源环境保护和可持续发展提供有力的科技支撑。整合中国科学院、部委和地方现有各类监测站点和监测样地，实现跨机构跨部门之间的资源共享，形成跨机构跨部门之间的协同联动机制，构建喀斯特生态综合观测－监测－预警平台网络、岩溶地质碳汇与"碳中和"大数据系统及喀斯特大数据与区域可持续发展平台。共同推动西南地区科技创新与持续发展。

第八章

云贵川渝生态屏障区山地灾害风险防控与绿色减灾

第一节　科技支撑总体要求

全面贯彻党的十九大和党的二十大精神，以习近平生态文明思想和习近平总书记关于防灾减灾救灾、自然灾害防治和应急管理系列论述为根本遵循，统筹发展与安全，贯彻落实"人民至上、生命至上"理念和"两个坚持、三个转变"目标要求，牢固树立和践行"绿水青山就是金山银山"理念，站在人与自然和谐共生的高度，保障安全、谋划发展，科技支撑云贵川渝地区乃至西部山区高质量发展，努力实现新安全格局，保障新发展格局，服务"更高水平的平安中国""中国式现代化"建设，支撑"人类命运共同体"构建。为此，面向云贵川渝地区乃至西部山区山地灾害活跃、生态环境脆弱与工程风险防控重大需求，聚焦气候变化、强震活动与人类活动强烈扰动条件下山区巨灾与复合链生灾害突发频发、多发群发、非线性叠加放大等特点和精准调控面临的科技难题与挑战，构建原型观测－实验测试－物理模型－数值模拟－理论研究－技术研发科研创新链和理论创新－技术研发－集成示范－行业应用减灾技术服务链融合的新型创新体系，研建野外台站与重大装置构成的科研平台支撑体系；构建国家、部委、地方政府与企业多元支撑的重大任务支撑体系和专业背景、年龄结构科学合理的人才队伍体系，形成人才－任务－平台协同的建制化现代科研组织模式；面向山区减灾与工程安全，攻坚山地巨灾与复合链生灾害形成致灾科学问题和灾害风险感知识别、预测评估、预报预警、调控治理与应急减灾技术瓶颈，努力抢占防灾减灾科技制高点，研建山地灾害风险防控与工程安全防护技术体系，建造山区防灾减灾与工程安全融合的风险防范模式，全力推进工程减灾、生态减灾与特色产业融合的综合防灾减灾救灾模式，为筑牢西南生态安全屏障奠定坚实的安全基础，有效支撑全国生态安全，服务"平安中国""一带一路""人类命运共同体"建设。

第二节 科技支撑阶段目标

一、2030年（近期）目标

面向云贵川渝地区乃至西部山区的滑坡、崩塌、山洪、泥石流、地面塌陷、地震次生灾害、冰雪灾害、森林火灾及其多灾种复合链生灾害等，重点突破山地巨灾和复合链生灾害的致灾机理与数理模型问题，攻克重大山地自然灾害精细化动态监测、风险模拟预测评估和应急决策等技术难点，构建山地自然灾害风险智能感知与预报预警理论与方法。重点建设云贵川渝地区乃至西部山区空天地一体化重大山地自然灾害监测网（一网）、重大灾害基础数据库（一库），编制风险"一张图"，建成面向云贵川渝地区乃至西部山区山地灾害特点的大型综合实验模拟平台，提升野外观测与实验测试支撑能力，构建国内领先的原型观测－实验测试－物理模拟－数值模拟－理论研究－技术研发组成的科研支撑体系；研发和推广强适应、耐久性绿色减灾新材料、新结构、新装备；建设山地灾害应急指挥智慧决策系统，提供数据快速生成－灾情研判－应对方案－处置装备的系统解决方案，救援处置时间从天尺度提升到小时级；实现山地巨灾与多灾种复合链生灾害防治理论和关键核心技术多点突破，构建重大山地灾害防治科技体系，防灾减灾救灾智能化水平显著提高。

二、2035 年（中期）目标

系统性突破云贵川渝地区乃至西部山区重大山地灾害的风险防范理论，攻克山地巨灾与多灾种的风险感知识别、模拟预测、智能预警、精准治理与高效救援的理论、关键技术和核心装备。在云贵川渝地区乃至西部山区，建立重大山地灾害的智能感知与监测预警骨干网络，搭建重大山地灾害数据库并绘制重大山地灾害风险"一张图"。构建集风险探测感知识别、预测预报预警、工程安全防护与应急减灾管理于一体的智慧减灾系统，有效支持云贵川渝地区乃至西部山区减灾工作的精准化、信息化与现代化。攻克巨灾与复合链生灾害的风险防控技术瓶颈，为"平安中国"、重大工程安全及西部边境国防安全提供科技保障，实现重大山地灾害防治的无人化、精准化、智能化及多机智慧协同。突破重大山地灾害防治的关键技术与核心装备，构建智慧减灾技术体系，山地灾害防治与风险防控能力达到世界领先水平。

三、2050 年（远期）目标

面向保障西部山区开发，保障重大工程安全的防灾减灾国家需求，立足云贵川渝地区乃至西部山区，聚焦极端天气、强震与人类活动等因素引发的山地灾害（如崩塌、滑坡、泥石流、山洪、流域性洪水、冰崩雪崩、山地林火）及其风险精准防治和工程安全防护科技瓶颈。重点研究单灾种巨灾、多灾种复合链生灾害、工程灾害，创建原型观测–理论创新–技术研发–集成示范–行业应用贯通的科研组织模式，将科技链、创新链和业务链融通，充分调动科研创新活力。突破智能精准预报预警技术、链生灾害断链关键技术、融合新材料新技术的减灾成套装备和大型工程全寿命周期减灾系统解决方案，支撑云贵川渝地区乃至西部山区的安全和高质量发展。建立地球系统科学、防灾减灾、高新技术与应急管理的交叉研究平台，实现地球系统科学、综合减灾与应急管理理论技术体系的融合性、系统性和变革性发展，占据国际减灾科技制高点，全方位支撑民生安全、生态安全、工程安全、国防安全和"一带一路"安全。

第三节　科技支撑领域方向与体系

一、科技管理体制

云贵川渝地区乃至西南山地是我国自然环境条件最为复杂与特殊的区域，地震、崩塌、滑坡、山洪、泥石流、冰崩、雪崩、冰湖溃决、森林草原火灾与城市内涝等灾害相对国内其他区域发生比较频繁，是全国山地灾害活动最频繁、危害最严重、减灾难度最艰巨和风险挑战最大的区域（崔鹏等，2015）。区域灾害风险防治能力代表着我国防范化解重大灾害风险的能力。鉴于云贵川渝地区乃至西南山地灾害风险防控对本地区高质量发展的控制性影响、对长江中下游社会经济发展的屏障作用和对构建"一带一路"和东南亚国家"命运共同体"的引领带动效应，综合考虑其战略地位和辐射效应，建议党中央、国务院将云贵川渝生态屏障区作为西部生态屏障建设的关键核心区和灾害风险防控示范区，将区域灾害风险防控、脆弱生态环境保护和重大工程安全防护等问题，纳入国家科技中长期规划和优先支持范围，给予持续性关注和倾斜性支持。

推动国家实验室体系重组过程中云贵川渝地区乃至西南山地防灾减灾、生态保护、工程安全与可持续发展全国重点实验室群和国家实验室建设；强化防灾减灾野外观测台站规划布局，推动防灾减灾观测与生态环境保护观测站网组建与设施数据共享，促进基础理论问题研究与突破；面向山地巨灾与复合链生灾害风险防控和重大战略性工程安全防护关键核心技术问题，聚焦高原山地复杂环境与极端条件灾害风险防控难题，研建不可替代的科研装置，推动关键核心技术和装备攻坚与突破。

面向亟待突破的科技瓶颈，统筹协调国家、部委、地方政府与大型企业，设置重大科技专项和人才专项，推进人才–平台–资源一体化、建制化举国机制，破解防灾减灾救灾与平安山区、美丽山区建设科技难题；同时推进产学研用创新研发中心和新型科研机构设立，努力探索创建公益性科研成果转移转化体制机制，推动科研链、创新链、业务链、价值链融通贯通，科学高效地支撑减灾实战。

二、重点领域方向

面向云贵川渝地区乃至西南地区山地灾害风险防控与绿色高质量发展重大需求，未来重点发展以下四大前沿领域方向。

（一）灾害风险超前感知与精准识别

风险超前精准识别是高效科学防范巨灾与复合链生灾害重大风险的前提基础（崔鹏等，2023）。为此，在系统认知高原山地复杂环境与极端条件下巨灾与复合链生灾害形成演化及致灾规律的基础上，基于空天地一体化立体观测监测体系，研发新型传感技术，攻坚高寒山地云雾遮蔽、陡峻地形遮蔽、植被覆被遮蔽、多要素遮蔽条件和岩土体精细结构、深厚覆盖层结构等灾变信息探测技术，基于灾害形成演化机制，研发灾害风险超前识别技术与系统解决方案，实现重大灾害风险超前精准识别，是亟待解决的重大问题与攻坚方向。

（二）风险模拟预测与精准预报预警

精准预测预报预警灾害风险是最大限度减轻灾害损失与人员伤亡的基础，习近平总书记明确要求要加强灾害监测预警。为此，要突破高原山地巨灾与复合链生灾害动力学过程机制研究，实现孕灾成灾致灾全动力过程、多灾种、全链条、精细化描述和情景预测；同时突破复杂环境（高寒、高陡、高烈度、高地应力）与极端条件（极端低温、极端高温、强风、强降雨、有限空间等）信息采集、分析与传输技术瓶颈；融合灾害动力学模型、灾变信息采集与人工智能技术，研发风险模拟与险情预报系统，系统突破云贵川渝地区乃至西南山地流域性水土灾害和坡面岩土灾害预报预警技术瓶颈，实现全灾种山地灾害精准预报预警，支撑智慧减灾技术研发，整体性地提升重大灾害风险防范能力。

（三）灾害全程调控与绿色减灾工程

面向云贵川渝地区乃至西南山地发展与安全统筹的难题，以灾害防治、生态环境保护与乡村特色产业协同发展为理念，研发并优化配置生态减灾技术与工程减灾技术，构建绿色减灾技术体系与模式，实现灾害防治与生态环境保护相结合；针对流域水、热与土地资源及其特色产出，研发基于灾害风险控制的流域综合开发利用关键技术体系与模式，把流域水、土、气、生资源综合利用与灾害治理相结合，支撑高风险山区融合防灾减灾与生态保育及乡村发展的绿色融合。在此基础上，梳理四川"凉山模式"与云南"东川模式"等流域综合治理成功模式，形成绿色减灾、生态保护与特色产业协同的、可复制可推广的高风险区山水林田湖草沙生命共同体建设的系统解决方案，以山区城镇、风景区和人口密集区为重点推广应用，支撑平安山区、绿色发展与美丽西部建设。

（四）重大工程全寿命周期风险防控

面向云贵川渝地区乃至西南山地川藏铁路、出疆入藏工程、山区高速公路、梯级水电工程与水库群等重大工程规划建设运维全寿命周期面临的灾害风险防控难题，攻坚基于巨灾与复合链生灾害动力学的多尺度灾害风险精细化评估、工程减灾选线选址、预测预报与监测预警、控制性灾点调控治理、重点设施韧性防护工程、复杂艰险与受限空间应急处置与抢险、数字工程与智慧减灾管理等方面的关键技术与装备，构建针对超大铁路、高速公路与水电工程全寿命周期风险防控关键技术体系与模式，破解特殊条件下超大工程安全运维科技瓶颈，支撑我国工程建造与运维技术引领世界。

三、重点任务计划

面向云贵川渝地区乃至西部山区民生、工程、边防安全等的国家重大需求，聚焦山地极端气候、强震与人类活动作用下崩塌、滑坡、泥石流、山洪、堰塞湖、流域性洪水、冰崩雪崩、山地林火等单灾种巨灾及其多灾种复合链生灾害防治与风险防控科技难题与瓶颈，重点科技任务布局如下。

（一）巨灾及其复合链生灾害孕灾成灾致灾机制

聚焦云贵川渝地区乃至西部山区灾害易发区高发区，以地球系统科学为指导，强化学科交叉，解析水－岩－土－气－生－人等多圈层耦合作用机制，推演气象－水文－土壤－植被等要素的链式作用与效应；分析单灾种和多灾种跨尺度多过程孕灾机理与发育规律，阐明巨型灾害跨时空尺度孕育、形成、演化、传播与放大机制与演变规律；研究极端天气和强烈地震活动特征与规律，揭示极端天气与强烈地震的环境效应与致灾效应，预测气候变化、强震活动与人类活动耦合作用下巨灾与多灾种复合链生灾害时空特征与发展趋势；针对山地巨灾与多灾种复合链生灾害动力演进与远程效应认识明显不足问题，系统开展单灾种巨灾和多灾种复合链生灾害物质迁移与能量转化规律研究，分析多灾种复合链生灾害多介质、多物相、跨尺度演化过程，确定灾种转化临界条件，揭示多灾种复合链生灾害动力演进和时空复合叠加过程机理，分析巨灾与复合链生灾害与承载体的动力作用机制与致灾机理，研建山地复合链生灾害动力学模型，为灾害判识精度提高、智能预警指标选取与未来演变规律预测提供理论支撑。

（二）灾害信息感知采集与风险超前识别

聚焦复杂艰险环境条件下地质、地形、地貌、生态、水文、植被等孕灾环境变化和巨灾与复合链生灾害风险识别科技难题，突破构造活跃、高寒气候、高山峡谷区环境要素和灾变信息感知探测关键技术与装备，研建空天地一体化立体探测与动态监测关键技术与装备体系，研发基于形成演化机理的巨灾与复合链生灾害判识技术，建立不同类型的山地灾害超前感知识别知识图谱与模型，创建多要素耦合触发山地灾害动态判识方法，实现巨灾与复合链生灾害风险精准超前识别。

（三）巨灾与复合链生灾害过程模拟与风险推演

针对云贵川渝地区乃至西部山区崩塌、滑坡、山洪、泥石流、地震次生灾害、冰雪灾害和重大复合链生灾害，聚焦山地灾害多灾种、多过程、多介质、全要素、全过程和全场景模拟的科技难题和短板，研发巨灾与复合链生灾害全动力过程模拟方法与技术，突破多灾种复合链生灾害耦联机制，支撑巨灾与复合链生灾害全过程精细刻画与模拟，实现不同场景和工况条件下巨灾与复合链生灾害风险超前预测。

(四) 巨灾与复合链生灾害精准预测与智能预警

针对复杂环境与极端条件下巨灾与复合链生灾害精准预报预警技术瓶颈，研发基于灾害过程机理与区域规律的预测预报预警模型，重点突破云贵川渝地区乃至西南山地"五高"（高寒、高陡、高烈度、高地应力、高地温）条件下灾变信息动态采集、稳定传输技术装备，研发极端环境条件下重大工程灾害综合风险识别与动态监测关键技术装备，研发数据－物理模型驱动的灾风险模拟与险情预报预警关键技术与系统平台，破解传统监测预警严重依赖地面监测的技术瓶颈，实现山地巨灾与多灾种复合链生灾害预报从短临区域等级向灾点过程险情的变革发展，支撑重大灾害"超前预报、智能预警、高效应急"。

(五) 灾害过程综合调控与绿色减灾技术体系模式

针对云贵川渝地区乃至西南山地"五高"条件下超标准、超大规模重大灾害风险精准调控科技瓶颈，贯彻人与自然和谐发展理念，构建物质－能量平衡原理的巨灾防范与复合链生灾害全过程调控技术体系，研发基于灾害过程与关键节点的精准调控新技术、新材料、新结构，突破山地灾害风险防控技术瓶颈，破解生态措施与工程措施结构搭配优化与功能协同技术瓶颈，研发山地灾害全过程调控减灾功能提升关键技术，构建山地灾害流域"绿色－安全－发展"综合治理技术模式，形成基于流域系统韧性的绿色减灾与综合治理技术体系，高效支撑山区新发展格局。

(六) 重大工程灾害风险全寿命周期防控与工程安全防护

面向云贵川渝地区乃至西南山地重大工程灾害风险防控与工程安全

防护技术瓶颈，揭示山地灾害与铁路、高速公路、干线公路、油气管线、水电工程和引调水工程等及其附属设施的作用机制与破坏模式，研发规划设计、施工建设与运营维护不同阶段灾害风险防控关键技术与模式，攻坚不同工程设施减灾韧性增强关键技术、材料、结构等，研建重大工程全寿命周期安全防护技术体系与模式，系统支撑川藏铁路、梯级水电工程、南水北调等重大工程的建设与运维。

（七）复杂艰险环境重大灾害应急处置与高效救援技术装备

针对云贵川渝地区乃至西南山地"五高"和极端条件下巨灾、复合链生灾害及其重大工程灾害应急处置救援与减灾面临的科技瓶颈，系统研发灾情险情无人探测采集、信息稳定传输、风险动态智能评估、应急资源智能调配、仪器设备投送、生命体无人智能探测、应急处置专业技术装备、单兵便携作业等应急处置与救援关键核心技术装备，推动构建全国产化的应急减灾技术装备体系，持续推进专业技术装备的更新与迭代升级，支撑应急减灾技术装备专业化、信息化、智能化与现代化，系统提升应急减灾能力。

（八）大数据与人工智能驱动的灾害风险综合管理与智慧减灾

聚焦山地灾害风险精准防控重大需求与世界科技前沿，面向灾害风险感知识别、预测评估、监测预警、调控治理、应急减灾与灾后重建全过程，融合自然科学、人文科学、社会科学、管理科学和大数据、大模型、信息工程、人工智能等高新技术，开发基于动态监测、深度学习与人工智能的灾害风险综合管理系统平台，发展巨灾与复合链生灾害全过程模拟及智能分析系统，实现大数据与人工智能驱动下的灾害风险超前识别、智能推演、精准预警与高效处置，构建智慧减灾科技，保障山区发展与安全。

四、科技力量组织

  面向云贵川渝地区乃至西南山地城镇安全、工程安全、边防安全和"一带一路"建设安全等国家重大需求，聚焦山地极端气候、强烈地震与人类活动作用下巨灾与多灾种复合链生灾害防治及风险防控科技难题与瓶颈，以中国科学院在西南地区的资源环境领域的研究所为核心力量，汇集四川大学、西南交通大学、重庆大学、西南大学、贵州大学、云南大学、昆明理工大学、成都理工大学、重庆交通大学等知名高校的优势科研力量与团队，以全国重点实验室体系重组为契机，以西部科学城（成都、重庆）、天府实验室及省市级重点实验室建设为抓手，联合打造面向山地灾害风险防控与区域绿色发展重大需求、集聚西南顶级高端人才、开展灾害风险防控与绿色减灾建设攻关的多层级的科技力量组织体系；同时以中国科学院东川泥石流观测研究站、中国科学院贡嘎山高山生态系统观测试验站、中国科学院元谋干热河谷沟蚀崩塌观测研究站等现有各级各类监测站点为基础和引领，建立原型观测–实验分析–过程模拟–情景分析一体化研究体系；同时面向国家需求，统筹协调，构建西南山区灾害大数据共享平台与网络，推动原始观测数据共享，促进灾害风险防控与绿色减灾研究跨越发展。

五、科技资源布置

（一）设立重大科技专项，建立重大任务支撑体系

  面向防灾减灾救灾重大需求和科技挑战，构建国家、地方政府和重大企业多元多渠道支撑的任务体系，系统破解灾害风险精准防控难题。立足防范化解重大安全风险的国家重大战略需求，瞄准国际防灾减灾救

灾科技前沿，面向国家经济社会中长期发展面临的重大山地灾害风险，建议科学技术部设立"自然灾害防治国家重大科技专项"，系统攻坚巨灾与复合链生灾害风险精准防控科技瓶颈，破解影响或阻碍中华民族伟大复兴和发展进程的巨灾和复合链生灾害防治难题。充分利用国家自然科学基金委员会基金项目支持防灾减灾救灾基础科学问题，专项解决重大需求背后的基础科学问题，国家研发计划项目面向不同灾种解决风险防范与监测预警关键技术问题。同时，云南、贵州、四川、重庆及周边省区，在国家自然科学基金联合项目、地方基金项目与研发计划项目等序列系统部署山地灾害风险防控相关议题和项目，支持区域性防灾减灾关键科技问题。水电、交通等企业设立重大科研任务解决工程灾害风险防控与工程安全防护亟待解决的问题。

（二）建立重点实验室体系

针对新时代云贵川渝地区乃至西部山区重大工程、生态文明和国防设施建设面临的防灾减灾重大安全问题与科技难题，立足西部山地，聚焦极端天气、强震与人类活动作用下的山区内崩塌、滑坡、泥石流、山洪、堰塞湖、流域性洪水、冰崩雪崩、山地林火等单灾种巨灾自然灾害及其次生、衍生与复合链生灾害风险防控与重大工程安全保障，构建以国家实验室为引领、全国重点实验室群为核心、省部级实验室与创新中心为支撑的重点实验室体系。建议中央科技委员会支持四川发挥防灾减灾特色优势，集聚云南、贵州、四川、重庆及周边省区优势科技力量，组建山地灾害防治国家实验室，建设防灾减灾科技主力军，引领国家自然灾害防治发展前沿；支持"中国科学院、水利部成都山地灾害与环境研究所"牵头组建山地自然灾害与工程安全全国重点实验室，成都理工大学牵头组建地质灾害防治与地质环境保护国家重点实验室、四川大学牵头组建山区河流保护与治理全国重点实验室等，形成全国重点实验室群；同时，推进相关单位组建地质灾害风险防控与应急减灾应急管理部重点实验室、滑坡灾害风险预警与防控应急管理部重点实验室、山区灾害风险预警与防控应急管理部重点实验室、应急测绘与防灾减灾自然资源部技术创新中心等，构建山地灾害防治实验室体系，形成全国防灾减灾科研平台集群优势，系统开展山地灾害全要素、全灾种、全过程、全链条、系统性、贯通式研究，系统破解防灾减灾救灾理论与技术问题，引领防灾减灾救灾科技前沿和发展方向。

（三）防灾减灾人才体系

充分利用各类人才项目，面向灾害风险防控、重大工程安全与山区安全保障科技难题，多渠道多方式培养和集聚山地灾害研究人才队伍，努力建设防灾减灾人才高地。同时，设立学术特区，建立领军人才挂帅的"首席科学家负责制"，赋予首席科学家充分的自主权和科技资源调配权，推动领域和学科发展。充分利用特聘研究岗位制度，精准激励创新团队建设，稳定支持核心骨干潜心重大科技任务研究。支撑打造服务于国家重大山地自然灾害防控和保障重大工程安全的以两院院士为核心、国家科技创新人才为骨干的研究团队和技术力量，抢占防灾减灾科技制高点，支持防灾减灾科技强国建设。

（四）研建重大科研装置

面向解决山地巨灾与复合链生灾害风险防控科学难题和关键核心技术问题，研建重大科研装置，支撑基础性、原创性、前瞻性、引领性成果产出。

（1）研建山地灾害链综合实验模拟平台。综合考虑地震、降雨、温度三因素及其耦合作用孕灾成灾致灾过程，进行山地灾害全过程模拟，通过灾害链启动与运动成灾分开模拟，实现多种山地灾害链模拟，引领山地灾害链研究的学科发展，服务国家防灾减灾战略需求。

（2）研建超大规模离心机实验系统。拥有大容量和大型模型箱，能够准确再现自然条件下的复杂地质环境，可模拟降雨和水位变化对滑坡等地质灾害的影响。系统集成机器人系统，能在实验运行过程中模拟隧道开挖、地基打桩和锚杆加固等工程过程，全面展现各类工程操作对地质结构的影响，为工程地质灾害防治和工程设计提供更为真实和有效的数据支持，提升相关领域的研究与实践能力。

（3）研建山地灾害大尺度动力学模拟实验平台。建成全世界最大规模的自动化全过程监测山地灾害动力学过程实验装置，形成领跑山地灾害链和工程安全防护研究不可替代的科研重器，可开展大规模山地灾害动力学模拟实验，有效解决滑坡和泥石流起动－运动－堆积（以及与防治工程结构体的相互作用）全过程的物理模拟的尺度效应和相似性问题，揭示防治工程对泥石流等山地灾害的调控机理，支撑原创性成果产出，引领学科发展。

（4）研发大型多相流水槽实验装置。用于研究水库中两种或两种以上比重相差不大且可以相混的流体，在比重差异的驱动下发生的相对运动。可用于研究水库中泥沙的运动、污染物的垂直扩散，以及泥沙与污染物之间的相互作用。通过模拟真实的多相流环境，该流水槽为科学家提供了深入研究流体相互作用和物质传输机制的机会，为水库泥沙管理、污染物扩散控制和水质保护提供了重要的实验依据。

（5）研建重大工程灾害风险防控实验模拟平台。聚焦川藏铁路、梯级水电、南水北调等工程的灾害与生态风险防控科技需求，研建工程灾害风险防控实验模拟平台，重点关注模拟高原山地高势能、多强震、气候变暖造成的冰岩崩塌／滑坡、冰湖溃决等对国家重大工程安全的影响与威胁，保障西部地区重大工程安全。

六、监测平台体系

（一）山地灾害野外观测站网

建立由科学技术部（科学技术厅）宏观统筹，主管部门、依托单位共同参与的组织管理体系，形成多层次、多部门共同推进野外观测站建设的工作格局；通过观测技术的规范化及数据共享，在云南、贵州、四川、重庆及周边地区建成由国家级观测平台引领的多层次、多类型的山地灾害监测网络；针对单灾种巨灾和多灾种复合链生灾害，研发适应性强的高精度、长周期、空天地一体化监测技术，建设和完善观测－监测－预警平台体系；支持中国科学院联合高校，基于生态－灾害系列问题，建立综合性的云贵川渝地区国家科学数据中心。

（二）山地灾害监测预警网络

以主要城镇为基础节点，重大工程为重点防控对象，融合空天地一体化多维监测手段，构建云贵川渝地区多层次、多类型的山地灾害监测网络体系，实现对灾害形成、演化、影响路径等全过程的监测。针对主要城镇，通过卫星遥感、气象雷达、地面监测站等手段，实现对城镇周边地质、气象、水文等数据的实时采集和分析，建立全面覆盖的灾害监测系统，提升对地质灾害、气象灾害、水灾等的早期预警能力，确保城市安全稳定运行；针对水库、电站、高速公路等重大工程，采用高精度遥感、智能监测设备等技术手段，建立工程结构健康监测系统，及时发现和处理可能存在的安全隐患，确保工程安全运行，减少灾害损失。

第四节 科技战略问题

一、战略性重大科技问题

（一）气候变化、强震与人类活动耦合作用下致灾机制与风险预测

1. 战略意义

云贵川渝生态屏障区地处我国地貌格局两大阶梯过渡带，区内海拔高差大，地形复杂多样，地形急变造成山地生态脆弱、灾害频发，对气候变化与人类活动敏感。当前，气候变暖、极端事件增多和人类活动加剧，高海拔地区冰川消融，陆地生态环境退化，加剧了地球圈层中各要素之间的相互作用，导致地表过程复杂化，诱发区域性干旱与洪涝、群发性地质灾害、生态环境破坏等区域性灾害，对重大工程建设与人居安全构成严重威胁。目前，对多灾种复合灾害与链生灾害和基于人－地协调理念的自然灾害风险防范的研究尚处于起步阶段，地壳运动、构造隆升、强烈地震、河流下切、气候变化与人类工程活动等多动力致灾要素耦合作用下灾害链生与致灾机理尚无明确的系统科学认知。如何科学应对多灾种复合叠加与链生放大作用下灾害发育规律问题带来的安全挑战、保证人居环境与工程活动免受各种自然灾害的威胁迫在眉睫。

同时，随着社会经济的发展与人类活动的增强，人类活动与大气圈、水圈、生物圈、岩石圈的关系愈加密切，圈层之间的相互联系与作用日趋明显，形成了物质、能量、信息交换的开放式循环体系，气候变暖背景下山地灾害多要素、多介质、多过程、多尺度、多动力耦合作用呈现出新现象、新特征与新规律。为此，需要研究地质过程－气候过程－水

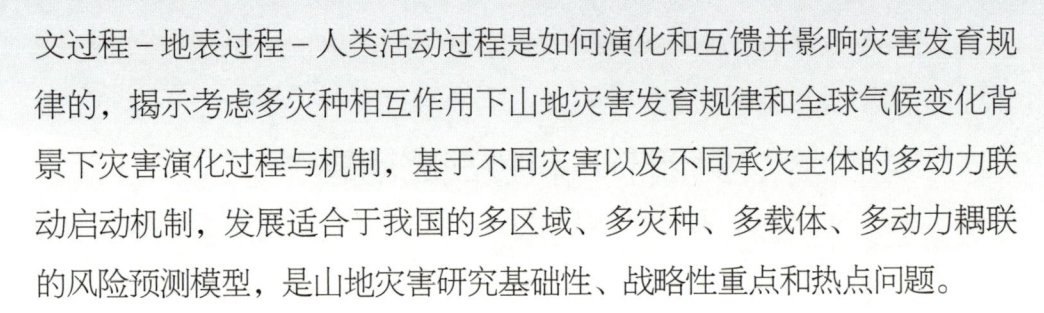

文过程－地表过程－人类活动过程是如何演化和互馈并影响灾害发育规律的，揭示考虑多灾种相互作用下山地灾害发育规律和全球气候变化背景下灾害演化过程与机制，基于不同灾害以及不同承灾主体的多动力联动启动机制，发展适合于我国的多区域、多灾种、多载体、多动力耦联的风险预测模型，是山地灾害研究基础性、战略性重点和热点问题。

2. 遴选依据

气候变化与人类活动加剧条件下，地球圈层与内外动力跨尺度耦合致灾过程与机理是防灾减灾科学前沿的难点问题（王岩等，2024）。研究地质过程－气候过程－水文过程－地表过程－人类活动多过程多尺度如何演化、耦合与互馈，并影响成灾致灾，是基础性科学难题。基于成因机理与演化规律的多灾种山地灾害复合、链生与集聚效应需要加强研究，风险识别方法亟须改进；不同尺度下灾害规模统一划分标准有待合理化；山地灾害时空分异特性重构有待加强；灾害时空演化与地质－地貌－气候内外营力耦合作用机理与过程多因素关联分析亟须深入研究；数据缺乏、分散或不一致性限制了灾害致灾机制与风险预测的准确性和可靠性，灾害风险源难以精确判识。

3. 主要内涵

认识气候变化、强震与人类活动等多圈层耦合过程作用下不同层次、不同时空尺度耦合作用机制；研究山地巨灾与多灾种相互作用下时空过程演化、山地多灾种平衡机制与相互作用过程、山地灾害不同灾种互馈作用与递进演化过程，阐明山地地球多圈层、多动力耦合作用下山地灾害发育规律、形成演化、动力演进与致灾机制；研究多尺度下不同类型灾害与多种承灾体的多过程耦合互馈致灾机制，建立更加精细化的灾害风险定量评估模型。

4. 阶段目标

2030年，揭示多圈层互馈耦合作用下不同层次、不同时空尺度灾害动力过程与成灾动力衍生机制，阐明多圈层时空耦合过程作用下的灾害发生机理和区域灾害发育规律模型。

2035 年，提出基于多灾种时空耦合过程的灾害发育模式，形成多灾种时空耦合过程作用下的灾害时空演化模型，明确灾害发育规律与演化过程。

2050 年，系统全面认知山地巨灾与复合链生灾害过程机理，建立完整的多圈层耦合作用下自然灾害风险预测与定量评估方法。

（二）复杂环境与极端环境巨灾风险识别与风险防范

1. 战略意义

随着国家重特大工程基础建设的持续推进，气候变暖与人类活动增强背景下复杂环境的致灾因素加剧了巨灾暴发频率（彭建兵等，2020）。高遮蔽地形地貌条件下遥感技术显著的观测盲区导致灾害灾变过程信息捕捉严重滞后；考虑到灾害风险显著的时空分异性，单一、间接的灾害演化指标往往难以支持灾害隐患点精准判识；现阶段灾害风险信息感知集中于单灾种，受限于复合灾害动力过程机制研究的薄弱性，链生灾害风险信息提取和隐患判识是亟待解决的国际学科前沿问题。

2. 遴选依据

复杂环境下空天遥感对地观测时空分辨率不足；复杂恶劣环境高遮蔽存在地表和地下灾害信息感知盲区；多灾种灾害演化过程风险表征信息指标不完善；多灾种与复合灾害隐患判识精准度低；复杂艰险与极端条件下，山地巨灾具有明显的"黑天鹅""灰犀牛""蝴蝶"效应，导致巨灾风险难以超前识别（崔鹏等，2022）；系统性风险的来源跨域性大、风险态势演变突变性强、潜在风险要素隐蔽性高。

3. 主要内涵

分析研究巨灾形成演化的"黑天鹅""灰犀牛""蝴蝶"效应，揭示极端条件下巨灾前兆因子变化规律，探究巨灾孕育形成演化规律，提出巨灾风险早期识别理论与方法。基于典型区强烈地震、极端气象灾害、大规模地质灾害、流域性洪涝灾害、冰冻圈灾害与多灾种复合链生灾害孕灾成灾机理与演化规律研究，甄别巨灾与复合链生灾害主控因子，研建不同灾种灾害形成致灾与风险演化阈值模型，研发变化条件下潜在灾害超前感知和风险早期技术，建立重大灾害风险识别技术体系、模型库与方法库。

4. 阶段目标

2030 年，面向复杂环境下多灾种形成与演化过程，研制捕捉灾变信号的低成本传感器，进一步完善空天地一体化立体观测体系；研究面向灾害的多源异构数据融合和超分辨率重建等方法，进一步整合多源遥感数据，实现多源异构数据时空基准的统一，以提高自然灾害感知的全面性和准确性。

2035 年，借助多源观测数据和人工智能，研建不同灾种灾害形成和致灾阈值模型，形成各灾种灾害风险信息动态感知与追踪的成套技术体系。

2050 年，研建多尺度（区域、流域、灾点）巨灾和多灾种复合链生灾害全动力过程理论模型、物理模型与数学模型，建立复杂介质多场耦合灾变全过程模拟相似性理论，实现巨灾与多灾种复合链生灾害动力致灾全过程跨尺度、精准化模拟。

二、关键性科技问题

（一）巨灾与复合链生灾害动力过程模拟与风险定量评价

1. 战略意义

云贵川渝地区位于我国青藏高原东南缘地形急变地带，区内地质背景复杂，相对高差大，气候条件、生态环境及水文特征分异明显，山地灾害广泛发育、活动频繁，是全国自然灾害最为严重的地区之一。同时，云贵川渝地区是国家社会经济发展战略腹地和"西部开发"战略推进的重点区，成为我国公路铁路、梯级水电、西气东输等重大基础设施与工程的高密度区。受复杂艰险自然环境条件影响，山地灾害常常表现为大规模、超强运动、多灾种复合链生、远程成灾等典型特征，极易形成巨灾，危害极其严重。认识巨灾与复合链生灾害动力过程，精细化模拟灾变过程，定量评估和预测巨灾风险，对于合理规划区域社会经济发展，布局重大工程，提高防灾、抗灾、减灾、救灾能力，保障区域发展与安全具有重大意义。

2. 遴选依据

复杂环境条件下山地灾害动力场变化极其复杂，导致云贵川渝地区乃至西南山地孕灾成灾环境极为复杂且多变，目前灾害动力场变化尚未精细刻画，尤其是难以表达真实地形条件下山地灾害速度场、深度场、压力场等精细化的动力学变化过程和时空分布特征，难以精细推演巨灾风险演化过程；复杂环境条件下承灾结构体的破坏程度和临界条件与灾害强度之间的定量关系尚未全面揭示，尚未建立基于多承灾体破坏机理的灾害影响评估模型，限制了巨灾风险评估的快速性和精确性。

3. 主要内涵

研究"五高"复杂成灾环境与极端条件下巨灾与复合链生灾害多物理演进过程中的物质迁移与能量转化机制；开发山地巨灾与复合链生灾害多物理过程动力演进物理模型和精细化模拟技术；研发灾害风险演化情景推演平台；开发山地巨灾与复合链生灾害多时空风险精细化评估技术。

4. 阶段目标

2030年，建立巨灾与复合链生灾害多过程动力演进物理模型与模拟系统，精确模拟巨灾与复合链生灾害的形成、运动、演变与致灾过程。

2035年，构建多承灾体易损性评估模型，研发巨灾与复合链生灾害风险情景推演平台，实现高精度、全过程、跨尺度的灾害分级预测与动态风险评估。

2050年，基于数字山地系统，建成覆盖云南、贵州、四川、重庆等省份的灾害风险精准模拟、评估和预测技术体系，保障国家重大工程和城镇安全，提供巨灾风险理论技术支撑和科学决策依据。

（二）山地复合链生灾害风险超前感知与精准预报预警

1. 战略意义

云贵川渝地区山地灾害频发突发、规模巨大、危害极重，是全球山地灾害重灾区。近年来，气候变化、强烈地震和人类活动等扰动不断加剧，山地灾害呈现多动力耦合、多过程链生、非线性叠加放大等显著特点，防灾减灾形势更加严峻，重大灾害感知识别与精准预警尤为重要。习近平总书记多次就提高防灾减灾救灾能力、加强自然灾害防治等，提出"两个坚持，三个转变"目标要求（国家减灾委员会办公室，2023）。精准感知识别与预报预警灾害风险，是最大限度减轻灾害风险与损失的基础前提，对加强科技创新和减灾管理制度创新具有重要的战略意义和深远影响。

2. 遴选依据

山地灾害精准化判识和预报预警涉及灾害位置、事件、灾损、动力过程及次生影响等，同时，灾害暴发随诱发因素的改变而发生时空变化，其致灾范围与致灾能力也随动力过程演化而变化。传统灾害判识方法主要考虑静态孕灾要素，缺乏内外动力耦合致灾过程和机制分析，灾害预报以基于降雨统计模型的区域性等级划分为主，尚未考虑灾害成灾过程，无准确位置、无暴发时间、无险情信息，难以满足防灾减灾的现实需求，亟须突破精细化、精准化灾害预报预警技术瓶颈。为此，建立精细化跨尺度的灾害风险超前判识和动态精准预报预警方法，对保障民生安全和实现"智慧减灾"具有重要的支撑作用。

3. 主要内涵

云贵川渝地区乃至西南山地精细化山地灾害基础数据和模型参数库；山地灾害全灾种风险超前感知与动态智能监测技术及装备；山地巨灾与复合链生灾害全过程精细化灾害风险预报预警模型；山地复合链生灾害险情精准预报预警系统平台；云贵川渝地区乃至西南山地灾害险情预报。

4. 阶段目标

2030年，建设云贵川渝地区山地巨灾与复合链生灾害过程监测网络体系，建立感知网络和数据平台，完善数据采集和处理系统，提高灾害感知的准确性。

2035年，建立山地致灾全过程精细化灾害风险预报预警模型和业务化系统平台，建立云贵川渝地区灾害风险预报预警示范区。

2050年，全面建成云贵川渝地区山地复合链生灾害风险超前感知与精准预报预警技术体系和推广应用指南，在全国及国际典型区推广应用，支撑精准减灾，形成长效的灾害风险管理机制。

（三）复合链生灾害调控与风险防控关键技术

1. 战略意义

云贵川渝地区位于我国第二地形阶梯和第三地形阶梯的急变带，发育怒江、澜沧江、长江、珠江、黄河等多条河流，区域地质构造复杂、地震活跃、地形地貌复杂、岸坡陡峻、河谷深切，崩塌、滑坡、泥石流、冰崩雪崩等山地灾害频发，受高山峡谷区地形条件限制，大规模山地灾害多以灾害链的形式致灾，扩大了灾害的影响范围。2018年白格巨型滑坡堵江－堰塞湖－溃决洪水灾害，造成下游金沙江沿岸1000多千米受灾，直接经济损失超150亿元。亟须开展高山峡谷区复合链生灾害调控与风险防控关键技术研究，突破复合链生灾害风险防控技术瓶颈，对化解复合链生灾害长距离、大范围致灾危机，保障区域安全与高质量发展意义重大。

2. 遴选依据

目前我国虽然在单灾种山地灾害的形成演化规律、灾害风险与工程防治技术方面取得较为丰硕的成果，但是针对复杂环境条件下复合链生灾害调控方法原理认知不足，针对大规模复合链生灾害调控仍缺乏行之有效的防控手段，难以支撑复杂特殊环境条件下重大工程规划选线、选址与施工建设减灾需求。因此，亟须开展复杂艰险和极端条件下复合链生灾害调控与风险防控关键技术研究，研发复合链生灾害风险防控关键技术，形成复合链生灾害风险防控技术体系，支撑复杂特殊环境条件下重大工程防灾减灾。

3. 主要内涵

着眼复合链生灾害演变过程与关键节点，研发复合链生灾害全过程规模调控新理念、新方法、新技术、新材料、新结构和精准断链关键技术；面向灾变过程与灾种转化关键节点，研建复合链生灾害过程防控技术体系，构建山地巨灾与复合链生灾害过程调控与风险防控新模式；基于单灾种物质–能量平衡调控原理与方法，进一步完善复合链生灾害调控理论，构建理论创新–技术攻坚–示范应用融合的防灾减灾救灾科技攻坚范式，解决防灾减灾面临的科技瓶颈与短板，提升灾害风险防控现代化能力。

4. 阶段目标

2030年，研发复合链生灾害全过程规模调控新材料、新结构和精准断链关键技术，满足极端环境条件下国家重大工程和基础设施减灾技术需求。

2035年，面向灾变过程与灾种转化关键节点，研建大规模复合链生灾害过程防控技术体系，构建巨灾与复合链生灾害过程调控与风险防控新模式，提升我国重大灾害风险防控能力。

2050年，完善复合链生灾害调控与风险防控理论，构建理论创新-技术攻坚-示范应用融合的防灾减灾救灾科技攻坚范式，解决防灾减灾面临的科技瓶颈与短板，推动防灾减灾科技强国与中国式现代化目标的实现。

（四）山区城镇与人口密集区绿色减灾关键技术及模式

1. 战略意义

我国是一个多山的国家，山区面积占全国总面积的2/3左右，山区城镇约占全国城镇总数的一半。云南、贵州、四川、重庆四省份中，贵州山地丘陵面积占92.5%，云南山地面积占88.6%，四川山地面积占77.1%，重庆山地面积占75.33%。云贵川渝地区特殊的地貌格局造成了地表物质稳定性差，山地灾害易发、多发、突发。山区城镇具有人口稠密、建筑物密集、财产集中等特点，一旦成灾，往往造成重大人员伤亡和财产损失，严重制约山区发展。同时云贵川渝地区乃至西南山地又是自然风景名胜区、多民族聚集地和文化旅游胜地聚集区，是我国旅游产业发展基地，气候变化条件下，频发多发的山地灾害也是旅游景区等人口密集区的重大威胁。因此，亟须开展山区城镇与人口密集区减灾关键技术及模式研究，突破山区城镇减灾技术瓶颈，提升山区城镇防灾、抗灾、减灾、救灾能力，保障山区城镇社会经济的快速发展。

2. 遴选依据

由于岩土工程措施受天气气候影响小、见效快等优点，目前针对山区城镇山地灾害防治，多采用岩土工程防治，而利用生态措施进行山地灾害防治仍处于辅助地位，缺乏对生态措施和岩土措施协同作用的防治关键技术研究；亟须建立基于绿色减灾理论与调控的山区城镇减灾防控技术体系；尚未形成山区城镇灾害风险防控系统解决方案与模式，难以满足快速增长的山区城镇防灾减灾需求。因此，亟须开展山区城镇减灾关键技术及模式研究，形成指导云贵川渝地区特殊地貌格局下山区城镇防灾减灾的理论体系和技术模式，服务美丽中国建设。

3. 主要内涵

研发适用于山区城镇安全、特色产业发展、民族文化保护的山地灾害防治新结构、生态环保新材料与新技术，探究生态措施和岩土措施协同调控的功能平衡机制，提出生态－工程措施协同防控方法与关键技术；提出生态－工程措施精准调控山地灾害的（时间和空间）优化配置模式，建立基于绿色减灾理论与调控的山区城镇减灾防控技术体系；针对不同地域自然环境与人文社会特征，融合韧性减灾工程与技术，研建基于成灾致灾单元（灾点、社区、工程区等）的韧性社区，系统推进韧性工程、韧性社区与韧性城镇建设。

4. 阶段目标

2030年，研发适用于山区城镇的灾害防治新结构、生态环保新材料与新技术，提出生态－工程措施协同防控关键技术，满足极端环境条件下山区城镇减灾技术需求。

2035年，提出生态－工程措施精准调控山地灾害的（时间和空间）优化配置模式，建立基于绿色减灾理论与调控的山区城镇减灾防控技术体系，提升山区城镇山地灾害风险防控能力。

2050年，强化山区城镇防灾减灾的韧性建设，融合韧性减灾工程与技术，研建基于成灾致灾单元（灾点、社区、工程区等）的韧性社区，系统推进韧性工程、韧性社区与韧性城镇建设。

（五）重大工程灾害风险全寿命周期精准防控技术体系与模式

1. 战略意义

《中华人民共和国国民经济和社会发展第十四个五年规划和2035年

远景目标纲要》明确提出面向服务国家重大战略，实施川藏铁路、西部陆海新通道、国家水网、雅鲁藏布江下游水电开发、星际探测、北斗产业化等重大工程，推进重大科研设施、重大生态系统保护修复、公共卫生应急保障、重大引调水、防洪减灾、送电输气、沿边沿江沿海交通等一批强基础、增功能、利长远的重大项目建设。许多工程布局在山地灾害多发易发的云贵川渝地区乃至西南山地，受地质构造、地形地貌、极端气候等诸多因素影响，重大工程的勘察设计、施工建设与长期运维等全寿命周期面临自然灾害威胁，了解自然灾害的形成演化规律，评估复杂艰险环境下自然灾害风险，提出灾害调控措施与对策建议，对保障重大工程全寿命周期安全具有重大意义。

2. 遴选依据

基于统计模型的灾害风险评估和基于动力过程的灾害风险精细化评估仍然难以满足山区重大工程在规划、建设、运维等不同阶段的精细化风险评估需求；对致灾体与工程结构体相互作用过程及机理认识不清是制约重大工程全寿命周期灾害风险调控的关键问题；现有灾害风险调控方面的技术规范与标准难以满足重大工程运维阶段对中长期灾害风险的精准调控的需求；变化环境与工程运行相互作用下灾害演化机制仍不明确导致中长期灾害风险韧性防控技术和模式匮乏。

3. 主要内涵

聚焦复杂艰险环境条件下重大工程全寿命周期灾害风险防控难题，揭示云贵川渝地区乃至西南山地重大工程区山地灾害孕灾成灾致灾机理，分析不同类型灾害与不同工程设施、工程结构互馈作用机制与成灾模式，构建工程区多尺度山地灾害风险评估指标体系和基于灾害动力过程的评估模型，实现不同建设期重大工程多尺度风险精细化评估；研发集成灾害风险防控与重大工程安全防护的风险综合调控技术体系与模式，构建铁路公路、水利水电、能源资源等重大工程灾害风险全寿命周期防控技术体系、模式和韧性减灾工程体系，注重工程韧性"机制－评估－规划－管理"全链条、贯通式研究，揭示重大工程建设在"规划设计－施工建设－运行维护"全过程不同阶段的安全韧性特征，建立重大工程安全韧性防护技术体系。

4. 阶段目标

2030年，建立内外动力耦合及人类活动影响下铁路公路和水利水电工程灾害风险多尺度风险评估技术体系，支撑重大工程规划建设。

2035年，研发新结构、新材料和新工艺，提升承灾体工程韧性，强化承灾体自身风险防控能力，研发集成灾害风险防控与重大工程安全防护的风险综合调控关键技术与防控模式，构建重大工程灾害防治与风险防控技术标准规范体系。

2050年，形成引领全球的高原山地极端环境条件下重大工程灾害风险精准防控与工程安全韧性提升技术体系，支撑服务重大工程全寿命周期防灾减灾。

（六）复杂艰险环境与极端条件下山地灾害高效应急减灾关键技术与装备

1. 战略意义

习近平总书记在中央政治局第十九次集体学习时强调，"要实施精准治理，预警发布要精准，抢险救援要精准，恢复重建要精准，监管执法要精准"（新华社，2019）。这成为重大灾害应急处置与抢险救援的根本遵循。当前，全球极端气候频发、强烈地震活跃与人类活动强度加剧，单灾种巨灾和多灾种复合链生灾害大范围突发、频发、多发，严重威胁民生安全、重大工程、基础设施、生命线工程与区域发展，复杂环境与极端条件下重大灾害高效处置与精准救援技术亟待突破，尤其在高效救援处置与智能减灾装备方面的科技短板亟须补齐。

2. 遴选依据

我国应急抢险救援处置装备体系建设起步较晚，研究基础相对薄弱，尤其是针对云贵川渝地区乃至西南山地复杂地形地貌、高遮蔽环境、极端气候条件下灾情动态监测技术仍然存在短板；原位灾害体深部结构与稳定性精准刻画亟须复杂灾害体深部结构精细探测与重构专业装备支撑；复杂结构体专业破拆、复杂结构体生命通道搭建与生命搜救专用技术装备仍然十分缺乏；复杂艰险与极端条件下重大灾害应急抢险新型技术和成套关键装备亟待研发；亟须通过应急救援智能化指挥技术的突破，实现高效救援力量与资源协同指挥和装备的机动化、专业化与智能化。

3. 主要内涵

面向云贵川渝地区乃至西南山地"五高"环境与区域自然环境分异特征，聚焦应急减灾链条，与高新技术、新兴前沿技术、装备制造、现代智造融合，研发满足极端环境条件的应急处置与智能减灾关键核心技术装备，研发极端复杂环境设计的信息采集技术，实现灾情和险情快速识别；研发复杂灾害体结构探测技术及精准的生命体探测与救援技术，确保救援工作的准确性和效率；深入研究应急管理理论，支撑重大灾害风险的应急减灾与管理能力现代化；开发高效的救援系统和智能减灾技术，提升灾害响应的速度和质量；形成高效应急减灾技术装备体系，实现技术装备的系统性和整体性突破，提升我国重大灾害风险防控能力，减灾技术与高新技术、新兴前沿技术、装备制造与现代智造的融合发展，推动科技强国与中国式现代化目标的实现。

4. 阶段目标

通过攻关，实现减灾技术与高新技术、新兴前沿技术、装备制造与现代智造的融合发展，应急管理理论与应急减灾技术装备系统性、整体性突破，支撑重大灾害风险应急减灾与管理能力现代化，促进我国高新技术与装备制造技术的更新换代，推动科技强国与中国式现代化目标的实现。

2030 年，研发满足极端环境条件的应急处置与智能减灾关键核心技术装备，支撑重大灾害风险应急减灾与管理能力现代化。

2035 年，创新应急减灾救灾管理理论，形成高效应急减灾技术装备体系，实现应急减灾技术装备系统性、整体性突破，提升我国重大灾害风险防控能力。

2050 年，应急减灾技术与高新技术、新兴前沿技术、装备制造和现代智造的融合发展，促进我国高新技术与装备制造技术的更新换代，推动科技强国与中国式现代化目标的实现。

（七）灾害风险管理和韧性减灾技术体系与模式

1. 战略意义

云贵川渝地区位于中国西南部，地貌多样，以山地、高原为主，此地区的生态环境复杂且脆弱，崩塌、滑坡、山洪、泥石流、冰崩雪崩、堰塞湖、冰湖溃决等灾害及其灾害链多发频发，是区域发展与安全的重大威胁。新时代区域安全、工程安全、生态安全、边境安全和高质量发展亟须提升灾害风险管理和防灾、抗灾能力，提高韧性减灾、救灾能力，减轻重大灾害风险与灾害损失。风险管理与韧性减灾能力不仅有助于提升灾害预防、应对和恢复能力，还是推进生态文明建设的重要组成部分，是实现生态保护和可持续发展的战略需求与重大举措，既保障人民生命财产安全，促进社会稳定和经济持续健康发展，也为全球生态安全和灾害风险管理提供了坚实的理论与技术支撑。

2. 遴选依据

随着气候变化加剧与城镇化的快速发展，极端灾害事件多发频发造成的区域性重大影响严重威胁国家安全，在以人民安全为宗旨的总体国家安全观的引领下，亟待发展系统性灾害风险应对方法，突破韧性减灾理论，提升防灾减灾救灾的现代化水平。首先，云贵川渝地区的自然环境复杂，高原山地地形对气候和生态系统的影响显著，容易引发多种自然灾害。其次，该地区经济社会发展水平参差不齐，部分偏远山区的防灾减灾基础设施薄弱，迫切需要提升其灾害应对能力。再次，该地区是中国生物多样性的重要区域，生态保护与恢复对全国乃至全球的生态安全具有重要意义。最后，地区文化多样性要求在灾害风险管理中充分考虑地方特色和社区需求，以人为本，科学制定策略。

3. 主要内涵

山地灾害风险管理和韧性减灾技术体系与模式主要内涵包括：①面向防抗减救过程的灾害风险管理。考虑自然灾害形成演化过程与防灾、抗灾、减灾、救灾人文过程，融合自然科学、社会科学和人文科学，构建灾害风险综合管理理论与技术体系。②韧性减灾理论与关键技术。面向不同灾种与承灾体，研发适应性工程设计技术方法，提升承灾体的抗灾能力与减灾韧性，包括开发关键核心技术、材料、结构及模式，同时，推广生态友好型技术和自然基解决方案，以自然力量减轻灾害影响。③韧性工程与风险防控。面对突发性、大范围的复合链生灾害，开发韧性减灾技术，优化结构组合与系统功能，突破韧性工程的关键技术，建立韧性减灾工程技术体系。④风险治理与韧性社会。研究基于灾害类型的多层级政策支持机制，从国家到地方政府层面，形成全方位支持山地灾害管理的政策框架。同时，融合关键技术，研建基于成灾单元的韧性社会，推动韧性工程、社会及城市群的建设。加强公众参与教育，提升灾害风险意识，鼓励公众参与灾害预防与应对活动。

4. 阶段目标

2030 年，主要是完成风险评估模型的建立和初步的韧性减灾措施的研发，包括关键技术的初步研发和试点应用。

2035 年，实现风险管理与韧性减灾技术广泛应用和优化，强化跨区域协调和资源整合，建立完善的灾害信息和资源共享平台，建立工程灾害韧性设计规范。

2050年，形成成熟的灾害风险管理体系和韧性社会构建模式，确保该地区能够有效应对和管理各类自然灾害，实现生态、经济和社会的可持续发展。

（八）大数据、大模型与人工智能驱动的智慧减灾关键技术

1. 战略意义

习近平总书记在中共中央政治局第十一次集体学习时强调了加快发展新质生产力和扎实推进高质量发展的必要性（新华社，2024）。新质生产力体现为技术突破和创新性的生产要素配置及产业升级，融合防灾减灾救灾专业技术、高新技术、大数据与人工智能的智慧减灾技术是未来新兴发展方向，更是防灾减灾救灾新质生产力的典型代表。基于人工智能大模型和大数据的智慧减灾技术能够大幅提升灾害感知识别、预测评估、预报预警、调控治理与应急管理的准确性和时效性。同时，智慧减灾技术通过实时灾害信息和预警提升公众防灾意识和自保能力，通过科技创新显著提升风险防控与应急管理水平，是社会治理现代化的重要路径，是推动国家治理现代化和提升社会整体韧性的主要抓手。

2. 遴选依据

当前山地灾害风险精准防控与应急减灾在利用高新技术、新兴前沿技术，如信息工程和人工智能等方面仍存在不足。传统防灾减灾技术在灾害风险早期识别和准确判定方面能力有限，尤其是山地灾害风险智能感知与超前判识精度不足；基于灾变过程与关键节点的智能预报预警仍在实时性和精确性方面面临挑战；山地灾害风险管理与应急减灾技术在整合应急管理资源和优化响应策略方面仍智慧化程度不高，未能满足迅速变化的灾害环境需求，在实际灾害应对中效率和效果未达预期标准。

3. 主要内涵

研发支撑灾害风险超前判识、过程模拟、风险预测、减灾预案推演和救援决策耦联的灾害大模型，构建大数据与人工智能驱动的智慧减灾系统，实现灾情超前预测、险情实时预判、救援处置方案快速生成、无监督的应急处置决策，支撑山地灾害精准防控、高效应急处置与减灾智慧决策，引领世界减灾科技前沿。

4. 阶段目标

2030 年，构建基于灾害观测、过程模拟和应急大数据的灾害大模型，面向防灾、抗灾、减灾、救灾全链条的山地灾害风险智能感知、超前判识与精细预测技术体系，发展智能预报预警系统。

2035 年，研发完成支撑灾害过程模拟、风险预测、减灾预案推演和救援决策耦联的灾害大模型，增强模型的耦联功能如减灾预案推演和救援决策支持，扩展应急减灾智慧管理技术以实现更高级的自动化和智能化管理，提升综合性和自动化水平。

2050 年，基于新一代灾害大模型与人工智能，实现灾害风险智能感知、超前判识和智能预报预警。建设面向防灾、抗灾、减灾、救灾全过程的山地灾害智慧减灾系统和智慧大脑，实现灾害风险防控与工程安全智慧决策支持，全方位高水平地支持平安中国建设，引领世界减灾科技前沿。

三、基础性科技问题

（一）云贵川渝地区山地灾害监测网络

1. 战略意义

受内外动力作用及交通、水电、矿山、西电东送、油气管线、城镇化等人类活动影响，云贵川渝地区崩塌、滑坡、山洪、泥石流、堰塞湖等山地灾害高发频发，严重影响山区生态文明的建设。针对特殊地理区域和山地灾害开展长期定位观测，并实现山地灾害联网监测，可为山地灾害提供第一手资料，支撑相关学科发展，为山地灾害的防治提供科学数据支撑，有效地减缓山地灾害与地震次生灾害（链）的危害，保障山区城镇民生安全和可持续发展，保障国家战略性工程的施工和运维。

2. 遴选依据

当前云贵川渝地区山地灾害野外观测站布局不够完善，仅布局有云南东川泥石流国家野外科学观测研究站（中国科学院东川泥石流观测研究站）和湖北长江三峡滑坡国家野外科学观测研究站两个国家级野外观测站；省级及行业部门布局的野外观测站往往缺乏长期稳定支持；在建设用地、基础条件改善等方面需要地方政府协调与当地居民的利益冲突；野外观测站有效管理、运行机制还未形成；人才队伍结构不够合理，特别是技术支撑服务人员缺乏，导致观测缺乏相应的技术规范，观测数据质量参差不齐，野外站科技资源及数据开放共享度低，难以满足相关领域方向发展和解决民生、重大工程的需要。

3. 主要内涵

形成科学技术部（科学技术厅）宏观统筹，主管部门、依托单位共同参与的组织管理体系，建设国家、省部多层次、多部门共同推进的野外观测站工作格局，加快山地灾害野外观测站与网络建设；建立与野外观测站定位目标相适应的管理制度；加强条件保障能力建设，完善野外站的稳定支持机制，提升野外站建设水平，提高野外站观测能力（观测规范）和科研能力，完善提高工作和生活条件；加强人才和队伍建设，吸引和聚集高层次野外科研人才及技术人才，培养具有国际视野的研究群体。

4. 阶段目标

2030年，针对特殊地理区域和特定山地灾害（崩塌、滑坡、泥石流、山洪等）开展长期定位观测，实现资金和技术的稳定支持，建立完善的针对特定灾种的野外观测规范。

2035年，加强人才和队伍建设，吸引和聚集高层次野外科研人才及技术人才，灾害观测和研究能力接近发达国家水平。

2050年，全面建成云贵川渝地区山地灾害监测网络，支撑云贵川渝生态屏障综合保护与区域绿色高质量发展。

（二）复合链生灾害重大科研平台与装置

1. 战略意义

针对云贵川渝地区多发频发的滑坡-堰塞湖-溃决洪水、泥石流-堰塞湖-溃决洪水、冰崩雪崩-碎屑流/泥石流-堰塞湖-溃决洪水、冰湖溃决-山洪/泥石流-堰塞湖-溃决洪水等典型灾害链及铁路公路、水利水电工程灾害风险，推动多灾种、多链条全过程实验模拟装置建设，实现复合链生灾害的足尺模拟，有望解决灾害链全过程物理模拟的尺度效应问题，推进复合链生孕灾成灾致灾机理与减灾基础理论突破，揭示防治措施对灾害链的调控机理，研发山地灾害链综合调控与断链技术，提升防治技术的科学化、定量化水平，更好地服务重大交通和水电工程建设，显著提升我国山地灾害链防治的水平。

2. 遴选依据

野外观测条件下的山地灾害（链）受各种复杂外部因素影响，不利于对其基本规律的全面掌握；严格控制环境因素，对山地灾害（链）各个影响因素开展单因子实验研究，是认识山地灾害（链）动力学特性和防治工程调控原理的必然途径，同时也是野外观测的重要补充；已有研究表明，小规模的实验不能反映大尺度原型和工程尺度动力特性与效应，即用常规小尺度的物理模型实验受模拟实验边界条件影响，难以科学揭示大规模灾害孕灾成灾机理。

3. 主要内涵

开展复合链生灾害重大科研平台与装置的研发和建设工作，开展足尺实验研究，揭示复合链生灾害发生及灾变演化机制；揭示复杂场地的地震动演变规律与岩土体致灾效应；揭示西南山区脆弱环境与重大工程互馈作用机制与调控；研发新型防护结构并验证灾害链断链措施的调控效果；验证生态－岩土防治措施的工程调控效果。

4. 阶段目标

2030 年，针对特定灾害链减灾需求，完成链生灾害重大科研平台与装置的深化论证和设计。

2035 年，完成复合链生灾害重大科研平台与装置的建设，在设施规模和技术手段上达到世界领先水平。

2050 年，建设不可替代的重大科研装置，全面建成原型观测－足尺试验－理论研究－技术研发－减灾应用的灾害链减灾技术体系，支撑云贵川渝地区绿色高质量发展。

第五节　科技任务组织实施

一、国家科技任务组织实施

当前，我国自然灾害防治能力比较弱，云贵川渝地区乃至西南山地灾害防治能力基本代表了我国自然灾害防治能力与水平，难以满足气候变化、强烈地震和人类活动强扰动下巨灾和多灾种复合链生灾害风险防控要求。与习近平总书记提出的"人民至上、生命至上"的减灾思想和生态文明建设、乡村振兴、美丽中国建设等国家需求还存在明显差距。新时代，新型城镇化、川藏铁路、滇藏铁路、梯级水电、国家水网和重大引调水等重大工程密集在云贵川渝地区等灾害易发多发和风险较高山攻关。在重大科研任务方面，建议面向重大基础科学问题与国际减灾科技前沿设立 B 类先导专项，面向抢占科技制高点设立防灾减灾攻坚专项，面向关键核心技术问题设立 A 类先导专项，破解山地灾害风险防控、重大工程规划建设与运营过程中面临的重大灾害防控难题。在科研平台建设方面，聚焦喜马拉雅东构造结和西构造结（地球科学与山地灾害核心攻坚区），积极推进西藏林芝自然灾害风险防控与工程安全研究中心和中国-巴基斯坦地球科学研究中心建设，建设云贵川渝地区乃至西部山区生态屏障区灾害风险防控与绿色减灾的科技支撑节点。同时，通过设立国内相关项目和国际合作项目，集聚灾害研究与防治领域的领军型科技人才和青年人才，打造形成聚焦灾害风险防控与绿色减灾的科技人才队伍，引领灾害综合攻坚的科研体系。此外，以山地自然灾害与工程安全全国重点实验室和院省级灾害重点实验室为依托，承担中国科学院重大科研任务，持续支持防灾减灾救灾科技攻关。

三、云南、贵州、四川、重庆四省份任务组织实施

结合云南、贵州、四川、重庆四省份的综合防灾减灾规划，围绕当前防灾减灾中的短板进行攻关和突破，加大对科研机构、重点实验室、工程研究中心等科技创新平台的支持力度，积极推进重要地震断裂带、重要江河流域、重点城市城镇群，以及云南、贵州、四川、重庆之间的协同防灾减灾研究，逐步健全云贵川渝地区的灾害防治体系。加快推进地震易发区房屋设施加固、防汛抗旱水利提升、地质灾害综合治理和避险移民搬迁、灾害监测预警信息化、灾害防治技术装备现代化等灾害防治重点工程建设；建设山地灾害风险模拟系统，推动山地灾害风险防控与绿色减灾协调发展。结合云南、贵州、四川、重庆四省份的基础科研需求，整合在灾害风险防控与绿色减灾研究方面的特色优势，设置面向

区部署，山地灾害防治与工程灾害风险防控是亟待解决的重大

面向防灾减灾救灾与重大工程安全国家重大需求，立足
区防灾减灾与区域高质量发展目标，聚焦山地巨灾和多灾种
害风险"超前预报、精细预警、精准防控"目标，建议启动□
治国家重大科技专项，将山地灾害防治纳入其中，解决风险□
子"和堵点问题；争取国家重点研发计划（自然灾害风险监
重大工程科技专项和区域专项考察专项等）和自然科学类基
大研究计划项目、创新群体、重大基金、专项项目、平台装□
任务支撑体系等，同时，争取人才项目体系倾斜支持云贵川渝
西南山地防灾减灾人才培养，在国家层面形成重大专项－重□
大装置－高端人才的立体支持体系，攻坚重大灾害风险防控与
防护关键和核心技术，形成系统解决方案，支撑云贵川渝地区
质量发展。

二、中国科学院科技任务组织实施

中国科学院积极推动研究所深化改革和科研组织模式转
"国家队""国家人"勇担"国家事"、肩扛"国家责"的科研生
推进面向国家需求和使命导向的建制化科研方式，解决国家重
求。中国科学院是云贵川渝生态屏障区综合减灾研究的主力军
国科学院、水利部成都山地灾害与环境研究所"为代表的科研□
地水文灾害、地质灾害、气象灾害、地震灾害、水旱灾害及其复
灾害等领域具有良好的研究基础，在流域性水土灾害领域处于国
和国际领先地位。建议中国科学院充分发挥国家战略科技力量主
用，聚焦云贵川渝地区防灾减灾与风险防控需求，科学布局攻坚
技专项、基础研究前沿与人才项目、国际合作项目等，开展多学

地方减灾需求的区域创新类基金项目、地区基金项目，以及重点研发项目等，支撑地方在人才、技术、装备、材料等方面的发展。除设置科学研究项目外，建议设置省市人才计划项目，既注重现有人才的使用，大力培养青年科技人才，又要加大引进高水平中青年科技人才的力度，建设一支能从事理论和防灾实践的高素质研究队伍，不断提升防灾减灾与区域发展的能力。

四、国家及地方科技力量协同

针对山区民生、重大工程、边防安全等面临的灾害防治与风险防控国家重大需求，加大云贵川渝地区国家级科研机构、高校与地方科技力量的科技联合攻关协同力度，在基础研究、应用基础研究、关键核心技术攻关领域，主动发起和联合承担若干国家重大科技项目，逐步建立国家-地方协同的创新共同体联合攻关机制，实现项目、人才、基地、资金一体化配置；加快推进国家级科研平台建设，形成基础研究、应用基础研究、前沿技术研究融通发展的国家级研究平台，利用云南、贵州、四川、重庆四省份的地域优势推进全国重点实验室重组，提升原始创新和关键核心技术攻关能力，建立云贵川渝地区国家级研究平台的协同创新机制。围绕灾害研究领域的基础前沿科学、关键共性技术、颠覆性技术等，集聚国际国内、国家地方的创新资源，布局建设一批面向灾害风险防范关键核心技术（新技术、新材料、新结构、新模式）的科研机构，提升高水平研究型大学基础研究和成果转化能力；推进地方科技力量深度参与国际科技合作，共同参与或发起防灾减灾领域的国际大科学计划和大科学工程。建设国家与云贵川渝地区协同的防灾减灾救灾联合队伍，协同水利、自然资源、气象等部门减灾业务人员，提升综合减灾过程中对水情雨情、山地灾害、气象等动态信息的获取与处理能力。

第九章

科技支撑云贵川渝生态屏障区建设的战略保障

为破解云贵川渝生态屏障建设和区域高质量发展面临的科技难题与瓶颈问题，系统解决云贵川渝生态屏障区建设面临的气候变化响应、水资源高效利用与保护、生物多样性保护与利用、环境污染治理与保护、生态系统修复与保护、喀斯特地区生态保护与治理、山地灾害防治与风险防控方面的科技挑战，高标准、系统化、高水平科技支撑云南、贵州、四川、重庆四省份生态文明建设与区域发展，需要科技体制机制、科研平台建设、科学数据、科技人才资源和国际科技合作等立体保障体系。

第一节　体制机制保障

面向云贵川渝生态屏障区建设、生态文明建设和区域绿色发展科技需求，统筹区域发展与安全，以国家科技体制机制改革为契机，探索全过程科技创新服务体制机制，构建支撑公益性科技挑战与需求问题破解的科研组织模式和成果转移转化模式，保障区域安全与高质量发展。主要包括以下几个方面。

第一，构建中央科技委员会、科学技术部、中国科学院、相关部委和云南、贵州、四川、重庆四省份地方政府协同的科技支撑体制机制，建设科技创新体系，推动云贵川渝生态屏障区科技创新机制。

第二，面向云贵川渝生态屏障区建设和区域高质量发展科技需求，建立需求导向、使命导向的政府财政、企业资金与社会资本多渠道支撑的科技支持机制，建立技术研发与成果应用融合的科技链、创新链与价值链，促进关键核心技术攻关。

第三，面向脆弱生态环境保护与区域发展安全科技前沿与重大需求，构建适应关键核心技术攻关和成果应用的科技创新生态、绩效评价奖励和公益性成果转移转化机制，建立新型全链条创新机制，促进重大成果产出与转化应用。

第四，紧扣国家在云贵川渝生态屏障区的重大需求，发挥中国科学院建制化优势，面向生态文明建设需求，部署中国科学院科技专项，导出国家重大专项和任务，破解重大基础科学问题，破解关键核心技术问题，支撑系统解决方案和示范区建设，服务区域发展。

第五，面向世界科技前沿和国家重大需求，加强中国科学院与国家部委和地方政府的对接沟通，破解政府、企业、高校、科研院所科技合作与协同难题，探索新型政产学研用机制，保障区域发展与安全。

第二节　平台建设保障

面向云贵川渝地区生态文明建设面临的科技需求与挑战，针对水安全、生物多样性、环境污染治理、生态系统保护、喀斯特环境保护和山地灾害风险防控等问题，系统推进野外观测站网、重大科研装置与科技创新平台体系建设，支撑重大基础科学问题与关键核心技术攻关，保障区域安全与发展。

第一，以现有野外观测站为基础，进行系统梳理和顶层设计，补强、优化与完善水文水资源、生物多样性、生态系统和山地灾害观测站，构建国家观测站引领，省部级、院级与校所级观测研究站支持的野外观测站网，提供原型观测与原始实验科学数据。

第二，面向云南、贵州、四川、重庆四省份生物多样性保护、脆弱环境修复和灾害防治中重大需求，推动重大实验装置平台研建与体系建设，支撑高原山地过程与生态系统演化模拟研究，统一平台建设规范，分级管理，提升科技支撑能力。

第三，面向云贵川渝地区生态环境保护与区域安全科技需求，组建山地自然灾害与工程安全全国重点实验室、喀斯特系统科学与可持续发展全国重点实验室、长江（珠江、黄河）上游生物多样性保护与生态屏障建设国家重点实验室，推进相关领域建设天府实验室等省部级实验室，构建全国重点实验室引领的科研平台和创新体系，支撑关键核心技术攻坚。

第四，增建 3~5 个喀斯特观测研究站，形成我国喀斯特生态系统野外观测网络，建设"西南喀斯特野生生物种质资源库"和"喀斯特系统科学大数据"平台各 1 个。

第三节　科学数据保障

科学数据是资源环境与地球科学领域科技进步和关键核心技术突破的基础，为促进云贵川渝生态屏障区水资源利用与保护、生物多样性保护、脆弱生态保护与修复、环境污染治理与保护以及灾害风险防控科技突破，需从以下几个方面提供保障。

第一，深化科技创新体系建设，以野外观测网络、科研平台（实验室）为节点，依托重大科技任务，建立云贵川渝地区水资源、生物多样性、气候变化、生态系统、环境污染、山地灾害科学数据库，搭建数据资源共享服务平台，健全科技计划项目成果数据汇交与共享机制。

第二，推动建设云贵川渝地区资源环境与地球科学大数据平台，健全基础设施与科学数据动态更新维护机制，构建安全管理体系，分级管理和共享科学数据，支撑科技攻关。

第三，推动生态环境部、气象局、水利部、自然资源部、应急管理部、国家林业和草原局、农业农村部等部委及云南、贵州、四川、重庆四省份相关部门水-岩-土-气-生与社会经济数据共享，支撑重大科学问题与关键技术攻关。

第四节　人才资源保障

专业领域优化、知识结构合理、年龄组成科学的人才队伍是破解云贵川渝地区生物多样性保护、脆弱生态保护与灾害风险防控科技难题的关键所在。为此，需要从以下几个方面保障人才资源。

第一，面向云贵川渝地区亟须解决的科学难题与关键核心技术，实施云贵川渝生态屏障科技资源与区域人才联合支持机制，突出高端人才与领军人才引进，建立复合型人才培养新模式，加强多学科交叉综合型人才培养。

第二，优化国家与地方人才培养机制联合支持的云贵川渝生态屏障人才培养机制，突出生物资源、生态环境、生态保护、灾害防治等领域多层级人才培养；强化高新技术、信息工程、人工智能等应用型人才引进，拓展学科领域增长点和新领域。

第三，面向国家重大需求和区域发展安全目标，加大海外高层次创新创业人才引进力度，突出中东部发达地区相关专业优秀人才引进；加大对优秀青年科技人才的发现、培养、使用和资助力度。

第四，面向生态文明建设需求，加强政产学研用科技合作机制与模式建立，强化技术研发、科技管理、成果转化综合型人才培养，促进全过程、全链条科技创新，保障科技成果最大限度支撑服务社会经济发展。

第五节 国际合作保障

国际科技合作是推动世界科技前沿问题破解和关键核心技术攻坚的有效手段，更是解决全球科学难题和构建"人类命运共同体"的重要举措。为高水平支撑云贵川渝地区新安全格局的形成，亟须推动形成具有全球视野的国际合作战略思想，建立"科教平台－科学计划－学术组织－科技论坛"国际科技合作体系，促进高端科技"请进来""走出去"，高标准支撑科技难题突破，服务社会经济高质量发展。为此，通过以下举措保障科技目标的实现。

第一，面向生态屏障建设和区域安全保障需求，充分利用国家级、中国科学院和省部级海外研究中心、科教平台、联合实验室，加强与西南山地周边国家和地区的合作与交流。以建设中国－巴基斯坦地球科学研究中心、中国－克罗地亚生物多样性和生态系统服务"一带一路"联合实验室等为抓手，以提升防灾减灾救灾、生物多样性保护水平和推动"绿色丝绸之路"为目标，开展合作研究与技术研发示范，共享先进理念和知识，促进成果"请进来""走出去"，保障区域可持续发展以及助推绿色"一带一路"在亚欧大陆的实施。

第二，以云贵川渝生态屏障区建设、全球气候变化应对、防灾减灾与可持续发展和"一带一路"建设科技需求为导向，推动设立以我为主的国际科学计划，设立科研资助计划，集聚全球科研人才；积极参与国际组织大学计划，参与国际前沿问题解决；合理布局区域重大创新科研平台间的合作项目，推动学科发展；完善跨境流域国际合作研究机制，提升国际科技合作影响力。

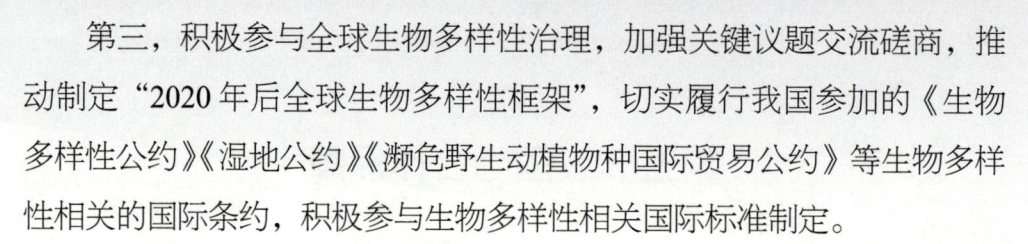

第三，积极参与全球生物多样性治理，加强关键议题交流磋商，推动制定"2020年后全球生物多样性框架"，切实履行我国参加的《生物多样性公约》《湿地公约》《濒危野生动植物种国际贸易公约》等生物多样性相关的国际条约，积极参与生物多样性相关国际标准制定。

发起喀斯特生态可持续发展国际研究计划，与"一带一路"国家和地区共建喀斯特野外综合观测站，推广"社会–环境–经济"和谐发展实践范式，创建的可持续发展模式和实践范式也将为全球特别是"一带一路"共建国家和地区喀斯特生态环境保护及经济社会高质量发展提供中国方案，服务联合国可持续发展目标。

参 考 文 献

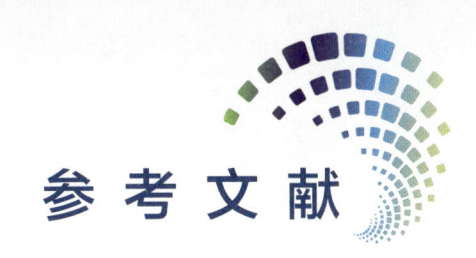

白晓永，冉晨，陈敬安，等．2023a. 中国喀斯特生态系统健康诊断的方法、进展与展望．科学通报，68(19): 2550-2568.

白晓永，张思蕊，冉晨，等．2023b. 我国西南喀斯特生态修复的十大问题与对策．中国科学院院刊，38(12): 1903-1914.

白永飞，陈世苹．2018. 中国草地生态系统固碳现状、速率和潜力研究．植物生态学报，42(3): 261-264.

白永飞，潘庆民，邢旗．2016. 草地生产与生态功能合理配置的理论基础与关键技术．科学通报，61(2): 201-212.

崔鹏，邓宏艳，王成华，等．2018. 山地灾害．北京：高等教育出版社．

崔鹏，苏凤环，邹强，等．2015. 青藏高原山地灾害和气象灾害风险评估与减灾对策．科学通报，60(32): 3067-3077.

崔鹏，王姣，王昊，等．2022. 如何科学防控与预警巨灾风险？ 地球科学，47(10): 3897-3899.

崔鹏，张国涛，王姣．2023. 中国防灾减灾10年回顾与展望．科技导报，41(1): 7-13.

杜朝超，白晓永，李阳兵，等．2024. 中国碳酸盐岩地区岩溶无机碳汇格局及影响因素．中国科学：地球科学，54(3): 745-759.

傅伯杰，王晓峰，冯晓明，等．2017. 国家生态屏障区生态系统评估．北京：科学出版社．

国家减灾委员会办公室．2023. 国家减灾委员会办公室关于做好2023年国际减灾日有关工作的通知．https://www.gov.cn/zhengce/zhengceku/202309/content_6906733.htm[2024-08-25].

国家林业和草原局．2018. 中国·岩溶地区石漠化状况公报．https://www.forestry.gov.cn/c/www/gkgjlyjgb/79960.jhtml[2024-08-29].

国家统计局．2024. 中国统计年鉴2024. 北京：中国统计出版社．

国务院．2021. 国务院关于同意在北京设立国家植物园的批复．https://www.gov.cn/zhengce/zhengceku/2022-01/04/content_5666350.htm[2024-08-29].

环境保护部，国土资源部．2014. 全国土壤污染状况调查公报．https://www.gov.cn/foot/2014-04/17/content_2661768.htm[2024-08-20].

环境保护部，中国科学院．2015. 全国生态功能区划（修编版）．https://www.mee.gov.cn/xxgk2018/xxgk/xzgfxwj/202301/W020151126550511267548.pdf[2024-08-20].

黄润秋. 2023. 全面加强生态环境保护 谱写新时代生态文明建设新篇章. 环境保护, 51(17): 9-11.

罗旭玲, 王世杰, 白晓永, 等. 2021. 西南喀斯特地区石漠化时空演变过程分析. 生态学报, 41(2): 680-693.

彭建兵, 崔鹏, 庄建琦. 2020. 川藏铁路对工程地质提出的挑战. 岩石力学与工程学报, 39(12): 2377-2389.

彭祥萍. 2022. 成渝一体化大数据中心如何打造？西部金融中心如何共建？ https://e.cdsb.com/html/2022-01/18/content_722161.htm?spm=0.0.0.0.xCntSX[2024-08-20].

生态环境部. 2020. 2019中国生态环境状况公报. https://www.mee.gov.cn/hjzl/sthjzk/zghjzkgb/202006/P020200602509464172096.pdf[2024-12-02].

生态环境部. 2021. 关于印发《"十四五"生态环境监测规划》的通知. https://www.mee.gov.cn/xxgk2018/xxgk/xxgk03/202201/t20220121_967927.html[2024-08-20].

生态环境部. 2022. 关于印发《成渝地区双城经济圈生态环境保护规划》的通知. https://www.mee.gov.cn/xxgk2018/xxgk/xxgk03/202202/t20220215_969154.html[2024-08-20].

水利部珠江水利委员会. 2024. 2023年水资源公报. http://pearlwater.gov.cn/zwgkcs/lygb/szygb/202410/t20241009_127918.html[2024-10-20].

四川省水力资源复查工作领导小组. 2015. 四川省水力资源复查成果（2015年本）. 成都：四川省水力资源复查工作领导小组.

孙宏亮, 王东, 吴悦颖, 等. 2017. 长江上游水能资源开发对生态环境的影响分析. 环境保护, 45(15): 37-40.

孙鸿烈. 2008. 长江上游地区生态与环境问题. 北京：中国环境科学出版社.

王岩, 王昊, 崔鹏, 等. 2024. 气候变化的灾害效应与科学挑战, 科学通报, 69(2): 286-300.

文安邦, 汤青, 欧阳朝军, 等. 2023. 中国山地保护与山区发展：回顾与展望. 中国科学院院刊, 38(3): 376-384.

习近平. 2018. 在深入推动长江经济带发展座谈会上的讲话. http://www.xinhuanet.com/politics/leaders/2018-06/13/c_1122981323.htm[2024-08-29].

习近平. 2021a. 共同构建地球生命共同体. http://www.news.cn/mrdx/2021-10/13/c_1310241776.htm[2024-08-29].

习近平. 2021b. 在中国科学院第二十次院士大会、中国工程院第十五次院士大会、中国科协第十次全国代表大会上的讲话. http://www.xinhuanet.com/politics/leaders/2021-05/28/c_1127505377.htm[2024-08-29].

新华社. 2016a. 新华时评："共抓大保护，不搞大开发"是历史责任. http://www.xinhuanet.com/politics/2016-01/07/c_1117705993.htm[2024-12-23].

新华社. 2016b. 习近平在河北唐山市考察时强调 落实责任完善体系整合资源统筹力量 全面提高国家综合防灾减灾救灾能力. https://www.xinhuanet.com/politics/2016-07/28/c_1119299678.htm[2024-12-23].

新华社. 2019. 习近平在中央政治局第十九次集体学习时强调 充分发挥我国应急管理体系特色和优势 积极推进我国应急管理体系和能力现代化. http://www.xinhuanet.com/politics/

leaders/2019-11/30/c_1125292909.htm[2024-08-25].

新华社. 2022. 彩云之南描绘新画卷——沿着总书记的足迹之云南篇. http://www.xinhuanet.com/politics/leaders/2022-06/20/c_1128760058.htm[2024-08-25].

新华社. 2024. 习近平在中共中央政治局第十一次集体学习时强调 加快发展新质生产力 扎实推进高质量发展. http://www.xinhuanet.com/politics/20240201/df84c5b067e0457e9079e55b10f353e7/c.html[2024-08-25].

杨萍, 白永飞, 宋长春, 等. 2020. 野外站科研样地建设的思考、探索与展望. 中国科学院院刊, 35(1): 125-134, 封三.

云南省水利厅. 2024. 2023年云南省水资源公报. http://wcb.yn.gov.cn/html/shuiziyuangongbao/[2024-09-24].

中国电建. 2021. 我国十三大水电基地. http://www.nwh.cn/art/2021/5/6/art_10477_1091532.html[2024-11-30].

中国电建. 2022. 金沙江上游可再生能源一体化综合开发——水与风光一相逢 便胜却人间无数. https://www.powerchina.cn/art/2022/4/12/art_7459_1372351.html[2024-11-30].

中国水电工程顾问集团公司. 2009. 金沙江下游河段水电开发规划环境影响评价与对策研究. 北京: 中国水电工程顾问集团公司.

钟华平, 樊江文, 于贵瑞, 等. 2005. 草地生态系统碳蓄积的研究进展. 草业科学, 22(1): 4-11.

朱波, 等. 2021. 长江上游水土流失与面源污染. 北京: 龙门书局.

自然资源部. 2023. 全面推进人与自然和谐共生的现代化. https://www.mnr.gov.cn/dt/ywbb/202311/t20231117_2806888.html[2024-12-26].

Bai X Y, Zhang S R, Li C J, et al. 2023. A carbon-neutrality-capacity index for evaluating carbon sink contributions. Environmental Science and Ecotechnology, 15: 100237.

Carleton T A, Hsiang S M. 2016. Social and economic impacts of climate. Science, 353: aad9837.

Chen Z, Goldscheider N, Auler A S, et al. 2017. World Karst Aquifer Map (WHYMAP WOKAM). BGR, IAH, KIT, UNESCO.

Cui P, Ge Y G, Li J S, et al. 2022. Scientific challenges in disaster risk reduction for the Sichuan–Tibet Railway. Engineering Geology, 309: 106837.

Cui P, He M C, Tapponnier P, et al. 2023. Preface for "Geohazards and mitigation along the Sichuan-Tibet Railway". Engineering Geology, 317: 107095.

Cui P, Jia Y. 2015. Mountain hazards in the Tibetan Plateau: research status and prospects. National Science Review, 2(4): 397-399.

Cui P, Peng J B, Shi P J, et al. 2021. Scientific challenges of research on natural hazards and disaster risk. Geography and Sustainability, 2(3): 216-223.

FAO. 2024. Statistical Yearbook: World Food and Agriculture 2024. https://openknowledge.fao.org/server/api/core/bitstreams/c22535f6-de3d-49b7-9fb3-39b8cc94734e/content/cd2971en.html[2024-12-02].

Ford D C, Williams P W. 1989. Karst Geomorphology and Hydrology. London: Unwin Hyman.

Goldscheider N, Chen Z, Auler A S, et al. 2020. Global distribution of carbonate rocks and karst water resources. Hydrogeology Journal, 28: 1661-1677.

Li C J, Bai X Y, Tan Q, et al. 2022. High-resolution mapping of the global silicate weathering carbon sink and its long-term changes. Global Change Biology, 28: 4377-4394.

Shang Z, Yang S, Wang Y, et al. 2016. Soil seed bank and its relation with above-ground vegetation along the degraded gradients of alpine meadow. Ecological Engineering, 90: 268-277.

Shi R J, Wang T H, Yang D W, et al. 2022. Streamflow decline threatens water security in the Upper Yangtze River. Journal of Hydrology, 606: 127448.

Song J, Wan S, Peng S, et al. 2018. The carbon sequestration potential of China's grasslands. Ecosphere, 9(10): e02452. https://doi.org/10.1002/ecs2.2452[2024-10-20].

Zeng S B, Liu Z H, Groves C. 2022. Large-scale CO_2 removal by enhanced carbonate weathering from changes in land-use practices. Earth-Science Reviews, 225: 103915.

Zhang S R, Bai X Y, Zhao C W, et al. 2022. Limitations of soil moisture and formation rate on vegetation growth in Karst areas. Science of the Total Environment, 2021, 810:151209.